Last Ape Standing

The Seven-Million-Year Story of How and Why We Survived

by Chip Walter

人類進化700万年の物語

私たちだけがなぜ生き残れたのか

チップ・ウォルター［著］

長野 敬＋赤松眞紀［訳］

青土社

パラントロプス・エチオピクス
この生物は３種類の「頑丈型」人類のひとつで、100万年もの間アフリカの平原を放浪したものもいた。彼らが私たちにつながる系統の類人猿を打ち負かす可能性も考えられたが、私たちの直系の先祖は変わった進化の道をたどり、幼少時代が長くなって人類の進化が大きく変わった。（第２章「幼少期という発明」を参照のこと）。オリジナルの口絵は Sergio Pérez による。

ホモテリウム——古代のサバンナに生息した大型ネコ
古代サバンナの生活は恐ろしかった。500 万年前から 150 万年前までそこで放浪して食糧を探し回っていた人類は、おそらくこのような大型ネコを避けるのにかなりの時間を費やしていたと思われる。これは今日のライオン、パンサー、トラの先祖にあたる。その存在によって初期の人類の絆が深まり、協力が今までになく大切になった。今日の私たちが非常に社会的である理由でもある。（第 2 章「幼少期という発明」を参照のこと）。Homotherium © 2005 Mark Hallet

トゥルカナ湖――進化のエデンの園？
今日のトゥルカナ湖は世界最大のアルカリ湖だが、何百万年も昔はアフリカの菜園で、あらゆる種類の人類が住んでいた。その中にはおそらく私たちにつながる系統も含まれていた。（第３章「学習機械」を参照のこと）。写真提供：Yannick Garcin

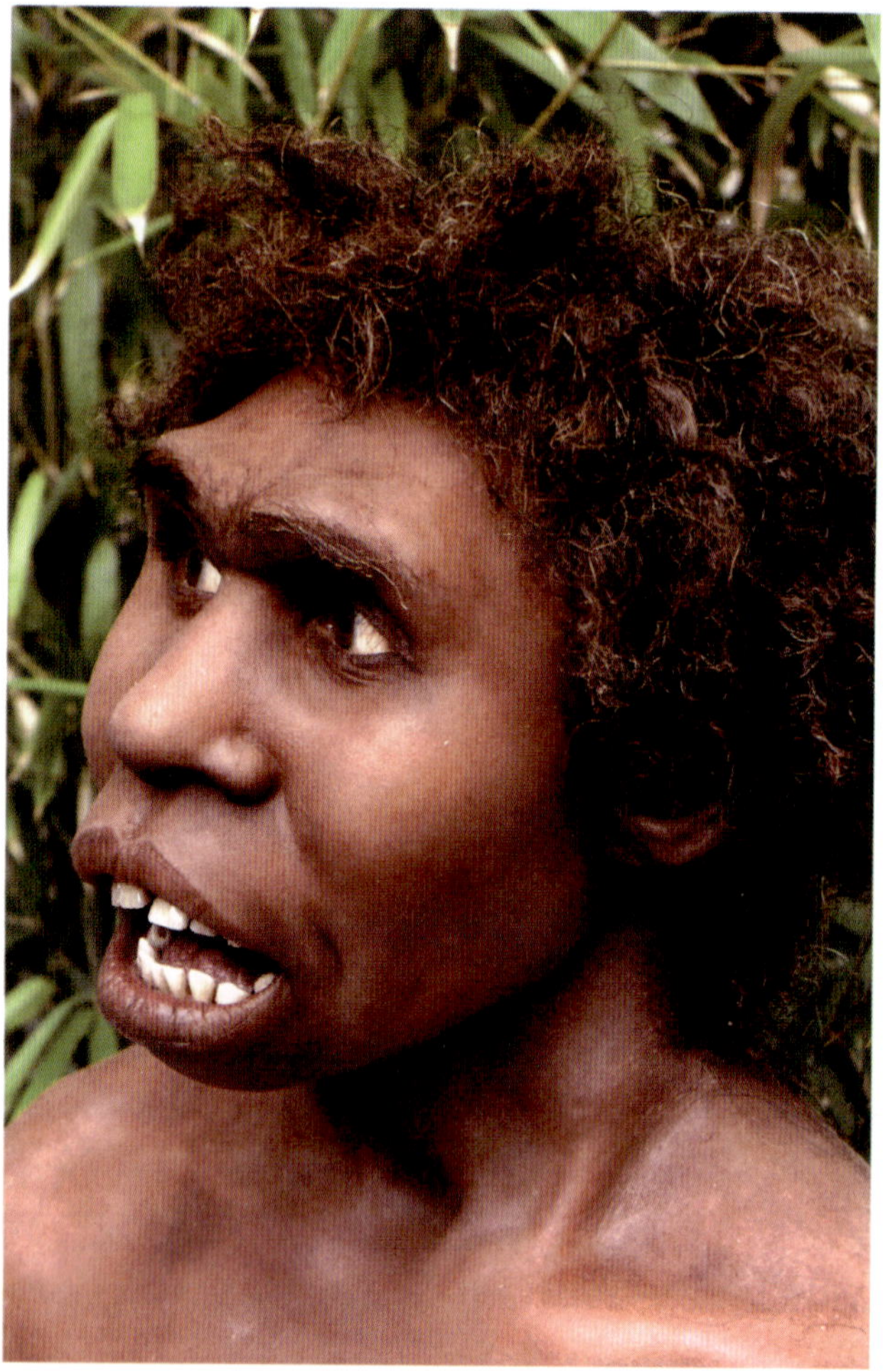

人類の進化に関する私たちの考え方を変えた少年
ナリオコトメ・ボーイとしても知られているこの少年は150万年前に最期を遂げた。幸運な、そして素晴らしいことに、彼の骨格の大部分が残っていたため、彼は最も重要な古人類学的発見のひとつになった。彼の歯と骨は謎に包まれた私たちの長い幼少時代の進化とそれが生き残るうえで果たした決定的な役割を解き明かした。（第2章「幼少期という発明」を参照のこと）。写真提供：Look Sciences / Photo Researchers

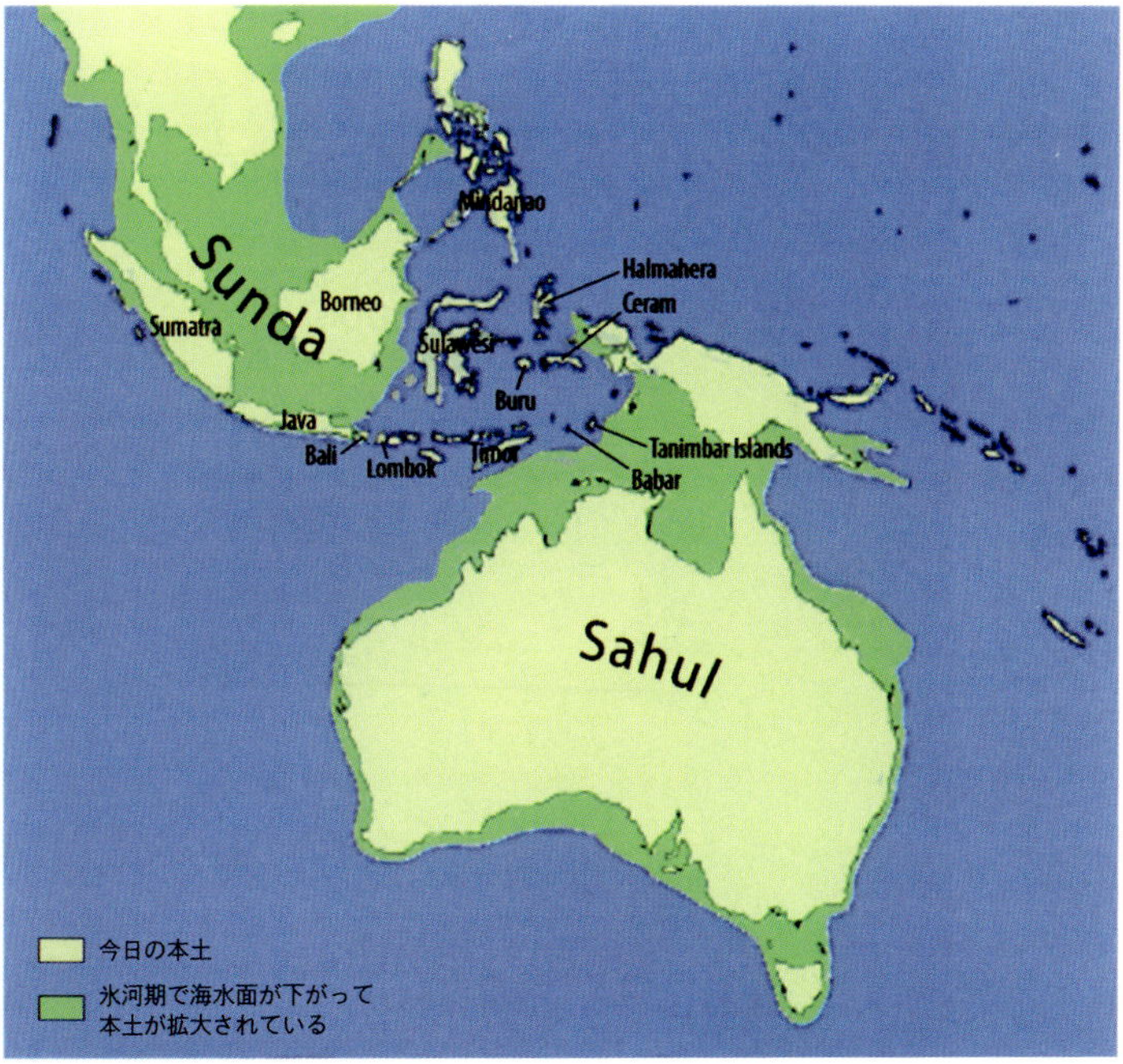

古代スンダ大陸とサフル大陸
5万年前に現代人の波がアフリカからあらゆる方角へと広がっていった。1万マイル以上離れたオーストラリアに渡った部族もいた。そのようなことができたのは、4万5000年前に寒冷な気候が海洋の水を極冠に閉じ込めて地球の海水面を低下させたためだった。それによってインド洋と太平洋に巨大な大陸、スンダ（Sunda）とサフル（Sahul）ができたが、今日では水面下に沈んでいる。この陸地を（そして短距離を海路で）越えて、初期の人類はオーストラリア西部の台地や山脈に向かって進んでいった。彼らは今日のオーストラリアのアボリジニーの先祖になった。（第5章「そこかしこにいる類人猿」を参照のこと）。Maximilian Dörrbecker のオリジナルの挿絵にもとづく。

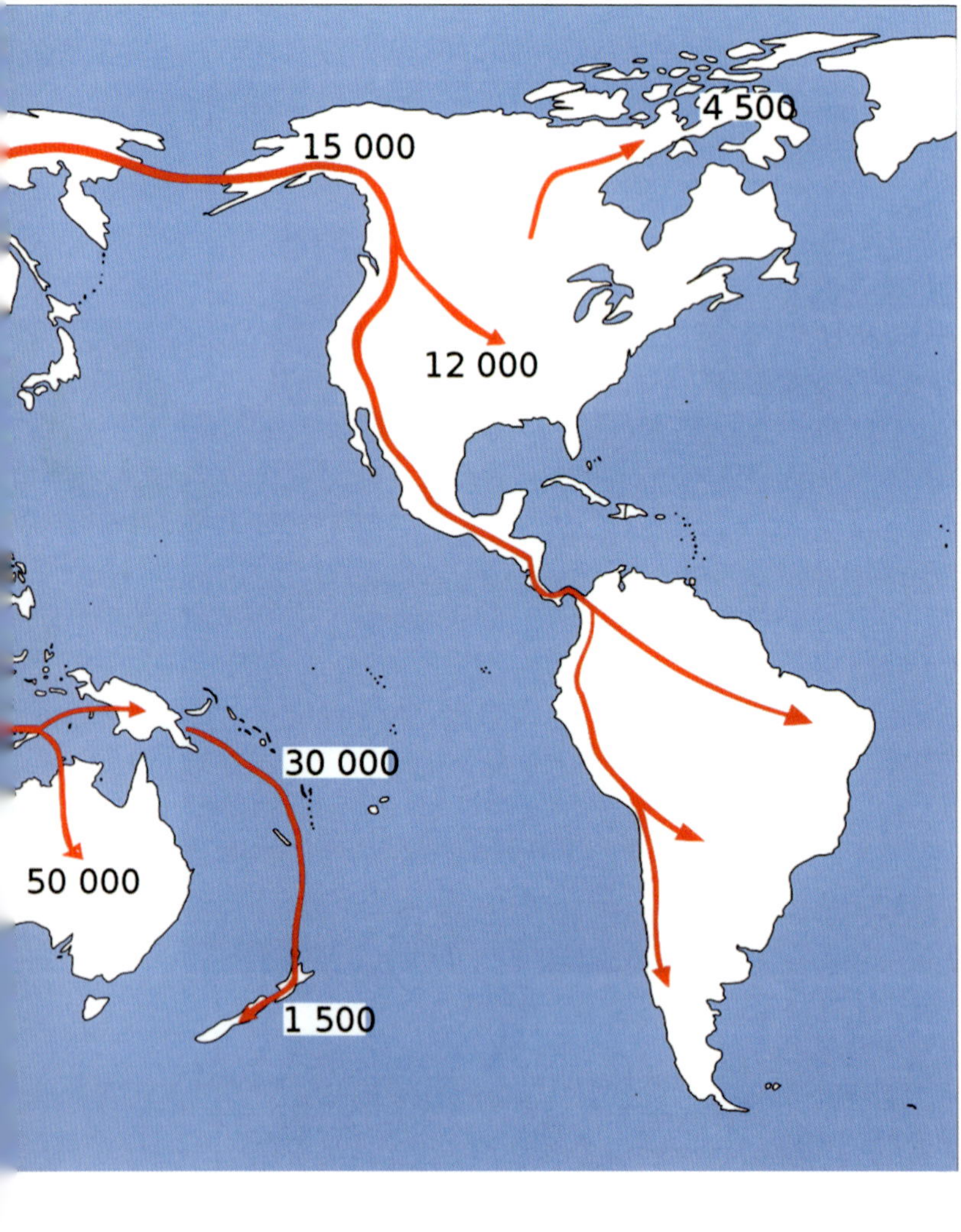
4 500
15 000
12 000
30 000
50 000
1 500

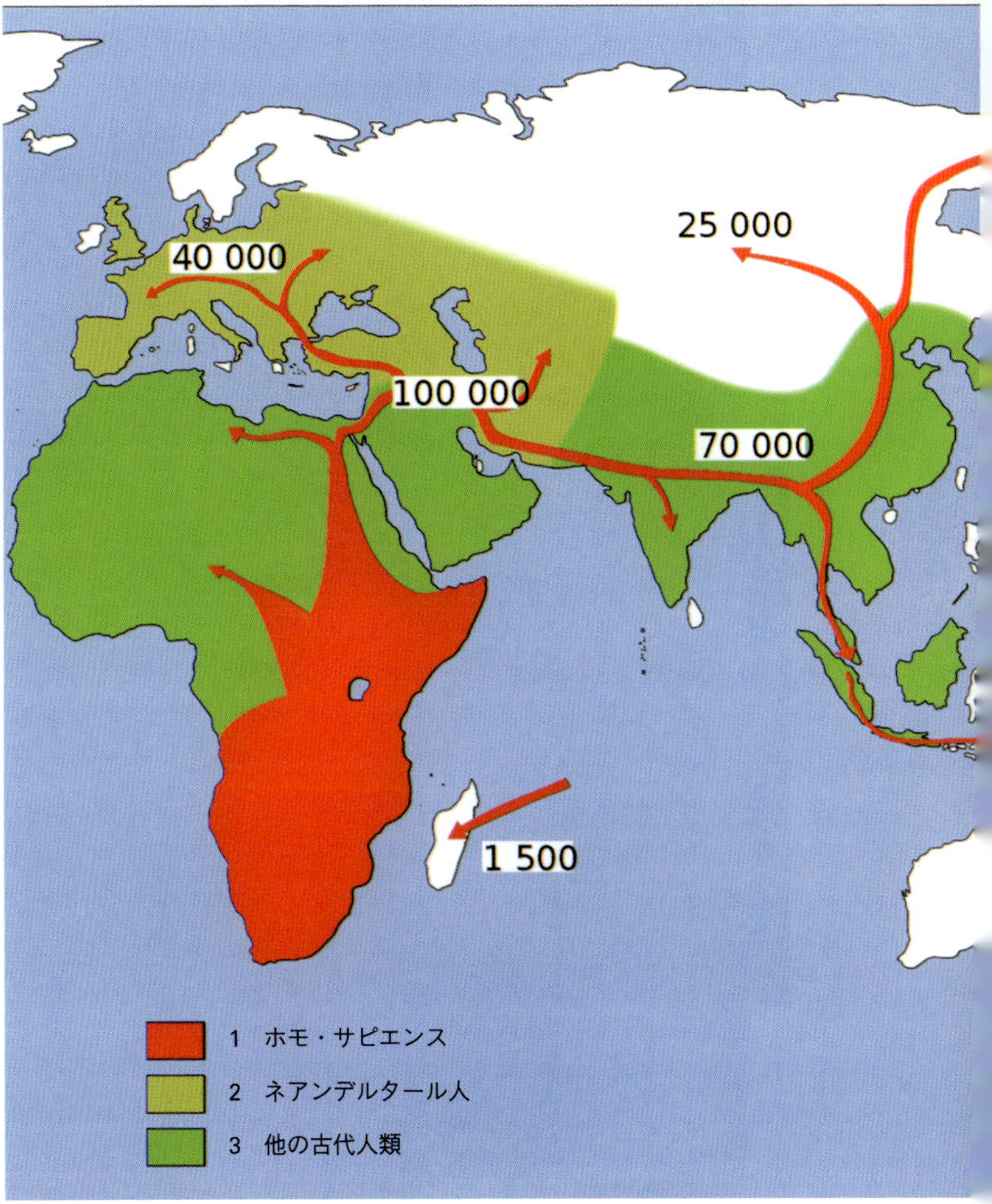

人類の拡散

アフリカを出た現代人は地球の隅々へと向かった――中東、ヨーロッパ、アジア、極東、南太平洋、オーストラリア、そして南北アメリカへと。最後に到達した大陸は 19 世紀の南極大陸だった。遠く離れた太平洋の島々は最初のファラオがエジプトを支配した頃におそらく人が居住していた。（第 5 章「そこかしこにいる類人猿」を参照のこと）。オリジナルの挿絵は Altaileopard, Wikimedia commons による。

ゴーラム洞窟
2 万 5000 年前に最後のネアンデルタール人がこの大聖堂のような洞窟で生活して、そして死んでいったのかもしれない。（第 6 章「いとこたち」を参照のこと）。オリジナルの写真は Gibmetal77, Wikimedia commons によって提供された。

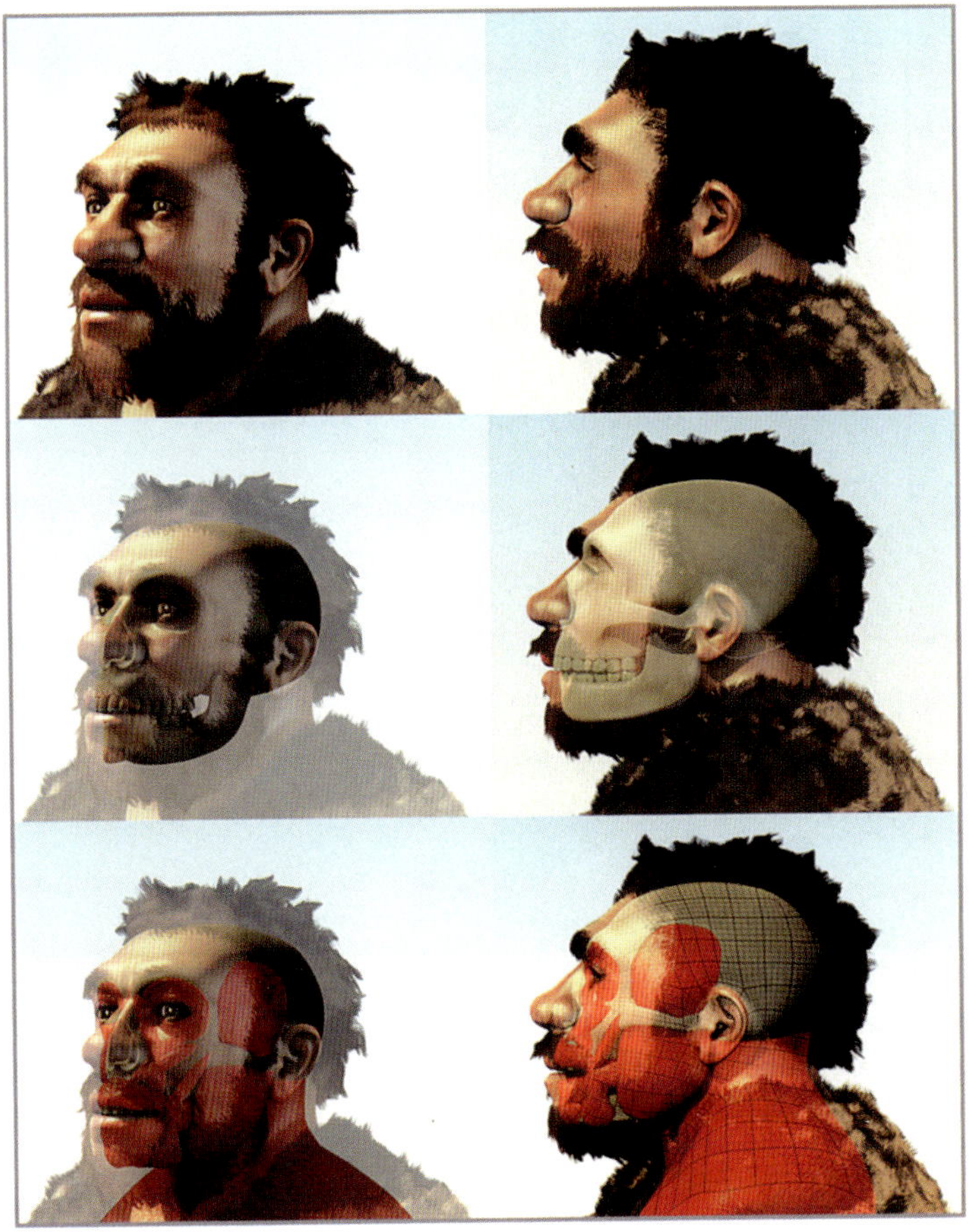

私たちに最も近いいとこ？
いま私たちはヨーロッパと西アジアのネアンデルタール人が非常に知的で頑丈だったことを知っている。この再現図は彼らの大きな頭蓋骨、太い縄のような筋肉、冷たい空気を暖めるのに適した広い鼻が極寒の気温と過酷な生活の中で生き残る助けになったことを表している。（第６章「いとこたち」を参照のこと）。オリジナルの口絵は Cicero Moraes, Wikimedia commons による。

ネアンデルタール人の最後の日々
最後のネアンデルタール人は巨大な乱杭歯のようなジブラルタルの岩山の上に座って最後の日没を眺めていたのだろうか。(第6章「いとこたち」を参照のこと)。オリジナルの写真は RedCoat, Wikimedia commons による。

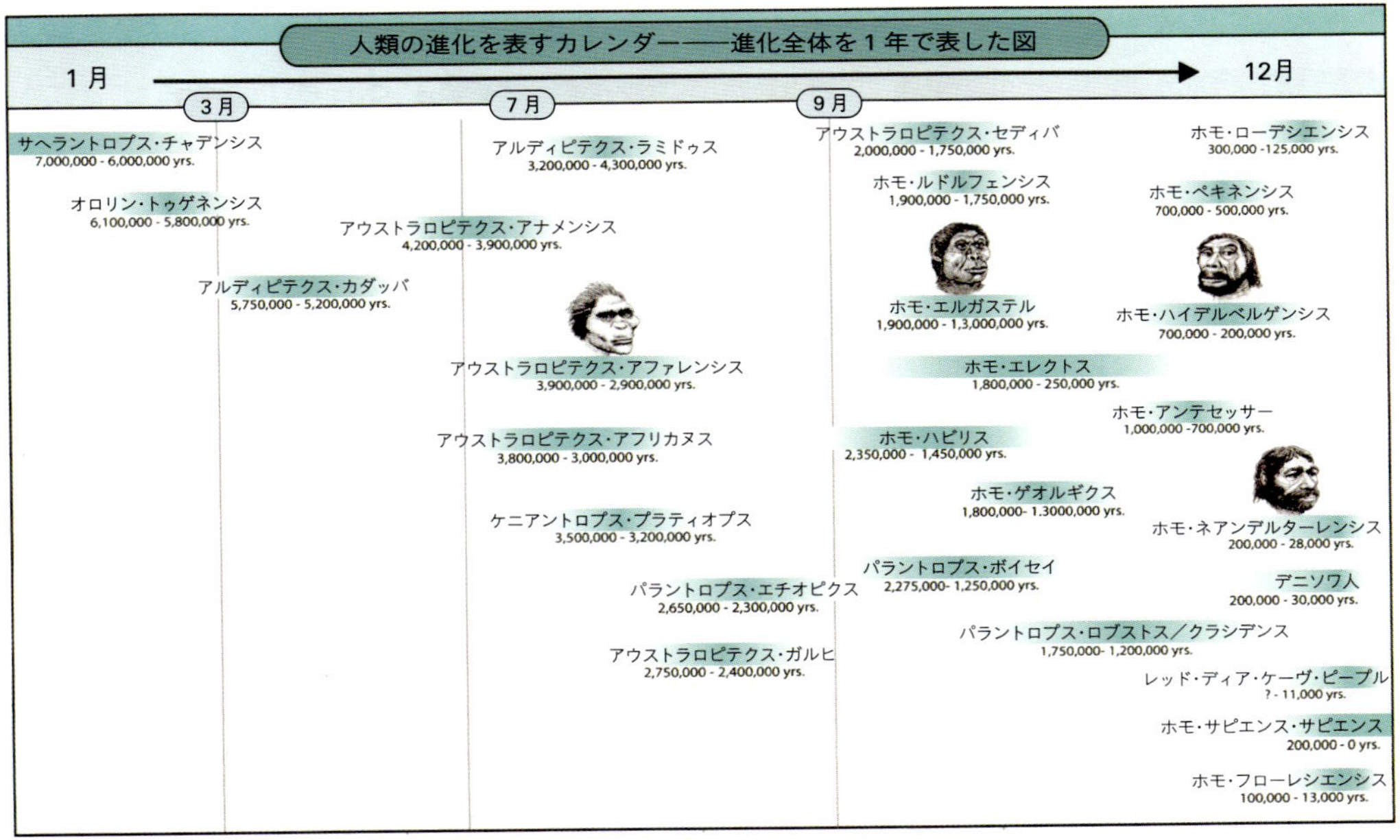

もしも過去700万年に進化した既知の人類が出現した時代を12か月に圧縮したら上図のようになるだろう。まだ発見されていない多くの種も行き来したことだろう。（第1章「存続を賭けた戦い」を参照のこと）。口絵とグラフはFrank Harris, 2012による。

有史前の天才
昔、クロマニョンの芸術家がこの息をのむような像をスペインのアルタミラ洞窟の奥深くに描いた。それは今日世界中のアート・ギャラリーやマディソン・アヴェニューの美術商の羨望の的になるような作品だ——豊かで活力に満ちて独創的だ。洞窟を照らした太古の炎の中でその像が脈動するのが目に見えるようだ。人類の歴史のこの時代には世界各地で創造性が開花した。その創造性の源は私たちの長い幼少時代だったのだろうか。(第７章「野獣の中の美女たち」を参照のこと。写真提供：akg-images

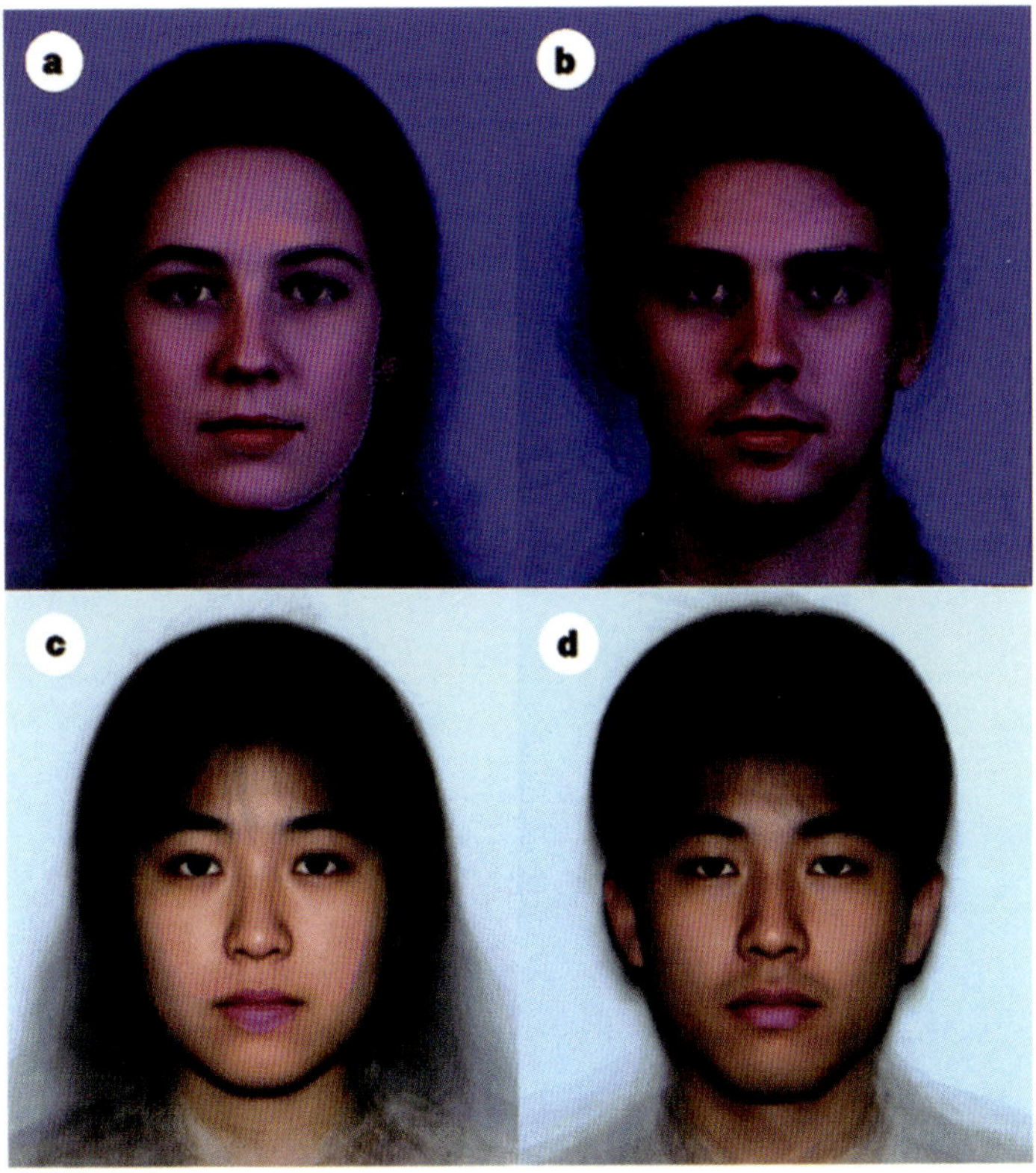

私たちが類人猿の赤ん坊に似ている理由のひとつ
異性の若々しく（そして女性的な）顔の効果を調べると、今日でも男女ともに子供っぽい顔つきの異性に魅力を感じることが示される。この実験ではそれぞれの性に関して白人とアジア人の２通り、合計４通りの「平均的」な顔をデジタル処理で作り出した。それからそれぞれの顔を修正して、一方をわずかに男性的に、もう一方をわずかに女性的で子供っぽく修正した。（第７章「野獣の中の美女たち」を参照のこと）。
Macmillan Publishers Ltd.: *Nature* 394, "Effects of Sexual Dimorphism on Facial Attractiveness," pp.884-87, August 27, 1998 より許可を得て転載。

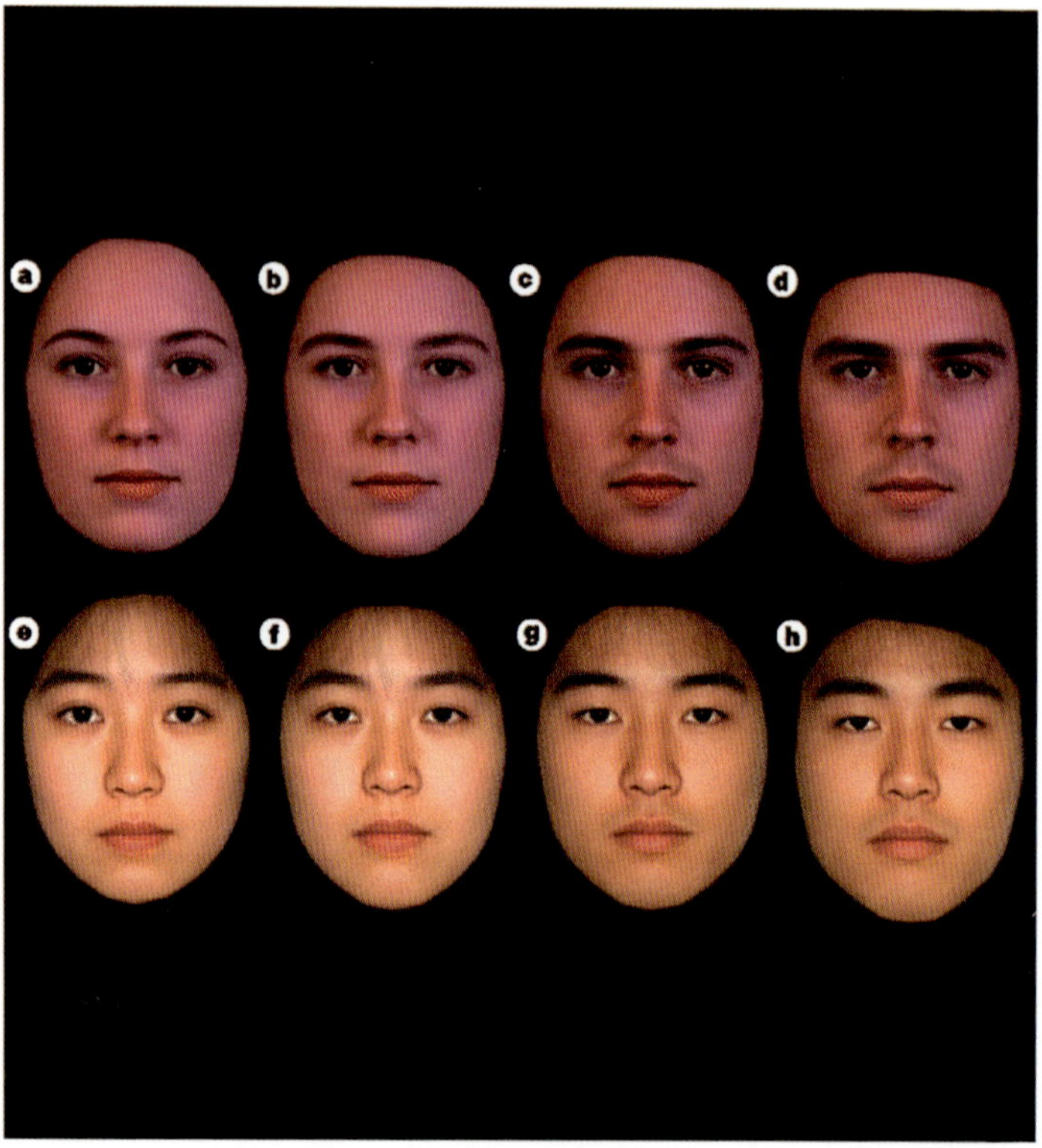

子供のような外見に対する好みは今でも残っている

研究に用いた男性の顔は、少し太めの眉、うっすらと残ったひげそり跡、角張った顎、女性の瞳に比べて少し間隔が離れた瞳を誇張している。これによって男性の顔の方が女性よりも大きいという錯覚が生じる（そうではないが）。このような古くからの好みは、私たちが大人になっても類人猿の大人でなく赤ん坊のように見える理由を説明するのに役立つ。（第７章「野獣の中の美女たち」を参照のこと）。

Macmillan Publishers Ltd.: *Nature* 394, “Effects of Sexual Dimorphism on Facial Attractiveness,” pp.884-87, August 27, 1998 より許可を得て転載。

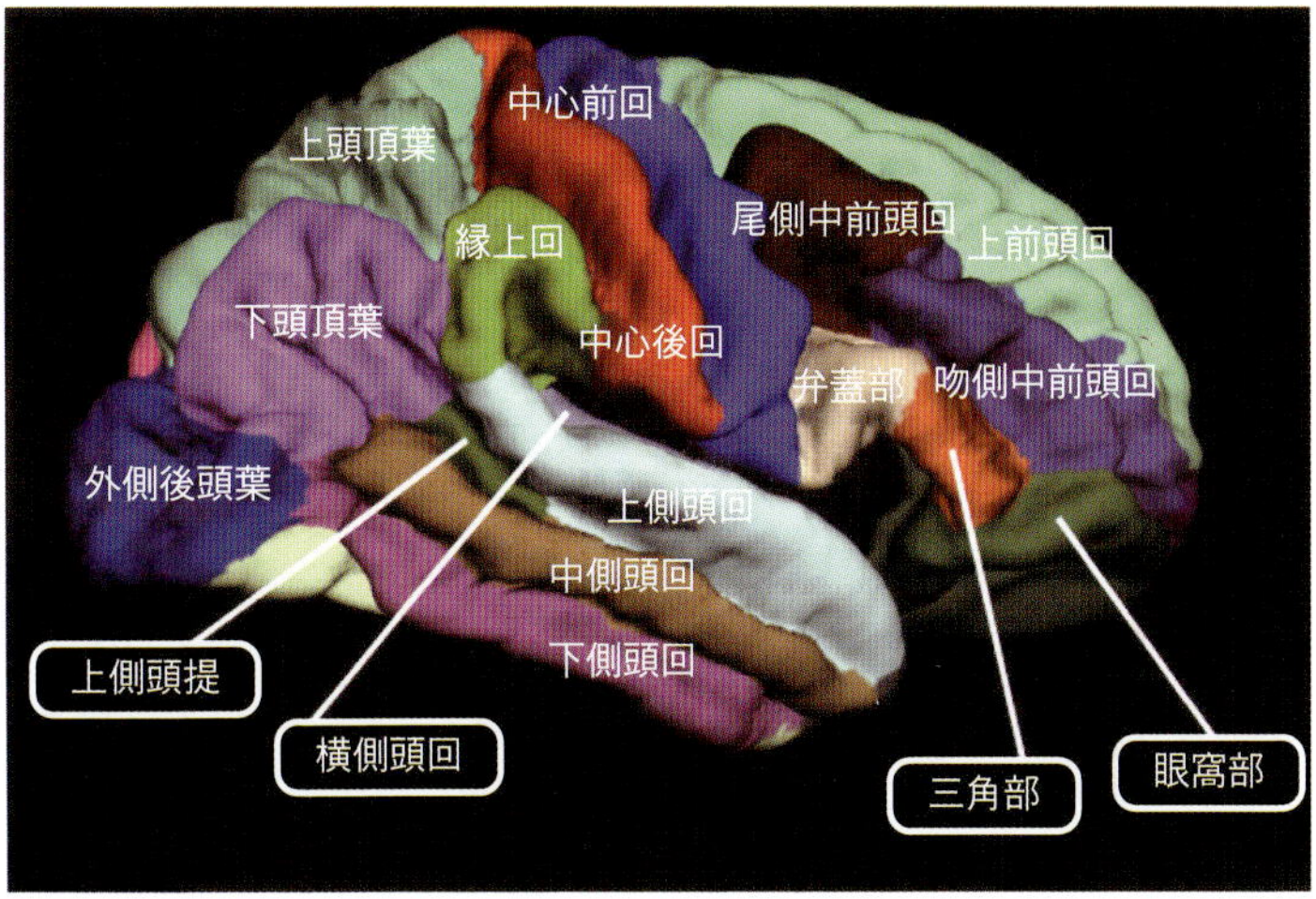

私たちが人間の脳と呼ぶブラックボックス

人間の脳は昔の、あるいは新たに進化した「ミニ脳」が融合したもので、それぞれ自身の機能を持つ部分が進化の要求によってまとまっている。それは一緒になって私たちの人間的な複雑で、謎に包まれ、遊び好きで予測不能な行動を作り出す。人間の脳が可能にする心は自身を理解することができるだろうか。（第８章「頭の中の声」を参照のこと。オリジナルの口絵を Patric Hagmann et al., Wikimedia commons の許可を得て使用。

レッド・ディア・ケーヴ・ピープル
わずか1万1000年前、ホモ・サピエンスが農耕を発明したころに中国南部に住んでいた謎めいた人々が最近発見されて、世界中の人々を驚かせた。彼らは昔の人々と現代人の特徴を併せ持っていた。彼らは何らかの形で私たち、ネアンデルタール人、そして新たに発見されたデニソワ人と関係があるのだろうか、あるいは人類系統樹の全く別の枝に属するのだろうか。最近の発見によってこれまでの前提が急速に修正されている。さらなる変化がもたらされるだろう。(第6章「いとこたち」を参照のこと)。オリジナルの口絵はPeter Schoutenによる。

人類進化７００万年の物語　目次

人類進化７００万年の物語

私たちだけがなぜ生き残れたのか

私の羅針盤でありジブラルタルであるシンディーへ

著者による註記

　学術的な響きの名前を持っていながら、古人類学の分野ではかなり騒々しい論争がしばしば展開される。この分野が遠い過去を探検して地中から何とか掘り出されて明らかになった骨のかけらに頼ることは、その科学の不正確さ、あるいはそれが生み出す意見の相違に関して何の役にも立たない。この分野の全ての研究者は自分の研究に科学的方法の客観性を持ち込もうとするが、その本質にはたくさんの推測が関係している。そのためある研究者あるいはグループが、発掘されたある生物の化石を新種として分類するように要求しても、それはすでに発見された種の新しい実例にすぎないと考える科学者もいる。たとえば、ホモ・アンテセッサーという分類を作る正当な理由を見つけ出す科学者もいる。同じくらい著名で確立された考えを持つ他の研究者がそのような種の存在すら認めない発言をすることもある。

　誰にも本当のことはわからない。証拠はまばらでランダムすぎる。私たちは過去一八〇年間の発見の混乱した状態を整理する便利な方法としてこうした名前を作り出している。生物自身が私たちの作り出した名前に従って存在していたわけではない。また、私たちは知らないことを理解することはできない。私たちは直系の先祖と親戚にあたる人類の八〇パーセントに関して断片化した証拠を発見したとも、一パーセントについて発見したとも絶対に言うことができない。

往々にして、人間である私たちは自分が理解している以上に理解している、あるいはほぼ全てを解明しているという印象を持たせるかもしれない。これからわかるように、そうではないのだ。この本が参考になる理由のひとつは、人類系統樹、もっと正確に言うとそれに関する私たちの非常に限られた視点が過去五年間に非常に大きく変化したからだというものだ。

遺伝学の進歩、放射性炭素年代測定法の革新が昔ながらの科学的創造性やきつい仕事と相まって、私たちの当て推量を改良して発見に肉付けをする助けになった。三年前〔二〇〇八年〕にシベリアの洞窟で発見された親知らずと小指の先が全く新しい種類の人類（科学者は彼らのことをデニソワ人と呼ぶ）が、私たちとネアンデルタール人の共通の先祖である可能性など思いつくこともなかっただろう。このわずかな証拠は私たちが彼らと交雑したことさえ明らかにしたのだ。あるいは数十億の人間（あなたも含まれるかもしれない）にネアンデルタールの血が流れていることもわからなかっただろう。かつて絶対的な事実として推測されていたことをくつがえすことになったが、今私たちはこうした驚異的なことが真実であることを知っている。

こうした進歩や胸を躍らせるような発見が可能になったにもかかわらず、私たちの過去を明らかにするのは、懐中電灯で照らしながらサハラ砂漠で一組の鍵を探すようなものだ。

私はひとつの点を明確にするために今このことを取り上げている。過去七〇〇万年に他の人類が何種類進化してきたのか正確なことはわからない——二七種類だろうか二七〇〇種類だろうか。おそらく知ることはないだろう。だが私は論証できて納得のいく数に到達しようとした。それによって、分野の中に意見の不一致があるにもかかわらず、私たちがどのように存在するようになったのかという物語が数年前よりもはるかに興味深く複雑になったことが強調されるのだ。そしてそれによって物語はさらにおもしろくなる。

はじめに

この一八〇年の間に私たちは偶然に見つけて発掘した証拠によって、二七種類の人類（最新の科学用語によるとヒト族）[*1]が地球上に進化してきたことを明らかにしてきた。気付いたことと思うが、その中の二六種類は環境要因、捕食動物、病気、あるいは不運にもDNAの欠陥によって絶滅してしまった。唯一の生き残りは一風変わった動物で、大きな成功を収めた。それは直立して歩く類人猿で、自身のことをホモ・サピエンス・サピエンス、賢い・賢い・人と少し思い上がった態度で呼んでいるが、私たちはほとんどの場合あなたや私という呼び方をしている。[*2]

地球上にやって来て、苦闘して、さまよい歩いて、進化した全ての人類の中で、なぜ私たちだけがまだ残っているのだろう。これほど広い世の中に私たちとともに一種類より多くのものが生き残って共存することはできなかったのだろうか。ライオンとトラ、パンサーとピューマは共存している。ゴリラ、オランウータン、ボノボ、チンパンジーもうまくやっている（かろうじて、だが）。二種類のゾウや複数種のイルカ、フィンチ、サメ、クマ、カブトムシが地球上に住んでいる。だが、人間はたった一種類しかいない。なぜだろう。

そもそも今まで連れがいなかったから私たちだけが生き残ったのだとほとんどの人は考える。このような考えによると、私たちは一連の優れた先祖の系列から順次連続的に進化して、それぞれが進化的にきちんと決着がつくと次のモデルが取って代わるのだ。そして私たちは原始的で無能な状態から現代的で完全に磨き上げられた状態へと一歩ずつ進んでいった（アリストテレスはこれを「存在の大いなる連鎖」と呼んだ）。その考えを前提にすると、私たちと同時代の人類が存在することは不可能になる。私たちの直系にあたる絶滅してしまった先祖のほかに誰が存在できたと言うのだろうか。そして全てのことは、最終的で完全な結果、つまり私たち以外に、どこにつながるというのだろうか。

この考え方は完全に間違っていることが判明した。今までに発見された二七種類（そしてさらに多くのものを発見する可能性がある）の人類のうちかなりのものが隣り合って住んでいた。彼らは競い合い、時に交雑した可能性もあり、無条件に殺したり限られた資源を競い合って相手を殺してしまうことも一度では済まなかった。私たちは今でも答えをかき集めているが、いつもさらに多くのことを学んでいる。

何らかの全体像に私たちの登場を位置付けようとする場合には、地球上の全ての種や、かつて地球上で生きたことのある全ての種（三〇〇億とも推測されている）が波乱に富んだ長い過去を楽しんできたことを覚えておいた方がよい。それぞれが登場した場所は、終わった場所とはかなり異なり、遠回りで驚くべき経路をたどるのがふつうだった。今日世界の海洋を泳ぐ巨大な潜水艦のようなシロナガスクジラがかつて毛皮で覆われた動物で、五三〇〇万年前にヒマラヤ山脈の南にある平原をうろついていたことは想像しにくい。あるいは信じ難いことだがニワトリやダチョウが恐竜の子孫であることも。かつてウマが平均的なネコと同じくらいの大きさの、小さな脳を持つ小型の動物で、長いしっぽをもっていたことも。そして世界各地の家庭のソファに優雅に横たわる愛玩用の小型犬ペキニーズはユーラシア北部に生息した柔軟な体を持つ恐ろしいハイイロオオカミにまで起源をたどることができる。

要するに、全ての生物には自然界の力や偶然が遺伝的な段階を経て今日の姿にそれを形作ってきた魅惑的な物語があるのだ。私たちも例外ではない。あなたや私も遠回りで驚くべき経路で現在にやって来た。そして私たちも昔は今とかなり異なったものだった。

私たちの先祖に関する学説はしばしば修正されている。それは私たちが出現した方法に関する新たな発見が次々と現れるからだ。実際この本を執筆している間にもいくつかのものが出現した。だがそれがいくら詳細を明らかにしても、次のことはわかっている。私たちの直接の先祖と考えられているものも含めて、今まで通り過ぎていった全ての人類にとって、この七〇〇万年は過酷だった。生き残ることは、常にフルタイムの仕事で、非常に捉えどころのないゴールだった。（地球上のほとんどの人間にとっては今でもそうだ。四〇億以上の人々――人類の三分の二近く――が二ドル以下で毎日生活している）。だが、少なくともあなたや私にとって幸運なことに、荒れ狂う進化のダンスは一万一〇〇〇年前に最後のホモ・サピエンス以外のＤＮＡ系統を廃れさせたが、一方で私たちのＤＮＡを、かつて存在したことがある多くの人類の中の最後の類人猿になるまで生き続けさせたのだ。

他の者たちの滅亡を喜ぶべきだというわけではない。私たちは前にやって来た仲間の人類――私たちよりも毛深く、背が高く、あるいは背が低く、怒りっぽく、不器用で、速く、強く、愚かで、丈夫だった――に負うところが大きい。私たちは先祖たちが立って走り続けるために苦闘する中で獲得した一層適応力のある形質を受け取る幸運に恵まれたからだ。今、アウストラロピテクス・アファレンシスやホモ・エルガステルやパラントロプス・ロブストスと直接出会うことになったら、私たちは何を見るだろう。第一に知性、恐れ、好奇心だと私は推測する。そして彼らも私たちの中に同じものを見る。私たちは本当に似たもの同士なのだから。

これによって、今はいない人類をかつて可能にした巧みな遺伝的戦略の多くが、今でもあなたや私が子宮の中から毎日の生活の中にまで無造作に持ち歩くDNAに記されていることが確実になる。彼らの時代から現在までの間の想像もつかないほど長い時代に出現して、頑張って、通り過ぎていった数百万の生物たちも、結局のところ、少なくともその中のいくらかは私たちだったのだ。私たちはその七〇〇万年の進化の実験と愚行の驚異的で興味深い混合物なのだ。過去の人類がずっと昔に築いた土台がなかったら、私たちはいなかっただろう。

だから個人的な得手不得手のかなりの部分、魅力を感じるもの、性的嗜好、欲望、気性、魅力、美貌は言うまでもなく、足の親指、大きな脳、言語、音楽、向かい合った手の親指に関して、大昔にアフリカのサバンナに進出してアラビアやアジアのステップ、ヨーロッパの山林、そして太平洋の湿潤な列島へと進んでいった類人猿たちに感謝するとよいだろう。人間の愛、欲、英雄的行為、嫉妬、暴力はどれもその起源を私たちの前にやって来た人類のデオキシリボ核酸〔DNA〕にたどることができる。

過去七〇〇万年の残り物をかき回して私たちが出現するに至った特別な物語をつなぎ合わせようとすることにどのような意味があるのかと思うかもしれない。私たちがとる驚くべき、思いがけない、時に崇高、時に恐ろしい行動を理解する最も良い方法になるということがその見返りと言えるだろう。私たちは自分に対して進化の謎を解き明かす義務がある。それは私たちが他の誰よりもそれに適しているからだ。もしもそうしなかったら、個人として、あるいは種としての自分が誰であるか理解できる見込みがないのだ。そして理解することによってのみ自分が作り出す問題の解決が望めるのだ。自分がこの宇宙にやって来た理由を理解しなければ、私たちは自分の失敗に当惑したままの状態におかれて、単に人間的（human）であるばかりでなく人道的（humane）でもある未来を築くことができなくなる。

だがこのこと自体はあれだけ多くの人類が進化によって退出を迫られたなかで、なぜ私たちの系統だけが現在までたどり着いたのかという頭に残って離れない疑問に答えられない。善戦した種もたくさんあった。多くのものが私たちよりもかなり長く生き残っている。私たちよりも大きなもの、強いもの、速いもの、重い脳を持つものもいたが、そのような特徴はどれも今日まで彼らを存続させるのに十分ではなかった。どのような出来事や力、意外な展開、そして進化的手品があなたや私、そして現在地球上を歩くその他七〇億の人間を可能にしたのだろうか。

あらゆる困難をものともせずに、そして自然界の残忍で気まぐれなやり方にもかかわらず、どうしたわけか私たちだけが生き残ることができた……今のところは。

なぜだろう。

私たちの物語は昔むかし、ずっと昔に始まったのだ。

チップ・ウォルター
ペンシルバニア州ピッツバーグ
二〇一二年六月

第1章　存続を賭けた戦い

DNAは何も知らず、何も気にかけない。DNAはただ存在するのみであり、われわれはそれが奏でる音楽に合わせて踊っている。

――リチャード・ドーキンス

宇宙には数えられる限りでも一〇〇〇億個の銀河が存在する。その中には中央が膨らんだフリスビーの形をしたそれほど目立たない銀河もあり、果てしない空間の中で渦巻き状に回転している。天の川には一〇〇〇億の太陽が存在する。そして各太陽は、程度はさまざまだがそれぞれ猛烈な勢いで、数兆の水素分子をヘリウムに変換している。この円盤の縁に沿った部分で密集していた星が少なくなり始めたあたりに、毎朝目を覚ましたとき出会う私たちの太陽がある。科学ではまだ解読されていない宇宙の計算によって、私たちが故郷としているこの惑星は、その太陽から適切な距離に置かれていて、ここには適切な大気、重力、化学特性が備わっていることから、膨大な種類の生物が存在できるようになった。

私たちの宇宙はおよそ一五〇億年存在してきた。太陽はおそらく六〇億年くらいだろう。地球は母星の周りを約四〇億回廻り、そこに住む生命はおよそ三八億年間ひたすら進化してきた。地球上で生命を有するものはどのようなものであっても、その期間の大部分の間は単細胞の大きさを超えなかった。私たちがその場にいたとしても、そのような生命は肉眼ではそのまま見ることができないので、気付かなかっただろう。だがもちろん、最初にそれが出現しなかったならば、地球上で生きている私たちを初めその他全ての生物の存在は不可能だった。

私たちがどれだけ頑張ってみても、地球が衝突や融解を経た後に現在の軌道に落ち着いてからたどってきた変化、繰り返し、変更を探り尽くすことはできない。私たちの頭はそれほど大きな数字、それほど異質な経験を処理するように作られていない。そして本書の中でもそのようなことは試みない。その代わりに巨大な歴史の中のひとつのちょっとした事柄、小さいながらもあなたにとってとりわけ大事なこれまでの七〇〇〇万年間のことに注目していく。これが、私たち人類が存在するようになった時期なのだから。

＊

わが太陽系に存在する小型で岩石質の他の惑星に比べて、地球はいつも気まぐれだった。地球は存続するようになってから熱く溶けた状態が続き、湿潤な状態が多かったけれども、寒いことや焦げ付くようなこともあった。また、その大部分が氷に覆われるようなこともあった。膨大な沼地と、踏み込むこともできない雨林に覆われ、セントバーナード犬よりも大きな昆虫が生息した時代もあった。砂漠は襲撃する軍隊のように進行や退却を繰り返し、大きな海洋はあちらこちらに溢れ出ることがあった。陸地にはバターを溶かした鉄板上のパンケーキのように動き回る傾向があって、今日馴染みのある世界地図は一〇億年前とは全く異なり、その間に配置が変わってきている。そのことは、こうした地理的変動の中を生き残っていこうとする生物にとって興味深い結果をもたらしてきた。

一九世紀半ばにチャールズ・ダーウィンとアルフレッド・ラッセル・ウォレスは地球がこれほど多様な生命を生み出してきた理由を、このような絶え間ない変化で説明した。生物のDNAに生じるランダムな修正には、環境に生じる一貫性のない変更とともに、長い時間をかけて全く新しい驚異的な形の生命を生じさせる傾向が見られた。ダーウィンが長い年月をかけた熟考や苦悩の後に『種の起源』（一八五九年）を執筆したときに、これを「自然選択による由来」と述べた。つまり生物はランダムに変わって（彼にとって未知の方法で。一八五九年には彼にもその他全ての人にとっても、遺伝子の突然変異やDNAの螺旋階段は未知のものだった）、その環境の中で生き残ったり生き残らなかったりするというのだった。もしも形質を変える突然変異が生物の存続を助けるとしたら、その生物はより多くの子孫を作り、その種は存続して新しい形質を伝えていくと彼は推測した。もしもそうではなかったら――そして今までに発生した全ての生命のうちの九九・九九パーセントが該当する――、その生命形態は排除されることになる。ダーウィンは、環境が異なれば異なる突然変異に都合がよくなり、長い年月――想像もつかないほど長い時間――のうちに異なる種類の生物が、木の枝のように分岐して生じると考えた。各々の若枝は周囲の他の枝との距離を広げ、最終的にはゾウリムシとマリリン・モンローほど異なる多様な生命があなたとともにいることになるのだ。

そのようなわけで、私たちは約四〇億年前にひとつの原核細胞や藻類のストロマトライト構造として始まったかもしれないが、そのうち徐々に肺魚、粘菌、ヴェロキラプトル、ドードー、サケやカクレクマノミ、フンコロガシ、イクチオサウルス、アンコウ、サスライアリ、オオツノヒツジなどが溢れ出て、そして――それまで過ぎてきた全ての時間のほとんど終わり近くになって――人類が出現した。それは大きな脳、鋭敏な目、群れを作る特性、器用な手先を持ち、進化によって出現した他のどの生物よりも自己を認識する複雑な動物だった。

これまで地球上に存在してきたものとして発見された二七種類の人類のうちで、少なくとも今までのところ、私たちが最も恵まれた系統である。それはもっぱら、遺伝のゴミ箱を避けてきたという簡単な理由にもとづいている。進化の場当たり的なやり方を考えると、私たちが噴気孔で呼吸をする水生哺乳類、丸い目をした有袋(ゆうたい)類、あるいは近くのアリの巣を長い鼻と粘着性の舌で探るアリクイになったとしても不思議はなかった。ついでに言えばアリそのものになっていたかもしれないのだ。

あるいは絶滅していたということも考えられる。

だが幸いなことに、私たちはアフリカのジャングルから抜け出て、直立するようになり、近い血縁者で密接なつながりを持つ群れとなり、手のために前足をあきらめ、親指を作り、改良型の肉食となり、道具を作り、さらに進化の出来事としては驚くほど短期間に、世界とそれを構成する分子からその環境に至るまで模様替えしてしまった。今日私たちは、自分の存在をまずもって可能にしてきたＤＮＡの操作さえ行っている――これは進化が、進化する新しい方法を進化させたという事例になる。（それについてちょっと考えてほしい）。

私たちはゼウスの頭部から出現したというアテナのように、大きな脳や道具を持ち近代生活を行うばかりの状態でアフリカのジャングルから突然現れたのではない。私たちは段階を経て、出現したのだが、それは主に地球の気まぐれなやり方によって操られる広大で混乱を極めた試みの一環だった。六〇〇万～七〇〇万年前にアフリカの雨林がゆっくりと縮小し始めた。当時の地球は今日とは違っていたが、根本的に違うわけではなかった。タイムトラベルをして、地球の周りを廻る衛星から当時の地球を見ることができたら、それは今日私たちが気象チャンネルで見る衛星画像とよく似ていることだろう。インドもほぼ今の位置にあるが、まだゆっくりとアジアに衝突して、ヒマラヤ山脈を造っているところだろう。オーストラリアも現代とほぼ同じ所に見られるだろう。地中海はほんの少し大きいだろう。部分的に水面下に沈んだイタリアの長靴は、あまり長靴のようには見えない。そして中東とともにボスポラス海峡も水没していなかったが、間もなく海峡はジブラルタルで閉鎖されて、地中海は広大な塩原、沼地、塩水湖に変わることになる。

こうした地理的な変化は地球の温暖化によって氷床が薄くなり、陸地が減り、地球が湿潤化したことから生じた。皮肉なことに当時の世界は、現在の地球温暖化が作り出すと考えられる状態に非常によく似ていた。私たちの起源を振り返ることで、未来の姿を垣間見ることができるようだ。

だが気候は複雑だ。気象状況は変動しやすい。インド洋の底にある地殻変動のプレートは移動して海全体を動かしていた。地球全体が暖まるにつれて地球上には次第に湿潤化して熱帯化する場所や、乾燥が進む場所が生じてきた。そのような場所の中にアフリカの北東部や中北部が含まれていた。そこでは草地が次第に砂漠となり、雨林が半森林状態のサバンナに変わっていった。ここで新しい種類の霊長類、おそらく数種類のものが進化しつつあった。その霊長類は、正確に言えばもはやジャングルの生物ではなかった。

＊

科学者は地球上に初めて人類が出現した時期を約七〇〇万年前と考える。それは主として、わずかしかないその頃の化石証拠が、今日のチンパンジーと共通だった最後の祖先から私たちが分離してきたことを示すことによる。年代決めのこの類のやり方には、精密な方法はない。偶然発見された古代の骨とそれが埋まっていた堆積物の発見に頼っている古人類学は難題山積みで、科学として正確と言うにはほど遠い。

実際問題として、古代の骨はどんなものでも、それが化石となる可能性すらきわめて小さいので、何であれ発見されることはほとんど奇跡に近い。たとえば遠い未来に自分の一部が完全に化石化された状態で発見される可能性は、体の形が残るような柔らかい堆積物の中で、あるいは身体の全ての分子を徹底的に分解してしまう酸素が存在しない場所で死なない限り、絶対にないだろう。そのような場所としては、泥炭湿原や浅くて濁った川などが当てはまる。

砂漠や氷河による浸食をこうむったりして、横たわっている場所から保存に適さない場所に動かされてしまわないように祈るしかない。そのようなことがもし起こらずにいたとすると、遺骸の固形部分の少なくとも一部の分子は、周囲に溶けている固体分子とひとつずつ置き換えられていく。そして、もとは炭素でできていた骨格の石のレプリカが残されることになる。最終的に、そのようなことがその通りに起きたとしても、その残骸を発見してもらうには風や雨や非常に幸運な古人類学者の本能に期待するしかない。

このような方法であなたが保存される可能性は、ある推測によると一〇億分の一であるという。あなたのごく小さな部分がその後実際に発見される可能性はきわめて小さいので、正確に算出することはできない。それに加えて私たちのごく初期の祖先の多くが、容易に分解して痕跡を残しにくい森林やジャングルで死んだことを考えると、私たちが起源を解明するさいに頼りにする化石記録はごく小さいばかりでなく、思いのほか偏ったものであることがわかるだろう。よくても、遠い過去のきわめて大まかなイメージを提供するランダムな手掛かりが残されているにすぎない。実のところ、原始時代の親戚は全系統がほぼ間違いなくはるか昔に消滅してしまっているので、発見されることはない。

私たちは祖先を解明するのに化石以外の道具も持ち合わせている。遺伝の科学はまだ始まったばかりだが、それは私たちの家系図のどこで特定の枝が違う方向に分かれたのかを推測する一種の時計のようなものによって過去を探索する方法を提供する。（補足記事「遺伝的タイムマシン」を参照のこと。本書一五一頁）。しかし最善の遺伝的証拠でも現在のところ非常に曖昧なので、私たちとチンパンジーが共通の祖先を持っていた時代は四〇〇万〜七〇〇万年前と推定されている。かなり大ざっぱな値ではないだろうか。このように化石記録も遺伝科学も私たちの出現時期に関する詳細を提供することはできない。

それでも私たちはどこかからか始めなければならない。かつて地球上に私たちの他に二六種類の人類が生息していたことを知って驚く人々がいる。それらの種類の多くが同時期に生きていたことを知って、さらに驚く人々もいる。チンパンジーからわれわれまで、類人猿から人間へとつながる順序のよい行進がしばしば考えられたりするが、そんなものはなかったという点が重要なのだ。

＊

科学が人類の誕生日をとりあえず七〇〇万年前としたひとつの理由は、おそらく人類のものであることが無理なく主張できる最古の化石が二〇〇一年七月から二〇〇二年三月の間にチャドで発見されたことにもとづく（彼は部分的に少しずつ発掘された）。彼の発見者であるアフーンタ・ディモドゥマルバイエという学生は、化石を発見したアフリカのサハラ砂漠の南縁部にちなんで彼をサヘラントロプス・チャデンシス――サヘル・マン――と呼んだ。この霊長類のほとんどの部分は残っていなかった。発見されたのは頭蓋骨、下顎部分の四片、数本の歯だけだったが、彼の頭部が前肢の拳を地面につけて歩くゴリラのように四五度の角度で胴体に付いているのではなくて、私たちのように胴体に沿って付いていることを化石が示唆したため、彼（あるいは彼女）が直立歩行をしたと推測する古人類学者もいる。彼らはこのことが彼（あるいは彼女）を初期の人間と考える理由だという。チャデンシスが森林に住む他の類人猿と人間が共有する最後の先祖のひとつ、あるいは最初の人類として進化したもののひとつ、のいずれかだったことだけしか私たちにはわからない。あるいはチャデンシスは進化の行き止まりだったのかもしれない。私たちに言えるのは、約七〇〇万年前にチャデンシスが地球上を歩いたことを教えてくれる堆積物の中でその骨が見つかったということなので、そこから話を始めることにしよう。[*1]

宇宙あるいはその中の太陽や惑星ができるまでにかかった何十億年と比べると、七〇〇万年はわずかな時間のように見えるかもしれないが、星や彗星（すいせい）や海洋や山脈ではない私たちにとって、それは非常に長い時間だ。私たちは時間の長さを日数、月や年数、そして強いて言うならば世代で表すのに慣れている。「世（epoch）」とか「累代（eon）」と言われても難解であり〔解説書で、それでも出会うことの多い、たとえば古生代・石炭紀の区分は「代（era）」と「紀（period）」。世は紀の下位区分。また累代は代の上位区分なので、さらに難解〕、光年で測定する銀河の距離や量子ビットで算出する量子計算と同じくらい理解しがたい。

こうした数字を理解しやすくするために、サヘラントロプス・チャデンシスの出現から現在までの七〇〇万年を縮めて一年のカレンダーとしたうえで、既知の全ての人類の出現時期——そして場合によっては消滅——を一月から一二月までの間に記入してみよう。そしてこれを人類の進化を表すカレンダー（Human Evolutionary Calendar：HEC）と呼ぶことにしよう。こうすると、チャデンシスは一月一日に出現したことになる。サバンナに生息して直立歩行していた類人猿の系統に属する三三〇万年前のアウストラロピテクス・アファレンシス、あの有名なルーシー〔一九七四年にエチオピアで発見された全身骨格標本〕は、七月一五日に登場した。ネアンデルタール人〔ホモ・ネアンデルターレンシス〕は感謝祭、すなわち一一月一九日まで現れない。そして私たちホモ・サピエンスは冬至に近い一二月二一日にようやく出現する。一年が終わるまでにあと一週間余りのところだ。

この時系列を見ると、とにかく粗筋書きの証拠にもとづいて考えてみた場合だが★、人類はスタートがかなり出遅れていると言わざるを得ない。チャデンシスに続く一〇〇万年以上は何も起きず、研究者たちがオロリン・トゥゲネンシス（ミレニアム・マン〔発掘日付が二〇〇〇年〕）と呼ぶ生物が、春分直前の三

★原註　さらに多くの人類がこの時代に存在したかもしれないが、時代が古くなるほど雨林に生息していた可能性が高くなるため、化石ができる可能性も低くなる。

月八日にようやく出現した。チャデンシスと同様に、トゥゲネンシスも私たちが調査できるようなものをほとんど残さなかった——顎の骨のかけらを二片と臼歯を三本だけだった。後に右腕の骨と大腿骨（だいたいこつ）の小片が発見された——これら全てを合わせるとオロリンが人類であることはほぼ確実であり、約五六五万～六二〇万年前に、たいていは湿った草地とかなり深い森林地に生息していたが、この生息地がやがて近代ケニアのトゥゲン・ヒルズになって、トゥゲンシスという名前はそれに由来する。彼が常に直立歩行をしたか、あるいは部分的だったのかということも議論されているが、もしも草地とジャングルの間を行き来していたとすれば、両方を少しずつ、つまり森林では四足歩行、そして本拠地の樹々の間や草地の中では時々直立歩行したのかもしれない。

〔ＨＥＣの〕春になると、紛れもない人類が一種類でなしに三種類登場する。三月一八日に二種類が、時間の彼方から現れる。アルディピテクス・ラミドゥスとアルディピテクス・カダッバだ。そして五月二〇日にアウストラロピテクス・アナメンシスが現れる。これらはどれも異なる種類だが、三種類とも人間より今日のチンパンジーによく似ている。そしておそらくどの種類もあるときは直立歩行、そしてときには四足歩行をしていただろう。

ＨＥＣの夏には、人類の進化に弾みがついてきた。複数の種類が重複して出現し始めた。彼らの名前を思い出すのはロシア文学の登場人物を追うのに似ているが、我慢していただきたい。〔全ての生物に長いラテン名をつける古い立派な伝統は、優れた動物学者であったカール・フォン・リンネに責任がある〕。一〇月半ばになるとパラントロプス・ロブストス（パラントロプス・クラシデンスとして知られることもある）が登場するが〔次の三種類と記述の日付が前後している。ただし次頁のＨＥＣとは合致している〕、七月四日にケニアントロプ

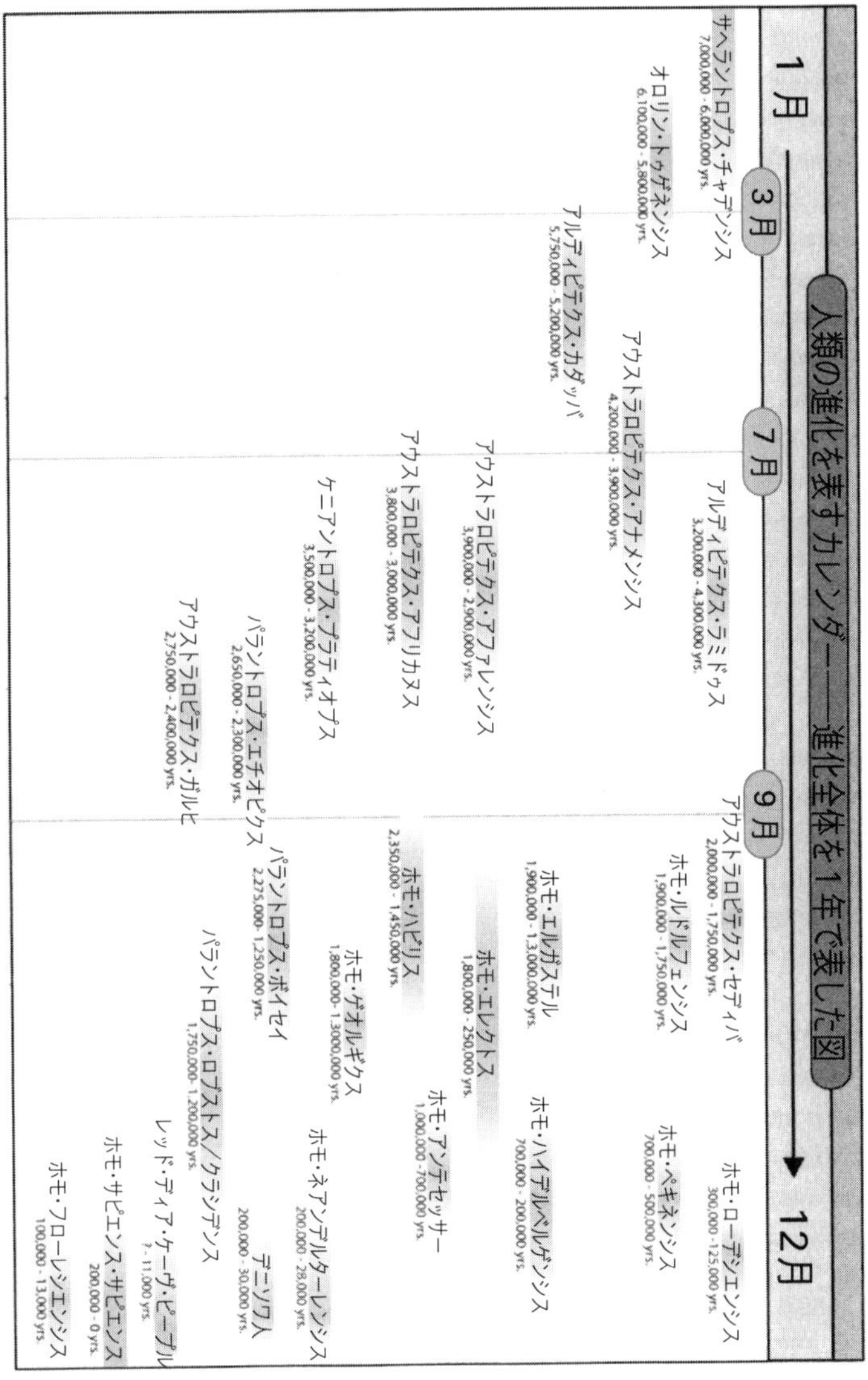

人類の進化を表すカレンダー——進化全体を１年で表した図
1月
3月
7月
9月
12月
サヘラントロプス・チャデンシス
7,000,000 - 6,000,000 yrs.
オロリン・トゥゲネンシス
6,100,000 - 5,800,000 yrs.
アルディピテクス・カダッバ
5,750,000 - 5,200,000 yrs.
アウストラロピテクス・アナメンシス
4,200,000 - 3,900,000 yrs.
アルディピテクス・ラミドゥス
3,200,000 - 4,300,000 yrs.
アウストラロピテクス・アファレンシス
3,900,000 - 2,900,000 yrs.
アウストラロピテクス・アフリカヌス
3,800,000 - 3,000,000 yrs.
ケニアントロプス・プラティオプス
3,500,000 - 3,200,000 yrs.
パラントロプス・エチオピクス
2,650,000 - 2,300,000 yrs.
アウストラロピテクス・ガルヒ
2,750,000 - 2,400,000 yrs.
アウストラロピテクス・セディバ
2,000,000 - 1,750,000 yrs.
ホモ・ルドルフェンシス
1,900,000 - 1,750,000 yrs.
ホモ・エルガステル
1,900,000 - 1,3,000,000 yrs.
ホモ・エレクトス
1,800,000 - 250,000 yrs.
ホモ・ハビリス
2,350,000 - 1,450,000 yrs.
パラントロプス・ボイセイ
2,275,000 - 1,250,000 yrs.
ホモ・ゲオルギクス
1,800,000 - 1,300,000 yrs.
パラントロプス・ロブストス／クラシデンス
1,750,000 - 1,200,000 yrs.
ホモ・アンテセッサー
1,000,000 - 700,000 yrs.
ホモ・ハイデルベルゲンシス
700,000 - 200,000 yrs.
ホモ・ペキネンシス
700,000 - 500,000 yrs.
ホモ・ローデシエンシス
300,000 - 125,000 yrs.
ホモ・ネアンデルターレンシス
200,000 - 28,000 yrs.
デニソワ人
200,000 - 30,000 yrs.
レッド・ディア・ケーヴ・ピープル
? - 11,000 yrs.
ホモ・サピエンス・サピエンス
200,000 - 0 yrs.
ホモ・フローレシエンシス
100,000 - 13,000 yrs.

ス・プラティオプス、その一〇日後にアウストラロピテクス・アファレンシス（ルーシー）、そして八月にパラントロプス・エチオピクスとアウストラロピテクス・ガルヒが地球上を歩く人類の仲間入りをしていた。

アフリカの平原や森林を常に行き来しながら生きたこれらの生物は、それぞれが気まぐれな進化の影響を受けて登場し、また退場した。このように時間を圧縮すると、こうした動物種のうちには何十万年間も存続したものがあることを忘れがちだ。どの種も知的能力を持ち、脳の大きさは今日のチンパンジーの三五〇立方センチメートル（cc）から、大きいもので五〇〇ccだった。これは今日の人間が持つ脳の四分の一から三分の一にすぎなかったが、他の大部分の哺乳類の脳と比べれば巨大でとても複雑なものだった。

何か奇妙で興味深いことが広大なアフリカの地で進行していた。変化する大陸の気候がオリンピアの神のように複数種類の人類の出現を推し進めていたのだ。それら全ての種類は今日でもまだアフリカの雨林に生息している霊長類（数は次第に減少しているが）に似た動物の流れを汲むものだった。やがて、異なる環境が及ぼす選択圧とランダムな遺伝的変化と結び付いて、新しい種類の人類が大陸の至る所に出現した。

エチオピクスはケニアのトゥルカナ湖の湖岸、そしてエチオピアのオモ川流域で生じた。ルーシーと彼女の仲間は北はアデン湾、南は現在のタンザニアの古火山まで歩き回り、アウストラロピテクス・アフリカヌスは何千キロも南の南アフリカのヨハネスブルグからさほど遠くない場所に住んでいた。遅れて人類の仲間入りをしたアウストラロピテクス・セディバも南アフリカで最近発見されている。一七八万年〜一九五万年前（ＨＥＣの一〇月中旬から下旬の間）に、若い少年と成人女性の骨格の一部が、塵（ちり）の中からかき集められた。

これらの種はどれも、住んでいた場所によって違いはあるが、密林の中の比較的湿潤な場所から乾燥して開けた草地まで、多岐にわたる環境に対処してきた。アフリカのジャングルが大陸内部に向かって後退するにつれて、何十万平方キロもの土地に散らばって取り残され、適応するか死ぬかの状態になった類人猿たちもいたに違いない。彼らに道具はなかった。彼らには、遺伝子がランダムに授けた装備だけしかなく、それも彼らがそのとき直面した環境よりも、ジャングルの生活に適したものだった。十分なエネルギーと栄養を与えてくれる果実や木の実をいつでももたらしていた雨林はサバンナとなってしまい、少ない食糧が広い地域に分散することとなった。これらの地域では捕食動物が増加して、彼らを餌食にしようと狙っていた。トマス・ホッブズの名言によると、彼らの一生は「貧しく、不快で、野蛮で、短い」ものだった。全てのことが危険度を増し、生き続けるためにはより多くのエネルギー、移動性、強靱（きょうじん）性、抜け目なさが要求されるようになった。

どこで生活し、どこで生き残っていたにしても、人類進化カレンダー（ＨＥＣ）の夏期に出現したヒト科の霊長類はどれも、三〇〇万年続くアフリカの大規模な実験の参加者になった。世界は彼らに厳しい試練を与え、進化の力は容赦なく彼らを新しい種類の類人猿に形作っていった。

進化のランダムな力がそれぞれの種類に異なる遺伝的特性を与え、そうした特性が彼らの存続を助けたなかで、全ての種があるひとつの重要な形質を発達させた。地球上での途方もなく長い物語の中で、後脚で直立歩行する種が初めて出現したのだ。私たちはいとも簡単に毎日これを実行しているので、四〇〇万年前の哺乳類にとって、さらに言えばその他の全動物にとって、これが類を見ない変わった移動方法であったことが理解しにくいかもしれない。だがこれは確かに変わった方法だった。それほど変わっていたからこそ、それが一連の進化の出来事を始動させて、あなたや私の存在が可能になったのだ。

＊

　私たちはすっかりテクノロジー漬けになり、環境を管理することに慣れすぎているので、大部分の生物にとって、最適なタイミングで正しい遺伝的変異が生ずることが、変化する世界の中で生き残る唯一の道であることを忘れてしまうが、変異は全くの偶然で生じる。セレンディピティ〔偶然の幸運〕は全ての種にとって敵であり協力者でもある。それは獲物を倒す鉤爪（かぎづめ）を与えてくれたり、別の動物の鉤爪から逃れるための素早さを与えてくれたりすることがあるが、そういう具合にいかないこともある。その場合にはその種は新しい生息地に不適格となり、遺伝的ゴミ捨て場に追いやられ、排除される運命にある。進化の近道、テクノロジーによる応急対応策、あるいは発明によってゲームのルールを支配したり、変えたりする方法はない。これは全ての種類の生物について言えることであり、常軌を逸したＨＥＣの夏の時期に生きていた私たちの先祖も、その例外ではなかった。

　しかし時には幸運を引き当てることもある。

　一歩引き下がって、地球における生命の進化を広大な風景のように眺めてみると、大きな傾向が捉えやすくなるし、あれこれの謎を明らかにする助けも得られる。たとえば似たような生物が同じような状況に置かれたときに、ほとんど同一のような形質を、まるで別の進化的な経路を経て発達させてくるこ

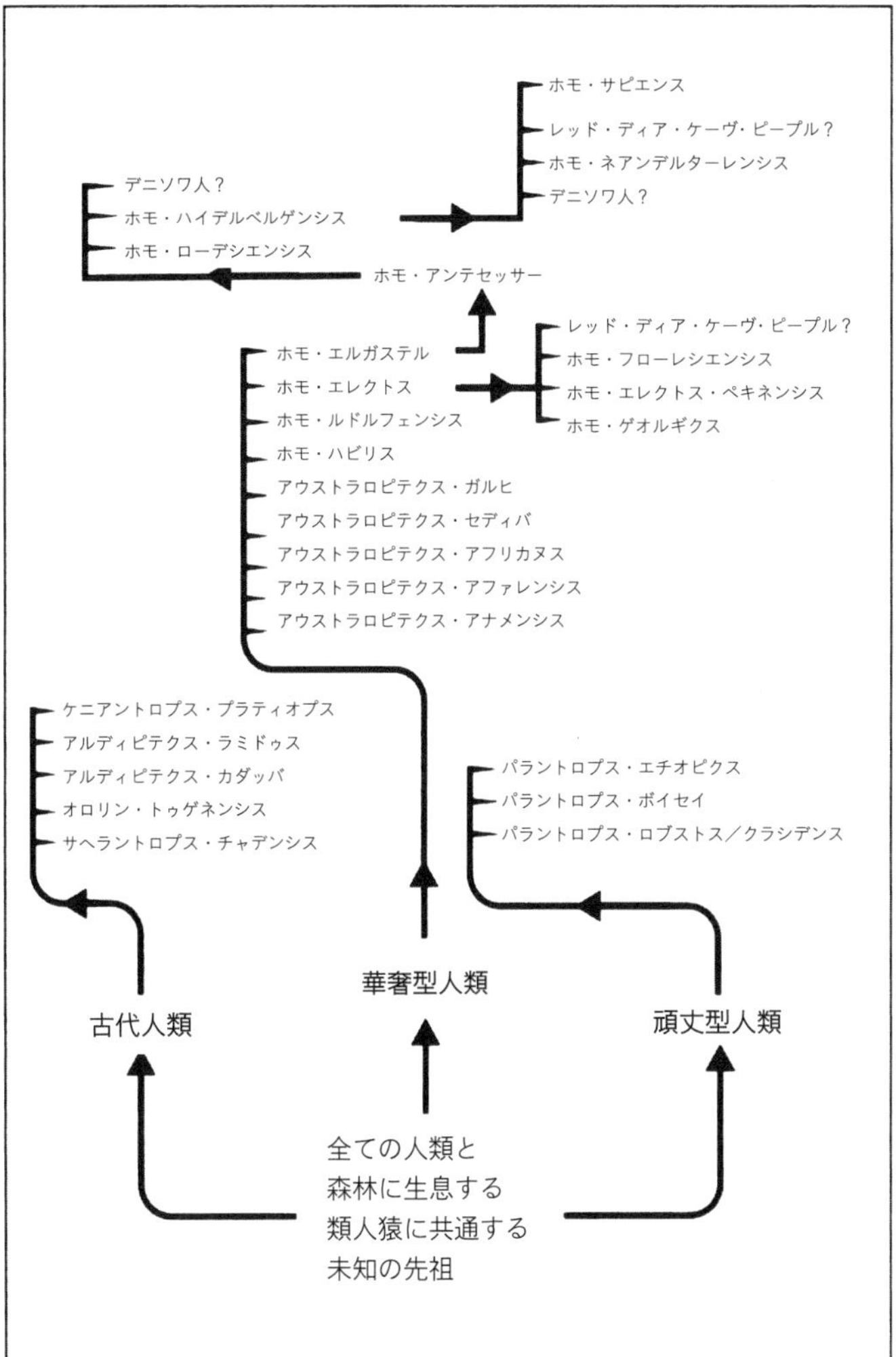
ホモ・サピエンス
レッド・ディア・ケーヴ・ピープル？
ホモ・ネアンデルターレンシス
デニソワ人？
デニソワ人？
ホモ・ハイデルベルゲンシス
ホモ・ローデシエンシス
ホモ・アンテセッサー
レッド・ディア・ケーヴ・ピープル？
ホモ・フローレシエンシス
ホモ・エレクトス・ペキネンシス
ホモ・ゲオルギクス
ホモ・エルガステル
ホモ・エレクトス
ホモ・ルドルフェンシス
ホモ・ハビリス
アウストラロピテクス・ガルヒ
アウストラロピテクス・セディバ
アウストラロピテクス・アフリカヌス
アウストラロピテクス・アファレンシス
アウストラロピテクス・アナメンシス
ケニアントロプス・プラティオプス
アルディピテクス・ラミドゥス
アルディピテクス・カダッバ
オロリン・トゥゲネンシス
サヘラントロプス・チャデンシス
パラントロプス・エチオピクス
パラントロプス・ボイセイ
パラントロプス・ロブストス／クラシデンス
華奢型人類
古代人類
頑丈型人類
全ての人類と
森林に生息する
類人猿に共通する
未知の先祖
人類の系統樹

とがある。アザラシとイルカとクジラを例に取ってみよう。以前これらは全て陸生哺乳類だったが、どれにもひれが発達した。これらは動物の種として別のもので、独自に進化してきたのだから、遺伝によってこの形質を互いに伝達することはなかったし、できなかった。しかし水中生活は、何らかの形のひれを持つ生物にとって有利に作用したもののようであり、どれもがこの形質を共有している。科学ではこれを収束進化（収斂（しゅうれん）進化）と呼ぶ。

約四〇〇万年前からサバンナで生活を始めた類人猿のいくつかの種族に、このようなことが生じたと思われる。彼らはどれもジャングルに住み、四足で歩いていた一族の子孫だが、多くのものが拳歩きを捨てた。そして進化的に見てもそれは道理にかなっている。ジャングルの中では手近なところに食物がある。低いところに、たくさんの果物がぶら下がっている。野生のゴリラの場合、毎日平均一キロほどしか移動せず、数百メートルしか動かない日もある。彼らが求めるものは全て手近にある。

しかしサバンナの生活は大違いだった。熱く照りつける赤道直下の太陽のもとで、気温はしばしば三桁（華氏）にまで上昇した。食物は乏しく、手近にあることは稀（まれ）だった。熱帯雨林の深い藪（やぶ）の中で直立して歩いても、ジャングルで生き残る可能性を高めるには何も役に立たなかったが――実際寿命を縮める可能性もあった――、開けた草地を後脚で歩き回ることの方にはいくつかの利点があった。まず、周囲を見渡せるようになった。これは、当時のジャッカルとかハイエナ、あるいはメガンテレオンというライオン大のネコ科の剣歯獣などによって日々のメニューに載せられている動物たちにとって、有益なことだった。二本足で移動するのは四本足に比べて効率的だ。拳をついて歩くチンパンジーは、二本足で気楽に通りを歩く私たちに比べると、三五パーセントも余分なエネルギーを消耗することが研究でわかっている。更新世の広大で暑い草地を拳と後脚で歩き回って食糧をあさり、絶えず捕食者を警戒しながら子供の世話をするのは時間がかかり、骨が折れ、結局は死に至る危険があった。おそらくこの理由から、サバンナの全ての類人猿が、どこを生息場所としたかにかかわらず直立歩行を選んだものだろう。この形質を獲得できなかった類人猿は一掃されてしまったのだ。

ルーシー、エチオピクス、アウストラロピテクス・アフリカヌスのような古代の人類が、直立するのに必要な身体技能を身につけた詳しい理由はいまだに謎のままだが、彼らは確かにそれをやってのけた。それができたひとつの理由として、全ての類人猿に共通するひとつの遺伝形質があった。それは足の親指だった。*2

アウストラロピテクス・アファレンシス

妊娠初期のゴリラ、チンパンジー、ボノボの足の親指が手の親指のように曲がっていないこと、つまり私たちの足の他の指と同じように真っ直ぐであることを、動物学者はかねてから知っていた。ところが発生が進むにつれて、胎児の足の親指は他の四本と離れて、生まれ出る頃には手の親指のように、足で枝をつかんだり、枝の上に立ったり、足でぶら下がったりしやすいようになる。しかしそのようなジャングルの類人猿の中に、開けたサバンナのまばらな森林に棲むようになったものがいたとしたら、どうだろうか。そしてそうした類人猿のうちに、遺伝的な奇形で手の親指のような親指でなしに、真っ直ぐなままの親指を持って生まれてくる個体がいたらどうなるだろう。

奇形や自己免疫疾患や、精神疾患すらも、しばしば遺伝子突然変異の結果である。何かの理由で遺伝子が入れ替わったり、ホルモンの分泌が起こらなかったり、遺伝のスイッチが入るのが遅れたりすることがある。DNAが間違いを犯すこともある。実際、進化はそれに依存しているのだ。私たち人間では、生まれつき指の本数が多かったり、指の間に水かきがあったり、脚が短かったりすることがある。しかしある生物の奇形が、別の生物では救済になることもある。地球上の全生物はあれかこれかの仕方で、遺伝的失敗の融合物だ。

そこで、ある「奇形」の霊長類が、ほかの全ての霊長類での対向した親指でなしに、子宮にいた頃のままの真っ直ぐ伸びた親指を持って生まれてきたと考えてみよう。このような個体はどのようにして生きていくのだろうか。ジャングルの中では有望な結果は望めないだろう。この個体は仲間の類人猿のようにたやすく木の枝をつかむことができない。悪戦苦闘して群れを追うが、すぐに死んでしまいやすく、そしてこの個体が持つ真っ直ぐな足指の遺伝的傾向も、彼とともに失われるだろう。

しかし部分的に木の茂るサバンナで、草地が広がり森林がそれほど密でない環境のもとでは、真っ直ぐな親指を持つことはこの類人猿にとって、実際幸運であるだろう。奇形のおかげで彼は立ち上がり、直立した歩行ができる。真っ直ぐに伸びた親指がなければ、今の私たちに特徴的な歩き方は不可能だ。足の親指は、踏み出す一歩ごとに体重の三〇パーセントを支えて、私たちが得意とする直立した走り、飛び跳ね、素早い方向変えなどを可能とする。私たちの流儀の二足歩行が出現する前には、他の複雑な形態変化も起こらなければならなかったはずだ。そしてその変形が完成するまでには長い年月を要しただろうが、それはほぼ間違いなく、真っ直ぐな親指から始まった。こうした奇妙な足のおかげで、サバンナに住む類人猿はみな後脚で直立して長時間歩くことが得意になったはずだ。やがてこの先天的異常は、彼らの命を救うことになっていっただろう。

この風変わりな垂直移動の仕方は、古代の人類が枝にぶら下がって移動したり、拳をついて歩いたりする方法の完全廃棄を意味するわけではなかった。初期の祖先の最も完全な骨格を古人類学者に遺してくれたルーシーの場合には、両方の歩きが混在していたようだ。その気になれば拳歩きができたのも明らかだが、木々の間をぶら下がって移動したり木に登ったりするのに適応した肩と腕も持っていた。けれども骨盤の構造、頭部の傾斜、足の形から見て、彼女にとって直立歩行が好みの移動方法であったことがわかる――この方法を大変好んでいたので、湿った泥や砂に残った彼女の足跡は、私たちのものとほとんど同じに見えたことだろう。

直立歩行は現在まで断固として歩んできた私たちの祖先が共有する進化的傾向のひとつだが、それは唯一のものではない。もうひとつの変化も測り知れない影響をもたらしてきた。脳がますます大きくなってきたことだ。際限なしに大きくというのではないが、その違いは測定可能だ。チンパンジーの脳が約三五〇ccであるのに対して、草地に棲む霊長類の脳は四五〇〜五〇〇ccで、これは二五〜四〇パーセントの増加に当たる。

ここで一番の疑問になるのはその理由だ。この疑問への伝統的な科学的回答は、より大きい脳はより良い脳だというもので、進化の力が賢い動物に有利に働いたことになる。それは確かにその通りだが、しかしこれでは、脳の成長を引き起こしているメカニズムを説明できていない。何がそれを推し進めていたのだろうか。そもそもなぜ大きな脳が進化してきたのか。奇妙に思えるかもしれないが、その答えは飢餓ということかもしれない。

＊

食欲を満たすのが慢性的に困難な場合に、動物の体内では分子レベルで興味深いことが起きてくる。老化速度が遅くなり、十分な食物がある場合と比べて細胞は死ににくくなる。意外なことかもしれないが、この場合に細胞の健康状態は悪化せず、改善されるのだ。身体は欠乏を感じ取ると総動員でエネルギーの節約を行って、最悪の事態に備える。ある意味で個々の細胞はより強く慎重になる。これはサーチュインというタンパク質の一種によるところが大きい。これが細胞の成長速度を減少させるのではないかと推測する科学者もいる。[*3]

ショウジョウバエ、マウス、ラット、イヌなど各種の動物で、ふつうの食事を三五〜四〇パーセント減少させると寿命が三〇パーセントも伸びることが多くの研究によって示されている。（科学者は倫理的理由でこの種の実験を人間で行うことができないが、あらゆる状況から考えて私たちについてもそう言えるようである）。食糧が欠乏すると繁殖力も減退して、動物の配偶行動が減少する。これは生命のサイクルをいっそう減速させる方法となる。欠乏はそれに耐える生物にとっては辛いことだが、進化の視点から見ると最高の結果をもたらす。栄養の極端な欠乏は動物の寿命を延ばすだけでなく、子孫の数が減ることによって進化の競争のもとで種全体が生き残る可能性を高める。子孫の数が少なければ、すでに負担が重すぎる食糧資源に対する負荷が減っていく。生命の全過程が、嵐が過ぎ去るまで待つ決断を下すかのようだ。細胞の成長はあらゆるレベルで速度を落とすのだが、そこにひとつだけ、重要で驚くべき例外がある。脳細胞の成長は増大するのだ。

脳の細胞は長生きし、そしてまた、自分の新ヴァージョンを急速に作り始める。少なくとも、新たな脳細胞の前駆体である視床下部が作り出すニューロトロフィンの場合はそうなっている。そればかりでなく、食物が欠乏すると食欲を増進するグレリンというペプチドが増加することも、他の実験によって明らかにされている。グレリンは何らかの分子的な魔法で、シナプスを皮質ニューロンに変形する。体と脳が取引をしていると言えるかもしれない。新しいニューロンの活発な成長を補うために体の他の部分は断食によって乏しい栄養源をやりくりしてそれを脳に送る。言い換えると、体は加齢の速度を遅らせるが、知能を増大させる。このことは三五〇万年前に、すなわちルーシーや同時代の類人猿が予測不可能な辺縁の土地で必死になって食物をあさっていた頃に彼らが直面していた慢性的な食糧不足が、彼らの脳の成長を加速させていたことを意味している。*4

こうして、私たちの祖先にはふたつのことが有利に働いた。直立歩行は移動性を高めて効率的にした。そしてより多くの距離を移動すること、そして彼らとともに進化してきた捕食者から逃げおおせる術（すべ）を、獲得した。その間に、より大きくなった彼らの脳のおかげで、彼らは危険な状況や熟練した捕食者にすぐに適応できるようになり、仲間でうまく協力できるようになった。この奇妙で危険な環境のもとで、全てがうまく運んだ。彼らが絶望的な状況の中で生き残ったことは、ふたつの適応が成功したことを証明している。しかしそこには、新たなひとつの課題があった。ふたつの傾向はいつかは衝突して、存続不能になる運命にあった。なんとかしなければならなかった。

第2章　幼少期という発明（または、なぜ出産で痛い思いをするのか）

母親はうめき、父親は涙を流し、私は危険な世界の中に飛び出した。

——ウィリアム・ブレイク

人間の産道の入り口は前後方向よりも横方向に広い。それは両方の股関節と仙骨を通る線の前後方向の距離が短い方が効率的な二足歩行に都合が良いからだ……この大きさの関係に加えて、産道のねじれた形が人間の出産を物理的に難しくしている。

——ロバート・G・フランシスカス

「現代的な形の出産はいつ始まったか」。

——米国科学アカデミー紀要

二五〇〇万年前、人類の進化を表すカレンダーの八月の終わり頃に、ケニアントロプス・プラティオプス、アウストラロピテクス・アファレンシス、アウストラロピテクス・アフリカヌスなどの霊長類が化石記録に見当たらなくなった。実際にいなくなったのではなかったのかもしれないが、証拠が見られなくなったのだ。いずれにせよ彼らの進化の行程は終わろうとしていた。けれども彼らの消失とともに新しい種類の人類が、広く開けて風の吹きわたる平原に、大きな波のように頂点に達し打ち寄せ始めていた。一〇〇万年の間に一〇種類の人類が出現したのだ。途方もなく大きな藁（わら）の山から数多くの針を探し当てるようにして科学者たちが苦労してアフリカの丘、渓谷、古代の湖底から集めてきた遺骸を一歩下がって眺めると、それまで必死に生き残りに努めてきたサバンナの類人猿が、遂に新しい環境の中で生きていくコツをつかみ、いろいろな方面へと広がり、私たちが人間性と呼ぶ奇妙な進化の実験を深めてきたのだなという印象を受ける。

それは確かにひとつの実験だった。勘違いしてはいけない。人類の全ての枝が同じ線に沿って進化してきたのではなかったからだ。正確に言うと、種ははっきりと違うふたつの道を進んできたのだ――一方は小型で細身の、いわゆる華奢（きゃしゃ）な類人猿と、他方は大型でがっしりしており大きな顎と歯を持ち古人類学の世界で頑丈型として知られている類人猿が進んだ道だった。それぞれの道筋にそれなりの利点があった。しかし長期的には、一方だけが成功した。

＊

人類の頑丈型系統は八月下旬に〔人類進化カレンダー（ＨＥＣ）の日付。以下同じ〕エチオピア南部のオモ川沿いの浸水草地と、ケニア北部のトゥルカナ湖岸に姿を現した。科学者はこの類人猿をパラントロプス・エチオピクスと呼んだが、たくさんの矛盾する特性を抱えた厄介な存在だった。その骨格からは、

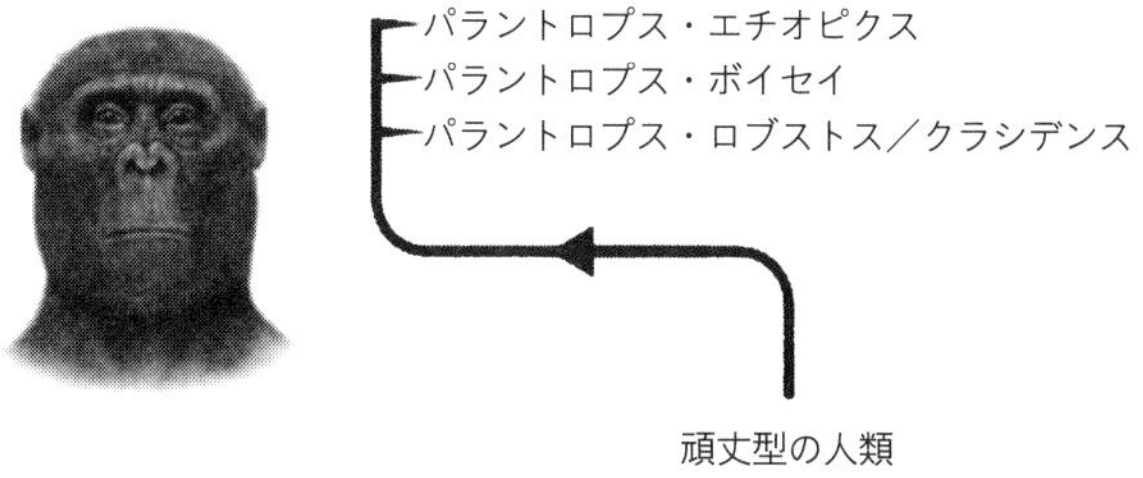

昼間にはゾウや剣歯虎やハイエナも棲んでいるところで、立って歩くよりはむしろ四足で歩くことが多かったように見える。それなのに彼らは、拳歩きが具合が良さそうに見える森の中でなしに湿潤で開けた草地で、大型の平たい歯と大きな顎で根茎や根をむさぼり食って生活していた。彼らはチンパンジーのような体型で脳も比較的小さかったにもかかわらず（成体でも四五〇ｃｃにすぎない）、その後に現れた「器用な人」（ホモ・ハビリス）の有名な功績に先んじて、最初の石器を作り出すという偉業を達成した最初の類人猿だったのかもしれない。一般にはホモ・ハビリスの方が、新石器時代の技術を最初に発明したと一般には考えられている。（科学者たちは、この素晴らしい進歩の功績を誰に帰するべきかについて新たに論争を展開している）。

　エチオピクスが何を達成したにせよ、彼に似た類人猿たちが次々と後に続いた。やがてカレンダーが一〇月半ば頃になると、パラントロプスに属する他の二種であるボイセイと、ロブストス（絶え間なく変わる古人類学の業界用語ではクラシデンスと言われることもある）が登場した。彼らもエチオピクスのように大きな顎、大きな頭部、大きな歯を持っていた。

　パラントロプス属の人類には、ジャングル住まいの類人猿の行動に修正を加えた進化的な「戦略」が見られるが、危険を冒すほど大きな前進はしなかった。地球の人類がたどった進化のふたつの経路のうち、この方が安全で保守的な筋道だった。雨林に住んでいた先祖のように、頑丈な類人猿の群れは場所から場所へと移動しながら、住んでいたまばらな森林、低木、草地の中で見つけられる食物は何でも取って食べていた。パラントロプスは、食べていた食物のおかげで、今、地元の動物園のシルバーバックのゴリラ〔年長の雄ゴリラは背中に白毛が混ざって「貫禄」のついた状態になる〕に見られるように、太い矢状稜が頭部にあったが、体の大きさはゴリラよりもチンパンジーに近かった。稜というのは、中世の兜の金属製の縁取りのように、前額部から首の後ろまで太くギザギザした骨が連続したものだ。そこには巨大な顎と太い首につながる筋肉がつながっていたので、口の中で広く四角く並んだ歯は、セメントのように固いナッツの殻でも噛み割ったり、樹皮や種子の多い果実を粉々にしたり、大型昆虫の外骨格を潰したり、幸運にも捕らえることができた小動物の骨を咀嚼したりすることもできた。

この稜の下にあるボイセイとクラシデンスの脳は、アフリカの雨林から最初の人類が出現してきてから四〇〇万年を経過するうちに、およそ三分の一ほど大きくなった。彼らの方が、祖先の類人猿よりも間違いなく能力があり社会的なつながりが強かった。それは主として彼らを取り巻く脅威のおかげだった。危険は信頼と協力を生み出す。毎日の生活は想像もつかないほど厳しかったと思われる。それは、前進する体力を回復するために食べ、食物を得るためにさらに移動するという、ゆっくりした移住の生活だった。しかし苦難の生活ではあっても、決して失敗に終わる進化の経路ではなかった。現在の説明によると、ボイセイはアフリカの平原を一〇〇万年間歩き回り、その間、手近な食物をあさり、非常にうまくとはいかないまでも、十分に生きていくことができた。存続した期間でその種の成否を判断するとしたら、私たちホモ・サピエンスは新入りにすぎず、未熟者だ。私たちが人生ゲームに参加してから

ホモ・ハビリス
アウストラロピテクス・ガルヒ
アウストラロピテクス・セディバ
アウストラロピテクス・アフリカヌス
アウストラロピテクス・アファレンシス
アウストラロピテクス・アナメンシス

まだ二〇万年しか経っていない。ボイセイが遺伝子プール〔交配可能な個体群の持つ遺伝子の総体〕から退出してしまうまでにアフリカの角で幅をきかせていた期間はその五倍の長さだった。もしも私たちも彼らと同じくらい運が良ければ、手紙の日付を「八〇万二〇一三年七月一二日」と記す日が来るかもしれない。

遺伝子と環境とランダムな可能性の組み合わせによって進むことになったもうひとつの経路は、古人類学者が華奢型と呼びたがる系統の人類が歩んだ道だった。そこにはエチオピクスとともに二五〇万～三〇〇万年前にアフリカの角にデビューしたアウストラロピテクス・ガルヒが含まれていた。ガルヒも簡単な石器を作ったというごくわずかな証拠もあるが、エチオピクスと同じように、それは意見の分かれる未解決の説だ。よくてもガルヒは荒削りの石槌で髄を食べるために骨を割ったり、大型の捕食者が残した骨に残った肉を削り落としたり叩き切ったりした程度だろう。だが石をそのように用いたことでさえ驚くべき技術的進歩なのだ。

約一九〇万年前にホモ・ルドルフェンシスと命名された別の華奢な人類がルドルフ湖、現在のトゥルカナ湖——エチオピア南部からケニア西部の中心に横たわる細長い人差し指の形をした湖——の湖岸に出現した。それから間もなくしてホモ・ハビリスとホモ・エルガステルが続いた。両者ともほっそりとした軽い骨格で、東アフリカで暮らしていた。

一九九一年にカスピ海の西、グルジアのドゥマニシの岩の間から、同時代の、またしても別の種類の華奢な人類――ホモ・ゲオルギクス――が発掘された。見た目はまだサルのように見えたが、顔は少し平らになり、私たちに近くなった。ホモ・ハビリスのように、ゲオルギクスは細身で道具を作ったが、かなりの旅行熱に取りつかれていたようだ。彼はホモ・ハビリスが暮らしていた草地から約四〇〇キロメートル以上北にある川の流域に住んでいたのだ。今までのところまだ知られていない他種が大陸の境界地方を越えて、誰にもわからない場所に定着して、発見されるのを待ち続けている可能性があることを彼らは知らせているのかもしれない。

　これらの種は全て集団になって次々と世界に出現したが、その大部分の情報は漠然としている。少しでも結論を出そうとするのは、商船隊やフランス外人部隊に入り長い間行方不明だった親戚について結論を下すようなものだ。ほとんどの場合、よくてもいくつかのボロボロの骨がその生物の生活様式や外観のわずかな洞察を提供するにすぎない。たとえばゲオルギクスの場合には三個の頭蓋骨が見つかっているようだ――ひとつは顎のついたもの、ひとつは顎骨だけのもの、もうひとつは顎骨のないものだ。歯は全く残されていないし、完全な四肢や脊椎などは言うまでもなかった。同様にホモ・ルドルフェンシスが後世に残した顎骨や頭蓋骨も、その種のものかさえ定かではない他の破片も含めて、多くはない。エルガステル（仕事をする人（ワークマン））について私たちが知っていることは、まとまって発見された六個かそこらの頭蓋骨、顎骨、それぞれがあまり似ていない数本の歯にもとづいているため、どの種がどれかで活発な学術的論争が引き起こされている。

　こうした乏しい証拠が彼らを謎に包んできたのだ。私たちの先祖にあたる人類でさえ断固として過去の証拠を隠し通してきた。だが、これら全てのほっそりした類人猿の中にはそれほど秘密主義ではないものもいた——ホモ・ハビリスだ。器用な人(ハンディマン)としてよく知られているハビリスは、長い間私たちの直接の先祖で道具を作る最初の霊長類と考えられてきた。ハビリスの生活について少しばかり多くのことを推論できたのは、幸運にも他に比べて多くの体の部分——数個の頭蓋骨、指が完全に残された手の骨、そして頭蓋骨と決定的に関連付けることはできないながらも、この生物の大きさと歩き方を知る手がかりになる複数の脚や足の骨——を見つけることができたからだ。これらの証拠を合わせると、ハビリスは細身だったがいつも直立歩行をして、最初の古代の人類よりも相当大きな九五〇ｃｃの脳を持っていたが、この値は調査した頭蓋骨によって異なる。頭部と顎の形は頑丈な親戚と異なり彼らがナッツや樹皮やベリー類をそれほど好まず、肉とそれがもたらすタンパク質を好むようになったことを示す。これで彼らの大きな脳を説明できるかもしれない。（補足記事「大きな腸ｖｓ．大きな脳」を参照のこと。本書六九頁）。また、彼らには矢状稜やすりつぶすための巨大で四角い歯もなかった。彼らの歯は引き裂くのに適していた。多分群れで小さな獲物を狩ったと思われるが、これはチンパンジーが時々行う狩りによく似ている。そして彼らはサバンナの恐ろしい捕食者が残していった死肉や獲物の残骸を食べていた。

人類のふたつの系統が残した散在する化石は、進化が一五〇〇万年前にある一連の問題を検討していたことを私たちに教えてくれる。それは次のような問題だった。どのアプローチ法が最善なのか。華奢型か頑丈型か。根茎、ナッツ、ベリー類の安定した食物か。あるいは死肉や自然界の中からかき集められるものを何でもあさる乏しい飢餓的状態か。実用的な脳と頑丈な胃袋か、あるいは素晴らしい脳と簡単でそれほど頑健でない消化器系か。

もしもあなたが賭けをする霊長類であれば、頑丈な系統に金を賭けたとしても無理はなかっただろう。当時は彼らが戦いに勝っているように見えたからだ。彼らは強くて耐久性があり、先祖がジャングルで使っていた暮らし方をサバンナの生活に非常にうまく適応させて、浸水した草地やまばらな森林の中を、時には直立し時には四足で歩き回りながら、ゴリラに似た先祖のようにジャングルの果実とまではいかなくても、それに近い食物を食べていただろう。それは高繊維質という言葉に全く新しい意味を与えるような食物だった。

彼らがこの食物を消化するには大きな胃と長い腸が必要であり、食べること自体にも十二分のエネルギーが必要だった。見方によっては、消費するためのエネルギーを得るために消費していたのだと言えるだろう。ある説によると、これで彼らの脳が華奢な親戚に比べてそれほど大きくならなかったことの説明がつくという。せっせと働く胃袋は脳に成長用のエネルギーを送ることができない。けれどもこのような胃袋の発達停止が、一〇〇万年のうちに彼らを救って成功をもたらす秘訣(ひけつ)になったのかもしれない。

他方で華奢型の類人猿は、それほど成功しそうには見えなかった。彼らの方が賢かったのだが――脳の大きさを考えると当然である――、彼らの食物は予測がつきにくかった。いつも直立歩行をしたので利用するエネルギーは少なかったとしても、小型でそれほど丈夫ではない胃がこなせるものなら、何でも食べなければならなかった。頑丈型のアプローチは安定していた。華奢型のアプローチはリスクを伴っていた。

だが、時にはリスクが報われることもある。パラントロプスへの高い賭け金は、もとが取れるというふうではなかったが、困難な状況にもかかわらず、勝ち目のない華奢型のうちに勝負の場に残ったものが少しいたのだ。それは私たちにとって良い知らせだった。というのも、私たちはこの系統の子孫であるからだ。だが厄介な事態が迫っていた。華奢型の類人猿が成功し、サバンナ環境の過酷な扱いを出し抜くほどに賢く効率的になり始めた頃、彼らを救ったその適応――直立歩行と大きな脳――が、彼らの破滅の要因になろうとしていた。*1

＊

二本の足で効率よく歩く――チンパンジーやゴリラの直立歩行のようなヨタヨタ歩きでなく――ためには、いくつかある適応のうちでも、骨盤の構造を根本的に変える必要があった。直立した歩き方は腰を細くする。腰が細くなると産道が細くなり、産道が細くなると新生児が子宮から出ていく経路が窮屈になる。直立歩行は多くの利点をもたらしたけれども、それと同時に大きな脳と大きな頭が進化すると問題が生じてくる。私たちの華奢型の先祖はまさしくこの問題に直面していた。けれども適応が両方とも具合よく運んでいる状態では、どうしようもなかった。どちらもそれぞれ、進化によってもたらされた恵みではあったが、衝突する経路を進んでいた。どちらかをあきらめねばならなかった。

幸運なことに、進化の力は非常に賢い解決法を編み出した――華奢な人類は早い時期に子供を世の中に送り出すようになったのだ。この華奢型類人猿の究極ヴァージョンであるあなたや私がその生きている証拠なので、それがわかっている。たとえばゴリラの新生児のように肉体的に成熟して世の中ですぐに生きていける状態で生まれるとしたら、子宮の中で九か月ではなく二〇か月過ごさなければならない。

それは母親にとって到底受け入れられないことだ。仮にゴリラの視点で見ると、私たちは一一か月「未熟」な状態で生まれる。私たちは月満ちて生まれないので類人猿の胎児ということになる。スケジュールよりも早めに子宮を出なければ、私たちは生まれ出ることができないのだ。二年近く子宮で暮らしていたら、私たちの頭は脱出するには大きくなりすぎて出産に耐えられなくなってしまう。

このようななりゆきが私たちの進化にもたらした大きな影響は、誇張しても足りないほどだが、それが意味することを十分理解するには、その背景を少し知っておく必要がある。早く生まれる私たちの習慣は、科学者が一括して「ネオテニー」と呼ぶ不思議な現象の一部なのだ。ネオテニー現象は、進化の不都合さの多くを覆い隠すと同時に、私たちを独自であり奇妙な存在にさえしているもののかなりの部分を説明する。

辞書ではネオテニーを「動物の成体に幼体の特徴が保持されていること」と説明する。この言葉（neoteny）は、ギリシャ語のふたつの単語、「新しい」（「若年」という意味で）を意味するneosと、「引き延ばし」を意味するteineinからきている。私たちの場合では、それは祖先たちが一生の中で若さが占める部分を引き延ばす方法を伝えてくれたことを意味している。ここで問題になるのは、そのようになった理由とその仕方だ。

動かすことができない障害物に直面したとき、進化——いつも生存のために働く——には、全くランダムに作り出した非常に多種の解決策を選択する素晴らしい方法がある。こうした進化によって、地球のものとは思えないようなマダガスカルのアイアイやボルネオの滑稽なテングザル、潰れたような形で不味そうなタスマニアのニュウドウカジカ、レイピアのような牙を持つ北極海のイッカクなどが地球に存在するようになった。また、ひどく残酷に見えるヒメバチの食習慣〔青虫に産み付けられた寄生バチの卵が青虫を体内で食べ尽くしてから一斉に体表に出てきて繭を作る現象は有名だが、青虫の体内の神経系はすでに喰い尽くされているので、苦痛などは生じないだろうという指摘もある〕は言うまでもなく、ヤマアラシの奇妙な交尾儀式〔交尾のさいにとげで相手を傷つけない〕とか、雄アンコウのことなども〔アンコウの一部のものでは雄が雌の体表に寄生・退化する〕、それによって説明できる。これらの生物は、どれも自然選択が繰り返し魔法で生み出してくる、偶然にせよ驚くべき創造力を表す生きた証拠である。進化のこうした紆余曲折は素晴らしいが、なかでもネオテニーは最も奇妙な事柄のひとつであり、私たちホモ・サピエンスはその最高にドラマチックで極端な事例なのだ。*2

ネオテニーという言葉はユリウス・コルマンが作った言葉だった。彼はチャールズ・ダーウィンと同時代の、ドイツの画期的な発生学者だったが、この語を作り出したときには人間のことなどは念頭になかった。彼はメキシコアホロートルを初めとするマッドパピーやホライモリのような他種のサンショウウオにおいて幼生の特徴が保たれる現象を説明するためにこの言葉を考えた。これらの生物はどれも、成体になっても幼形の段階から完全に成長することがない。性的には正常に成熟するが、これが全て幼形体の中で行われる。これは二歳の男の子が全ての点で完全に性的に成長した二五歳の男性のように振る舞うのにちょっと似ている。人間の場合のネオテニーはこんなには目立たないが〔それはたぶん結構なことだ〕、一回り見回して新しい目で見直しても、それでもなお驚くべきことで、非常に奇妙なことだ。

ネオテニーの考えはダーウィンよりも古くから存在しており、研究は一八三六年までさかのぼる。フランスにおける科学の天才でナポレオンの同国人であったエティエンヌ・ジョフロワ・サンティレールが当時アジアからパリの動物園にやって来たばかりの若いオランウータンを見て、「人間の子供のようで優しい特徴」を持つことが驚異的だと最初に指摘したのだ。

二〇世紀になると、幼い類人猿の顔と頭部が人間の大人に非常によく似ていることを観察した科学者や進化論者のうちにも、ネオテニーの考えを適用し始めてコルマンの用語とジョフロワの感想を受け入れる者が多少出てきた。当然これに対していくらか疑問の声も上がった。これは単なる偶然ではないのか？　なぜ私たちが類人猿の赤ん坊に似ているのか？　このことは私たち自身の進化と何か関係があるのだろうか？

アムステルダムのルイス・ボルクという解剖学の教授は、そのような疑問にほとんど取りつかれた状態になった。一九一五年から一九二九年にかけて、六編の詳しい科学論文を書き、『人間の発生問題（*Das Problem der Menschwerdung*）』という野心的な表題の小冊子も刊行した。人間の身体形質の驚くほど多くのものが「共通したひとつの特徴を持っており、それは［類人猿の］胎児状態が［人間の成人で］永続するようになったものである」というのが彼の主張だった。*3

ボルクは論文のうちのひとつで、チンパンジーの胎児と幼体に見られるが成長して成体になるにつれて姿を消すような種特異的な二五項目の特徴を列挙して、人間ではこれらが一生涯存続すると述べた。たとえば私たち人間と幼いチンパンジーが共有している平らな顔面と広い額は、そのひとつである。チンパンジーやゴリラが持っている体毛を私たちは持たないこと（類人猿でも胎児にはほとんど毛が生えていない）、私たちの耳の形、眉上の大きな隆起がないこと、頸の上に前を向いて位置している頭蓋骨、足の親指が手の親指状でなしに真っ直ぐであること、そして全身に対する頭部のサイズが大きいことなども、その事例となる。このリストは長くて、ボルクの観察は完璧なまで正確だった。★これらの形質はどれも、チンパンジーでは胎児、新生児、幼動物に見られ、そして現在の人間では成人にも見られる。進化生物学者スティーヴン・ジェイ・グールドも画期的な著書『個体発生と系統発生』でボルクに同意していたが（ただしその結論に至るまでの理由に関する限りではグールドはボルクに同意しなかった。先輩科学者〔ボルク〕の考え方は、人種差別と進化についての難解な見解に染まっていたのだ）、グールドは私たちの特徴的なネオテニーのことを、人類進化の進展の中で最も重要なもののひとつであると呼んだ。*4

辞書の定義のままに受け取ると、ネオテニーとは、ある動物種が祖先の幼時の形質をできる限り成人期まで持ち込み、永続させることに尽きると思うかもしれない（これはジョーン・リヴァーズとかシェールにいささか似ているようでもある）〔ジョーン・リヴァーズ（映画女優、一九三三年生まれ）とシェール（歌手・女優、一九四六年生まれ）は、ともに活動歴が長続きしている〕。しかし事柄はそれほど簡単ではない。私たちには先祖である類人猿の子供に似ている部分があることは疑う余地もないが、成熟が阻害ではなく加速される部分もある。たとえば、私たちの顔は大人になってきても類人猿ほど根本的に変わることはないが、身体は成長と変化を続ける。私たちは二歳児の九〇センチの身長のままでいることはない。実のところ、数センチの差はあるとしても、世界の平均的な成人男子の身長は一七五センチほどであり、これまで進化し

★原註　ボルクの完全なリストは *Thumbs, Toes, and Tears: And Other Traits That Make Us Human* の pp. 37-38（邦訳『この６つのおかげでヒトは進化した——つま先、親指、のど、笑い、涙、キス』、六五－六六頁）を参照のこと。

てきた華奢型類人猿の中で最大のもののひとつだ。私たちの性的成熟も他の類人猿（間もなく見ていくようにネアンデルタール人も含む）に比べれば遅れるが、遅いほどではない。そして私たちの脳は、発達が止まるような状態とはほど遠い。実のところ正反対なのだ。今も述べたように、事態は複雑である。

私たちの中には成熟が加速される部分と、時間の経過を待ったり完全に止まってしまったりする部分があることは、ネオテニーに関連するたくさんの言葉を生み出した――幼形進化、異時性、早熟、過形成、反復発生など。ネオテニーを初めとしてこれらの残りの言葉も、それらの本当の意味に関して議論は継続中である。だが結局のところ、それが行きつく先の結論は――これらのどの語も進化それ自体の進化、つまり適応というものの例外的で珍しい組み合わせであり、それによって私たちの祖先が根本的に変わって、その存在を生み出した惑星をも変えることができるような類人猿（私たち）が生じたということだ。[*5] 言い換えるならば、それは全てを変えたのだ。

*

ふつう私たちはダーウィンの「自然選択による由来」ということを、新しく登場した突然変異――ふつうは身体的なもの――が、短所ではなく長所に偶然変わって、それが次の世代に伝えられていくことだと考える。このようにして、海に棲むことになった哺乳類では前足がひれになる。ある種の恐竜の細長い腕は、今日の鳥類の翼へと進化する。古代の魚の浮き袋は陸生動物の肺に先行していた。こうしたことは全て正しい。けれどもネオテニー（そして幼形進化やその他全部）は、進化が身体的な特徴だけを相手にするものでないことを表している。それは時間を、より正確に言うと遺伝子が発現したりホルモン

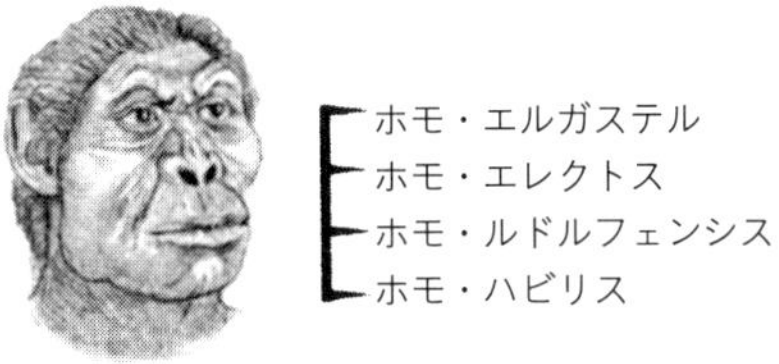

が流れたりする時間をも、変えることができるのだ。それによって見た目ばかりでなく行動が変わり、魅力ある結果がもたらされる。

進化は、それが表す形質だけでなしに、それが現れる時期にも作用する。それは発生関連のホルモン類に影響を及ぼす遺伝子の発現を変化させることによって、各種の能力や身体特徴や行動を進めたり戻したりするし、それらを完全に止めてしまうこともある。それはサクラを使い、クルミの殻と豆を使って賭けゲームをやる大道芸人のように、時間を操る。だから私たちの足の親指は、チンパンジーやゴリラのもののように誕生前に手の親指のように曲がることがなくて、一生涯を通して真っ直ぐな状態に保たれる。私たちは類人猿の胎児のように、比較的体毛のない状態を保つ。[*6]私たちの顎は四角いまま残り、額は成長に伴って後ろに傾斜することなしに平らな状態を保つ。オランウータン、チンパンジー、ゴリラのように誕生後に脳の成長が減速することがなく、ニューロン（神経細胞）の量と相互接続を支配する遺伝子たちは、私たちがまだ子宮内にいるかのような働き方をして、熱心に増殖を続ける。

言い換えると、かつて私たちの祖先では出生前に行われていた過程が、私たちの場合には出生後に行われるようになった。「早く」生まれることによって、私たちの若さは増幅されて長くなり、私たちより先行していた霊長類と大きく違う、延長された幼少時代が全体に広がり続ける。それは化石記録に見つけられる。科学者たちが発掘してつなぎ合わせたほこりだらけの骨は、ほとんど例外なしに、ハビリス、ルドルフェンシス、エルガステルなどの華奢型霊長類の顔が、まだかなりサルに似ていても段階的に私たちに似てくることを明らかにする。彼らの突き出た口元は平らになり、額は広くなって傾斜を失い、顎は頑丈になった。かつて森林に住む類人猿の胎児にだけ見られた特徴、たとえば足の親指や肩に真っ直ぐ載った頭部などは、今日青年時代ばかりではなく成人時代にまで存在し続けるようになった。

これら全てのものがアフリカに広がる野生平原に展開していった様子の正確なところは明らかでないが、そうなったことは間違いない。私たちがその紛れもない証拠なのだ。全ての証拠は、私たちの直接の祖先である華奢型類人猿が着実に若さを延長してきたことを、断固として指摘する。彼らは幼年時代というものを発明してきたのだ。だが少なくとも私たちにとって最も重要なことは、彼らがその発明の過程において、鋭く容赦ない絶滅の大鎌をかわすのが上手になっていったことだ。そのようになった主な理由は、進化してきた幼少時代によって非常に柔軟性のある脳の発達が可能になったことだ。それによって私たちの進化に関する壮大な物語は驚くべき転換を遂げた。

＊

全ての霊長類の脳を構成するニューロンの集団は、最も客観的な研究者の目から見ても桁外れで、恐ろしくなるほどの速度で成長する。妊娠一か月以内の霊長類の脳では一秒あたり何千個もの細胞が増殖している。ただしほとんどの種では、誕生後にその成長は著しく遅くなる。たとえばサルの胎児の脳は、誕生時にすでに七〇パーセントの成長を終えている。そして残りの三〇パーセントはこれに続く六か月で完了する。チンパンジーは誕生後一二か月で脳の成長を完了する。しかし私たちは、大人の二三パーセントしかない重さの脳とともに世界に生まれ出る。生まれてから三年間に脳の大きさは三倍になり、六歳になるまでの次の三年間も成長を続け、青年期に再び大規模な再配線が行われて、二〇歳に達するときには（これを読んでいるのであなたがすでに二〇歳に達していると仮定すると）、全部ではないが大部分の発達が完了している。

そのように「若い」状態で生まれると、脳は比較的に発育不全の状態で生まれると考えるかもしれないが、そういうことではない。早期に生まれるけれども、それでも私たちは成熟の進んだ親戚の霊長類よりも頭でっかちな状態で世界に出てくる。類人猿の脳は、誕生時に全体重の九パーセントを占めている。これは大部分の哺乳類の基準からすると非常に大きい。だが私たち人類の場合、子宮の滞在期間が短いにもかかわらず、その割合は一二パーセントとさらに大きくて、相対的に言うと、類人猿の幼体の脳よりも一・三三倍大きい。換言すると、脳が四分の一しか発達していない早期の胎児状態で生まれるが、私たちは非常に大きな脳を持って生まれ出てくる。

脳の発達に関するこのアプローチがたいへん奇妙で珍しく、自然界では類のないものであることを心に留めて置いてほしい。そしてこれは危険なことでもある。もしもエンジニアが誕生時に最適な大きさの脳を設計するとしたら、これほど未完成な脳の状態で新生児を世に送り出すことは明らかに筋が通らない。壊れやすく、失敗する確率が高すぎる。全ての行程を安全な母親の子宮の中で行う方がはるかに現実的だ。だが進化は計画を立てない。進化はランダムに変更して前進するだけだ。そしてこの場合、全行程の間、母親の子宮の中にとどまるのは問題外だったことを思い出そう。私たちにとっては早く生まれるか、生まれないかのいずれかだった。

私たちの祖先に「より早い時期に」産道を出る必要が生じたのが正確にいつだったか、答えを知りたいところだが、それを知るのは実のところ不可能だ。後退するアフリカのジャングルが私たちの祖先にあたる雨林に住む類人猿を見捨てたときから今もなお地球を歩き続けている人類はホモ・サピエンスだけなので、そして私たちの前にやって来た類人猿の遺骨は非常に少ないうえに解読しにくいので、早期の出産が不可避になった正確な時期を知る手がかりを十分に集められない。だが、いくつかの説はある。

先行した何らかの類人猿の脳が八五〇ccに達したときに早期の出産が始まったと考える科学者もいる。[*7] 人類学者のロバート・D・マーティンはこれを「脳のルビコン」と呼ぶ。ここをいったん渡ってしまうと、その生物が一生人間のような長い幼少期が必要になる一線のことだ。もしその通りであれば、一八〇万年〜二〇〇万年前に生存していたホモ・ルドルフェンシスやホモ・エルガステルなどが最有力の候補となる。最近まで科学者たちはホモ・ハビリス（「器用な人」）を最有力候補と考えてきたが、新しい証拠が出現して、人類の系統樹に再編成がもたらされた。何十年もの間、人間はホモ・エレクトスを経由したホモ・ハビリスの子孫であり、それが人類学者の呼ぶところの「解剖学的現代人」（anatomically modern humans：AMH）、私たちの仲間に進化したのだとされてきた。ところが新しい化石の発見によって、エレクトスとハビリスが同時代に五〇万年間東アフリカに存在していたことが示されたので、片方からもう一方が生じたと考えることが難しくなった。さらに、よくホモ・エレクトスと一緒にされていたエルガステルとルドルフェンシスだが、今ではそれぞれ独立した別の種として考えられることが多くなった。

これは人類の進化の絶え間なく変わるドラマ（そして命名）において、今や「器用な人（ハビリス）」が進化の行き止まりを表し、ホモ・エレクトスがひとつの種でなく多くの種であって、せいぜいそのうちから特定のものが直接私たちにつながったことを意味している。いずれにせよ人類が、成人脳として現代人の四分の三ほどの大きさのものを持つようになった頃、直立歩行をする人類の子孫は、頭の大きさと骨盤の関係が窮屈になるにつれて、未熟状態で生まれざるを得なくなったのかもしれない。そこで問題になるのが、私たちの直接の祖先は誰だったのか、そして彼らはどこに住んでいたのかということだ。

ここで歴史的背景を考えてみよう。

＊

三五〇〇万年前にアフリカ北東の角は構造プレートに乗って東のアジア方向に移動していたが、大陸の残りの部分は一緒に行くのを断固として拒んでいた。このようにしぶとく行き先を争ったひとつの結果として、アラビア海と半島が出現した（偶然にも石油を伴って）。また、周囲の山から流れ込む三本の主要な川によって、長く巨大な湖が東アフリカに形成された。二〇〇万年前には、このアフリカの大地溝とそれによって作り出された湖の証拠を、まだ周囲一帯に見ることができた。断裂した土地には多数の火山が残されて不気味な様子でくすぶり、前触れもなしに噴火した。ひとつの火山は大きな湖の中から挑むように隆起して、季節変化に伴う激しい嵐や、暑い夏期にその側面を疾走するダストデビル（塵旋風）にも屈することなくそびえていた。

今日のアフリカ地図を調べてみると、現在ではトゥルカナ湖（昔の名はルドルフ湖）と呼ばれる湖の細長い形を見ることができる。それは今でも広大で細長い宝石のように東アフリカの胸に抱かれているが、その大部分はケニア北部にあり、上の鼻の部分がエチオピア南部の高地を押し分けている。今日、トゥルカナ湖は昔ほど快適な場所ではない。かつてそこから流れ出ていた三本の川はなくなってしまったため、トゥルカナ湖の水は蒸発によって湖を出るしかないが、それによって水の色が素晴らしいヒスイ色になり、世界最大のアルカリ湖になった。今日、湖を取り巻く土地の大部分は乾燥して過酷で辺鄙（へんぴ）な場所になっている。だが一八〇万年前には、所帯を構えるのに非常に良い場所だった。

更新世の初期には時折荒れる天候や火山の噴火があったにもかかわらず、トゥルカナ湖畔沿いの土地であらゆる種類の生命が繁栄した。*8 その温かな水の中ではワニが泳いだ。古代のゾウ、デイノテリウム、クロサイやシロサイが草地で草を喰（は）んだ。ハイエナが吠え、叫び声を上げ、手当たり次第に獲物をあさり、浅瀬で餌をとるフラミンゴを狩った。ライオン、トラ、パンサーの遠い親戚にあたる動物たちが、ヒッパリオンという三趾の馬の群れを狙った。湖とそこに注ぐ小川や川、そして変動する天候のせいで、周辺の環境はさまざまな生物群系の寄せ集めになった――草地、砂漠、緑に覆われた湖岸、森林の集まり、密集した雑木。今日トゥルカナ湖岸周辺の火山灰層に埋まっている絶滅した獣の何百万もの骨は、古代の繁栄を証明している。

これほど繁栄して心地よい住処であることは、渓谷を歩き回っていたゾウ、トラ、アンテロープと同じように私たちの祖先にもわかっていた。実際その土地は非常に好まれていたようで、ホモ・エルガステル（次頁図）、ホモ・ハビリス、そしてホモ・ルドルフェンシスはどれも一八〇万年前に湖の東岸と北岸に広がり、頑丈型の親戚であるパラントロプス・ボイセイと盆地の恩恵を共有していた。その一〇〇万年前にはパラントロプス・エチオピクスが湖の北西岸に伝いにやって来て、去って行った。そしてその五〇万年前には、あの平らな顔のケニアントロプス・プラティオプスがトゥルカナの風をものともせずに火山が轟音（ごうおん）を立てて噴火するところを眺めていた。

古人類学者は何十年間も汗だくになって研究を続けてきたが、トゥルカナ湖畔を歩いてきた人類のうちでどれが直接私たちにつながるのか、まだ断定していない。それでも科学者が利用できる限られた証拠にもとづいて、推測することはできる。ホモ・エレクトスと無関係で、進化での行き止まりだったホモ・ハビリスが問題外であることは、すでにわかっている。ホモ・ルドルフェンシスも、パラントロプス・ボイセイやその頑丈型の祖先に非常によく似ていることから、見込みがない。彼が何らかの橋渡し種ではあったかもしれない。ボイセイ自身は華奢型でないし（私たちは華奢型）、グループ内で最も小さな脳、最も大きな顎、最も類人猿的な外観だったことを考えると、資格がないようだ。

ホモ・エルガステル

そうなると「仕事をする人」であり、以前はホモ・エレクトスの一例と考えられていたホモ・エルガステル（エルガステルは「作業人」を意味するギリシャ語の ἐργαστήρ に由来する）が残ることになる。実際のところエルガステルも、あるひとつの例外がなければ直接の祖先の有望な候補とは考えにくかった。その例外とは、激しい議論の末にエルガステルの系統に割り振られたひとつの驚異的な化石骨だった。科学文献ではその化石はトゥルカナ（あるいは時にナリオコトメ）・ボーイとして知られている。当時リチャード・リーキーと研究を行っていた古人類学者のカモヤ・キメウがトゥルカナ湖の西岸で発見したことから、そのように呼ばれることとなった。

彼の発見物はあまりにも完全な形で見つかったので、まず仲間の人類学者たちに、それから全世間に衝撃を与えた。科学の分野では一本の歯や顎骨の破片、あるいは破壊された脛骨(けいこつ)のかけらを掘り出すだけでも大歓声が上がるのに、キメウらは頭蓋骨ばかりでなく、胸郭、完全な背骨、骨盤、くるぶしまでそろった両脚を発見したのだ。大陸の冷たい堆積物の中に一五〇万年前に生きていた少年の遺骸がほぼ完全な形で横たわっていた。その少年は七～一五歳のときに湖の沼地で死んだと思われる。まさに驚くべきことだった。

少年の推定年齢の幅が広いことに気付いただろうか。それには理由がある。古人類学の歴史において最も研究されている化石のひとつでありながら、科学者はその化石の主の年齢に関して一般的な合意に達することができないようだ。その謎が、長く続く幼少期という問題に私たちを引き戻すことになる。少年の年齢を確認しにくいのは、死んだ年齢を決定するさいの基準になる生きた霊長類が、二種類しか――森林の類人猿と私たちしかいないからだ。だがトゥルカナ・ボーイはどちらでもなかった。成体として脳はたぶん八八〇ｃｃほどあったと思われるので、それから考えると、彼は両極端〔類人猿と人類〕のほぼ中央に位置する。脳の半分を取り除くとチンパンジーの脳の大きさになる。同じ量を加えると大部分の現代人の範囲に入る。

化石化した彼の歯を最初に調査したとき、科学者は直ちに彼が少年であることに気付いた。全部は生えそろっていなかったからだ。下顎には永久歯の切歯と犬歯、臼歯が数本形成されていたが、それら全部は成長しきっていなかった。上顎の犬歯はまだ乳歯であり、第三臼歯がなかった。もしも今日の歯科医がそのような口を覗いて見たら、それは一一歳児のものと結論するだろう。けれどもこれがチンパンジーのものであれば、むしろ七歳とする方が近いだろう。

死亡時の年齢を推定するときには、歯が手掛かりのひとつになる。もうひとつは成長板（成長軟骨帯）だ。私たちの腕や脚の長い骨は、完全に成長するまで先端の関節部分と永久結合しない。成長板の状態で、年齢を確実に予測することができるのだ。トゥルカナ・ボーイの脚の長い骨はまだ成長の途中であり、特に腰の部分ではまだ結合していなかったが、片方の肩と肘の関節は結合するところだった。研究者たちは、成長板の状態から考えて、もしも彼が人間だったら少年が不慮の死を遂げたとき一一歳から一五歳の間だったという結論に達した。もしも彼がチンパンジーであれば、まだ七歳ということになっただろう。

年齢を決める最終的な決め手のひとつは身長だ。ナリオコトメ・ボーイの大腿骨は四〇センチあまりだったので、彼の身長はおよそ約一六〇センチメートルで、これは一五歳のホモ・サピエンスの背丈、あるいはチンパンジーなら成体の大きさになる。他の霊長類の化石、アウストラロピテクス類のものや、ホモ・ハビリスやルドルフェンシスのような同時代のトゥルカナの仲間と比べると、ナリオコトメは背が高かった。そして正確な年齢にもよるが、もしも生き延びていればかなり背が高くなっていたかもしれない。そうであれば、この「仕事をする」少年はいったい何歳だったのだろうか。

彼の年齢に関する手がかりは人間と類人猿のどちらの側から見ても、彼の研究に熱心に取り組んできた科学者にとってあまり意味をなすものではなかった。互いに一致しなかったのだ。一生のうちの出来事も、起こるのが早すぎたり遅すぎたりで、現代人や森林の類人猿の成長スケジュールに忠実に従うものはひとつもなかった。それでも、一致しない骨格の特徴は、トゥルカナ湖のこの住人がほぼ確実に「幼く若く」生まれて、幼少時代を延長して青年期を延ばしていたことを強く示唆した。類人猿は七歳、人間なら一一歳で思春期かもしれないが、この生物はその間のどこかに収まる。

もしもルビコン説が正しく、成体での八五〇ccの脳というのが、新生児が産道を無事に通るために奮闘し始めた時期を示すとすると、エルガステルの子供たちは彼らの五〇〇万年前に出現した雨林の霊長類よりも早く世界に登場した可能性があった。一方、トゥルカナ・ボーイは私たちほど「幼く」生まれていなかった。当時の人類のものと同じくらいの大きさであった彼の大きな脳、そして直立して歩いたり走ったりするのに最適な細い腰は、その証拠を裏付けている。彼は「未熟に」生まれたに違いなかった。さもなければ生まれることがなかっただろう。だが彼が早めに生まれたとしたら、どれくらい早かったのだろうか。

完全に成長したトゥルカナ・ボーイの脳が今日の私たちの脳の六〇パーセントだったと仮定する。(参考にできる成体のエルガステルの頭蓋骨がないので、仮定するしかない)。そしてエルガステルの子供が一四か月の妊娠期間の後に世の中に出てくると仮定しよう。これはチンパンジーよりも約三〇パーセント早い。これは現代の人間と他の霊長類の間に見られる一一か月の差ほど大幅な違いではないが、それは重要な人類の幼少時代の始まりを表し、あらゆる面で私たちの祖先の日常生活に衝撃を与えただろう。

なぜだろうか。第一に、不幸なことに死が身近にある世界では多くの死があったと思われる。今日のチンパンジーやゴリラとは違い「早く生まれたもの」の多くは、すぐに自力で生きることができず、誕生後に死んでしまっただろう。ゴリラやチンパンジーの新生児は人間の新生児に比べて身体的に成熟しているので、産道から体を引き出すことを自力でも手伝い、素早く母親の腕の中や背中に這い上がる。エルガステルの新生児にこれができたとは思われない。全ての霊長類の中でも、人間の新生児はいちばん無力だ。私たちは生まれ出たときには歩くことも這うことも全然できない。よく見ることも、頭を持ち上げることすらできない。すぐさま、そしてほとんど常時世話をしてもらわなければ、私たちは確実に一、二日のうちに死んでしまう。エルガステルの「未熟児」は誕生時に私たちほど無防備ではなかったかもしれないが、ジャングルの、あるいは初期のサバンナに住む祖先に比べると身体的にはるかに未発達だったと思われる。

だがこうした新生児が誕生時に死ななかったとしても、赤ん坊のいわゆる「脳重量比」が大きくなるにつれて、狭い骨盤が対処できなくて母親が死ぬことも考えられる。その埋め合わせに、エルガステルの新生児は産道で回転するようになり、顔を上げて生まれてくるようになったのかもしれない。これは人類の誕生における革命的な出来事だった。他の霊長類の場合と違って、私たちは直立の姿勢で顔を上にして生まれるので、そのためには赤ん坊がネジのように回転しなければならない。チンパンジーやゴリラの赤ん坊のように顔を母親の尻に向けて出てきたら、出産時に背中が折れてしまうだろう。

子供を世界に産み出す仕事は、いっそう複雑になっただけではなかった。出産の試練を子供と母親の両者が乗り越えたとして、そこから先の母親の生活を考えてみよう。すでに母親は、脅威に満ちた世界の中で危険にさらされて生きてきたのだ――開けた草地、あるいはよくても深い茂みがあるだけのまばらな森林。シマハイエナや牙状の歯を持つホモテリウムといった食欲旺盛な肉食動物も彼らを狙っていた。肉食動物を寄せ付けないためのキャンプファイヤーなどなかった。彼らは火の扱いをまだ習得していなかったのだ。夜になると暗闇に包まれ、辺りには夜空に流れる天の川、形を変える月、あるいは時々遠くで稲妻や不機嫌な火山によって突然引き起こされる野火などのかすかな光しかなかった。そしてサバンナの大型ネコ科動物は日が沈むと狩りを始めた。

新しい人類の幼児はこのうえなく無力で、そのうえ彼らのニューロンは子宮の中にいた頃と同じように外の世界でも猛烈な速さで増殖していた。急速に成長する脳には相当な栄養が必要だ。五歳以下の子供は脳を維持するために基礎代謝の四〇〜八五パーセントを消費することが、研究によって明らかになっている。それに対して成人が使うのは一六〜二五パーセントだ。[*9] エルガステルの子供の場合も、最初の数年間に食物が欠乏すると早死につながることが多かったと思われる。ナリオコトメ・ボーイも栄養不良だった可能性がある。その古代の歯は、彼が膿瘍(のうよう)を患っていたことを示している。彼の免疫系はその感染症を負かすほど強くなくて、抗生物質がなかったので彼は敗血症で短命に終わったと科学者たちは推論する。このような死に方をしたのは仲間内でも彼が最初ではなかっただろう。

親や群れのメンバーにとって、未熟児が生まれることはあらゆる点においてサバンナの生活をさらに困難で、危険で、予測不能にすることになっただろう。それならば、なぜ進化はより大きな脳と早い出産を選んだのだろうか。そしてどうやってそれを成功させたのだろうか。

答えにくい質問だ。科学が今までのところ収集できたわずかばかりの情報のかけらを振り返ってみても、早産は進化的には何も意味をなさない。意味をなさないというのは、表面上のことだ。ダーウィン的な適応は、あるひとつの理由で成功する――種の存続を確かにすることの手助けとなるということだ。それはうまく交配できるようになる時期まで生きられなければ直ちに絶滅につながるということを意味する。これが地球上に生息する全ての生命の九九・九パーセントの最終的な運命なのだから、早く生まれた新生児が華奢型類人猿の両親の背中に山積みに課題を背負わせることを考えると、そんな課題がいったいどうやって、死神の鎌より一歩先んじて彼らを先に進ませる助けになるのか、憶測は難しい。

誕生とセックスの間の時間を長くすることは、確かにあまり意味がない。やはり、その時間をできるだけ短くすることには大きな利点がある。新生児の数を最大にするのは一回にたくさん産むこと、あるいは頻繁に産むこと、あるいはその両方が有力だろう。たとえばイヌの場合は一回に五、六匹をまとめて世の中に送り出し、子イヌは六週間で離乳し、早くも六か月で繁殖が可能になる。子イヌの時期は短く、母乳育児が終わると間もなく自力で生きていけるようになる。マウスの場合はこれがさらに圧縮される。その結果、母親は毎回より多くの子供を、より頻繁に産み、その子供たちはすぐに繁殖してサイクルを繰り返せるようになる。これら全てのことが種の増殖を加速させて生き残る可能性を高める。

ところが私たち人間は、最初の子供を産むまでに平均して一九年待つ。なぜだろうか。もしも生まれてから可能な限りたくさんの子供を産むことが他の動物でたいへん効果的に働くのであれば、進化はいかなる理由で、アフリカで苦闘するサバンナの類人猿たちの場合には逆向きになるのだろうか。なぜ、より無防備な幼児を世界に送り出すようになったのか。子に食物を与えて守る両親を、さらに大きな危険にさらすのはなぜなのか。なぜ先例のないこの余分な成長サイクル、いわゆる幼年時代――私たちが完全に大人に頼って面倒を見てもらわなければならない時期――を一生の中に挿入するのだろうか。そして次の世代を初めて迎えるまでに二〇年近くかかることに、何の利点があるのだろうか。[*10]

スティーヴン・ジェイ・グールドは画期的な著書『個体発生と系統発生』の中で、異なる種類の進化的選択を進めるふたつのタイプの環境についてかなりのページを割いて論じている。ひとつは彼がr選択と呼ぶもので、十分な空間と食物があり、競争がほとんどない環境で行われる。動物にとって一種の楽園だ。もう一方のK選択は空間や資源に乏しく、危険で厳しい競争がある環境で行われる。

r選択（グールドは多くの研究がこれを裏付けていると指摘）は、手近に豊富にある資源を利用するために種ができるだけ素早く十分な子孫を作るように働きかける（ウサギ、アリ、細菌などを考えてみよう）。だがK型の環境は、環境にかかるストレスとそこで生き残ろうとする生物間の競争を軽減するために種を減速させて、残す子孫の数を減らし、時間をかけてそれを行うように働きかける。その中で、資源の欠乏下では死ぬしかない少数の種の創出を、進化はランダムな偶然から、優遇し始める。[*11] 特に幼少期の死を減少させて寿命を伸ばすことによって、K選択はまた、その種に余分な時間を与え、適応性をさらに発達させる。グールドによると、K選択が私たちを「単胎出産の反復傾向、親が徹底的に面倒を見ること、長い寿命、成熟の遅れ、高度な社会化の傾向によって区別される哺乳類のひとつの目（もく）」にしてきたという。今日あなたや私は、K戦略による進化の申し子として存在している。私たちが今日闊歩（かっぽ）しているという簡単な事実は、K戦略が成功する場合があることを示す明白な証拠になるが、それでも成功した理由は説明できない。[*12]

この戦略は成功しなかった、あるいは少なくとも常に成功したわけではなかったという可能性もある。複数の種が、間違いなくこのダーウィン的な筋道をたどったあげく、消滅した。いくつかのものは――

それらについて私たちは決して知ることがないだろう——、無力な幼児を守ったり、より多くの食物を得るために環境に立ち向かったり、逆によだれを垂らしたサバンナの大型ネコ類の餌食になったりするなかで、容赦ないプレッシャーによって死滅していったに違いない。アウストラロピテクス・ガルヒを一掃したのはこのようなことだったのだろうか。これで、ホモ・ハビリスやルドルフェンシスの絶滅を説明できるだろうか。今のところ、化石記録が残したわずかな手がかりは沈黙していて、秘密を明かしてくれない。この点では、記録に見るべきものはない。

ただ、わかるのは次のようなことだ。約一〇〇万年前——人類進化のカレンダーの一一月上旬——に、頑丈型の霊長類は最期を遂げ、多くの華奢型の種も同じ運命をたどったのだが、一握りのものが存続し、繁栄さえした。すでにアフリカを離れて、東のアジアや遠い太平洋にまで広がり始めたものもあった。脳のルビコン川はすでに渡渉されて、もう後には引けなかった。

これは進化の力が、私たちの直接の祖先の場合に、生き残るためにより多くのセックスと多くの子孫よりも、大きくてより良い脳を選んだことを意味する。そしてあらゆる予想を覆して、それはうまくいった——根底的な進化的転換だった。時が進むにつれて、雨林のエデンの園と時間的に大きく隔てられた暑いアフリカのサバンナのるつぼの中で、ある交換——繁殖の速さと頭の回転の速さの交換——が行われた。もしもそのために、子供を「もっと幼い」状態でこの世に生み出すことが必要ならば、それでも構わなかった。より大きく明晰（めいせき）な脳を持つ動物を確保するのに、親が多くの時間とエネルギーを費やすことになるのであれば、それでもよかった。もしもこの惑星での最初の子供たちを創出した生命に、全く新しい局面を進化させることが求められたのであれば、そうならなければならなかった。進化の窺知しがたい諸力は、より大きな速度とか凶暴性、より大きな耐久力や強さでなしに、より大きな知能、これをダーウィン式の平明な言葉で言えばより大きな適応性をもたらすような賭けをしたのだ。より大きく複雑な脳がもたらすのは、そうしたこと——当面の状況に対応できる脳の柔軟性、つまり、遺伝子によりはむしろ賢明さに依存すること——だからである。

いろいろな出来事が別の方向にも進みえたかもしれないと考えてみると、奇妙な気がする。地球にはこんにち七つの大陸と七つの海があり、しかし都市などは何ひとつなかったのかもしれない。バイソンやゾウやトラが誰に注目されることもなく、傷つけられることもなく歩き回り、利口で頑丈型の霊長類の群れがアフリカ全土、そしてことによるとヨーロッパやアジアにまで生息するようになっていて、車や高層建築や宇宙船は、全く見られなかったのかもしれない。火も衣服もなかったのかもしれない。誰にもわからないことだが、ともあれ事態は今のように進み、およそ見込み薄だった幼少期というものが進化してきて、私たちの種が存在することになったのだ。

大きな腸vs.大きな脳

小学校で習ってきたように、ウシには四個の胃袋がある。草を牛肉と牛乳に変えるのに必要なだけの十分な養分を抽出するのに、たくさん仕事をしなければならないからだ。サバンナを歩き回る私たちの初期の祖先についても、少なくとも一部のものについては同じことが言えた。ナッツ、根っこ、アザミ、木の実、その他の植物を常食としながら生きるために十分な養分を絞り出すには、長い腸と丈夫な胃袋が必要だった。

アフリカの気候が変わり、サバンナが広がって乾燥するようになると、近くの木にぶら下がる果実を採って、毎日それほど動き回らないでいる昔のジャングルのやり方ではうまくいかなくなった。果実や木の葉は次第に少なくなり、三種類の人類はそれを集めるのに広い範囲を歩き回らなければならなかった。そのためさらに多くのエネルギーが必要となった。結局のところ、それ以前のやり方は持続可能な生き残り戦術ではなかった。

だが、もしも肉を手に入れることさえできたら！　そうすれば狩猟採取に必要なエネルギーに見合うたくさんの養分をすぐさま得ることができるようになる。サバンナに住む頑丈型の人類は、まさにその通りのことを行った。しかしこの選択には、予期せぬおまけがあった。どのような肉食にせよ（シロアリや小型の齧歯類(げっし)でも）、肉食ではより大きな脳が可能になり、ウシのような腸管の必要が減少した。これは古人類学者のレスリー・アイエロが一九九〇年初期に思いついて、初めて「高価な組織仮説（Expensive Tissue Hypothesis）」

と名付けた。これが意味すること、そして発見された化石が明らかにしたことは、私たちの祖先が肉を食べるようになるにつれて、複雑な消化管に必要とされていたエネルギーが、大きな脳を作る仕事に振り向けられるようになったということだ。それはどちらのアプローチ法が最もうまくいくかという二〇〇万年前の僅差の問題だった。両方の実験が試されて、数十万年の間は両方がうまくいった。だが最終的には、長い腸よりも大きな脳の方が生き残るのに効果的だった。化石記録もこれを裏付けている。アウストラロピテクス類や人類の中の頑丈型の仲間では脳が比較的小さくて、チンパンジーとそれほど変わらない知能であったのに対して、ホモ・エルガステルの脳の大きさは増加して約九〇〇ｃｃに達した。一〇〇万年以上が経過した後、一二〇万年前に最後の頑丈型の人類は死滅した。

この進化の道は他の影響ももたらした。たとえば、私たちは霊長類の他の親戚――チンパンジー、ゴリラ、オランウータン――ほど力が強くない。どうやら私たちは、脳と腕力を交換したようだ。リチャード・ランガムは、火の扱いと調理を習得したことによって肉や他のあらゆる食物が消化しやすくなり、摂取できるタンパク質が増加して、長い腸の必要性がさらに減少したと論じている。そのうちに大きな脳はより良い武器、そして戦略的な狩りの方法をもたらした。そしてより大型の獲物、たくさんの肉、たくさんのタンパク質、脳の力の増大がもたらされた。その結果どうなったのだろうか。この二〇〇万年の間に華奢型人類の脳の大きさは二倍近くになったのだ。

第3章　学習機械

故障した大人を修理するよりも強い子供を作る方が簡単だ。
——フレデリック・ダグラス

少年、名詞：泥だらけの騒音
——著者不明

子供の人生は七歳までで決まる。
——イエズス会の格言

フランスの作家、フランソワ・ド・ラ・ロシュフコーは、若さは「永遠の陶酔状態で、心の熱病」だと述べたことがある。ラルフ・ワルドー・エマーソンはもっと率直だった——「子供は巻き毛で、えくぼのある狂人だ」。誰でも一、二人の幼児が活動しているところは見たことがあると思う（ふつうは自分の子供のことが記憶に残っているだろう）。それはちょっとした見ものだ。平均的な二歳児は身長約七〇センチあまり、体重一三キロくらいの知的欲求のかたまりで、計画性もずるさも全くなくて、この世の中の全てのものを手に取ろうとする。彼女あるいは彼が、これまでに宇宙で考案された最も貪欲で、最も成功した学習機械であることは間違いない。

　表面的にはそのように見えないかもしれないが、幼児は動いたりわめいたりしながら一日を過ごす間に、とてつもない量の仕事をこなす（全ては遊びという名の下で）。ボール（あるいは食物）を投げたり、泥水たまり、砂場で遊んだり、突進してみたり転んだり、ブランコに乗ったり、雲梯から飛び降りたりしながら、幼児たちは公式や数学用語などをひとつも使わずにニュートンの運動の法則、重力に関するガリレオの洞察、アルキメデスの浮力の原理に慣れ親しんでいく。

　幼児が笑ったり、泣いたり、しかめっ面をしたり、喉を鳴らしたり、クスクス笑ったり、唾を吐いたり、噛んだり、叩いたりするとき、母親や父親の手を振り切って歩道を走って行ってしまうとき、純粋に楽しむために物を手当たり次第に投げるとき、自然に踊り始めたりふざけてやりたい放題するとき、その子供は何が社会的に受け入れられ、何が受け入れられないか、何が恐いか、何が良いコミュニケーション手段になるか、何がどういう場合にはそうならないかを学習している。たくさんの食物と食べられそうもないものの触感、形、味を確かめるために味見をしたり、なめたり、よだれの洗礼を授けたりする。だがその味見には策略も論理もない。それは探検するひとつの方法にすぎない。物体は生きていてもいなくてもそれを弾ませてみたり、叩いてみたり、抱きしめたり、振り回したりして綿密に調べて、その特性を必死に理解しようとする。知識に対する無制限で飽くことのない欲望という言葉がぴったりだろう。

　言語学者が今までに解明できたところによると、言語の獲得が幼少時代のもうひとつの大きな仕事だ。

片言、歓声、その他の音を発することは、親など他の年長の生物が幼児の周辺で話す言語、それがスワヒリ語、ドイツ語、ヒンディー語であってもそれを理解していくひとつの手段だという。それに続く初期の会話は一般的に短い。「ほら！　ママ！　パパ！　私の！　イヤ！　ちょうだい！」　突然欲求不満を起こした時にはコミュニケーションが不明瞭で騒々しくなって、曲芸的なボディーランゲージで中断されることが多い。だがそのうちに、語彙が増え始め、構文が上達して、完全な文章で表現するようになる。こうしたことの全てが正式な指図がなくても行われる。言語の獲得は自然界における偉大な奇跡のひとつだ。一歳の時にはほとんどの子がひと言もしゃべれない。一八か月になると、起きている時間のうち、約二時間にひとつずつ言葉を覚え始める。四歳になると驚くほど洞察に満ちた会話をすることができる。そして青年期には一日一五語の割合で語彙に何万もの言葉を取り込み、しばしばとどめを刺すような効果を狙ってそれを利用する。そしてほとんど全ての言葉は、周囲の人々に耳を傾け、彼らと話をすることだけで習得される。*1

子供たちがこのように明らかに驚くべきことをするのには理由がある。自然は彼らの脳を、できる限り早く世の中のことを飲み込ませて生き残れるように配線しているのだ。この妙技をやってのけることは口で言うほどたやすくない。だが、これほど複雑な脳の接続が起こる方法を理解したければ、まず一歩離れて、そもそもなぜ脳が存在するのか、そしてどのようにして今のような脳が最終的にできたのかを考えるとよいかもしれない。

＊

一般に合意を見ているところでは、自然界における最初の脳は科学者たちが今日プラナリアと呼ぶ扁形（けい）動物のものだ。プラナリアは後生動物で、あまり賢そうには見えない。しかし知能というのは相対的なものだ。七億年以上前に初めて出現した時には、プラナリアは当時の天才で、環境から非常に貴重な情報のかけらを引き出すことができる全く新しい種類の感覚細胞を持つ比類ない知能の持ち主だった。

同時代の多くの生物と違ってプラナリアは光に対して異常に敏感であり、原始的な目を持ち、また温度変化を無視するのでなく、それに反応した――こうしたことは全部、彼らの時代には革新的だった。今日でも彼らは食物を感知して異常なほど断固としてそれに向かう。他の後生生物（たとえばサンゴ）の食物に対するアプローチはのんびりしていており、むしろ一般に食物の方が彼らを探し当ててくれるのを待っている。

古代の扁形動物の脳を可能にした細胞的革新の中にはガングリオン（神経節）細胞と呼ばれる原神経細胞があった。この細胞は、プラナリアの頭部に集まって体を並行して縦走する二本の神経索と結合しており、それに沿った部分で感知されるある種の経験は脳に伝達されて、扁形動物に何らかの思考力をもたらす。これまで進化が考案してきた脳は、全てのものがこの小さな基盤の上に築かれている。だから、もしあなたが素晴らしいアイデアを思いついたときには　潰れた麺のように見えるあの決断する扁形動物に感謝するべきかもしれない。*2

一般に脳の目的は、脳を与えられた生物が自然界において経験する感覚現象の波を体系化することだ。その仕事は世界の混沌（こんとん）を効果的に選別して、できるだけ長い間死という不愉快な出来事を避けることだ。

脳が周囲の世界を正確に位置付ける能力と生き残りの可能性には、直接の相関関係がある。関連付けが正確であるほど、危険な状況を切り抜け、報酬を発見して、生き延びる可能性が高くなる。

全ての脳の核心部分にはニューロン（神経細胞）がある。これは考えたり、感じたり、見たり、動いたり、私たちに特有のその他全ての重要な事柄を可能にする特殊な細胞だ。ニューロンには一五〇種類以上のものがあり、人間の体の中でも最も多様な細胞型だ。大量のエネルギーを消費するこの貪欲な細胞を維持するためにグリア細胞が囲んでいる。グリア細胞は子供を溺愛する子守のように養分や酸素をニューロンに忙しく運びながら不要物を取り去ってニューロンを良い状態に保っている。私たちの頭蓋骨の中にはゼリーのようになって集合するおよそ一〇〇〇億個のニューロンが詰まっている（偶然だがこの数は宇宙学者たちが考える銀河系宇宙にある星の数とほぼ同じだ）。そのひとつずつが一〇個から五〇個ほどのお守り（も）してくれるグリア細胞に支えられている。

このことは脳を、それ自体の理解をはるかに超えた驚異的で謎に包まれた場所（興味深い反語だ）にしているが、成長する子供の大脳皮質はさらに注目すべきものがある。人間の卵と精子が出会いに成功し

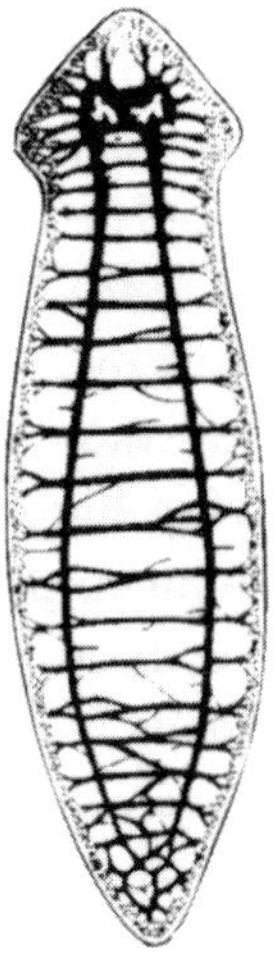

プラナリア——当時のアインシュタイン的存在

てからわずか四週間で、まだ二五セント硬貨〔直径約二四ミリ〕ほどの胚にすぎないころに、後に脳となってゆくニューロンの塊は、毎分二五万個の割合で複製を行う。これはどのような基準に照らしてみても、猛烈な速さだ。この頃、ホタルの幼虫に似たような形の、こぶのある神経管が形成され始める。次の数週間には管の中で四個の芽が脳の主要部分へと発達を始める。嗅覚前脳系と辺縁系という、私たちの原始的な感情が生じる場所。視覚と聴覚の前脳系という、見る能力、聞く能力、発話能力を支配する場所。脳幹という、呼吸や心拍のような自発的な身体機能をコントロールする場所。そして脳と身体のコミュニケーションを図る幹線である脊髄だ。その二週間後に、ニューロンの五個目の塊が大脳皮質の前頭葉、頭頂葉、後頭葉、側頭葉へと発達する。ここには人間のみに存在する多くの脳機能が存在する。*3

脳はこのようにして自分自身を形作り、ニューロンは勢いよく増殖する。そして胚体の残りの細胞がそうであるように、遺伝的に前もって定められた務めを果たす。この過程や、私たちの一生を通して、全身の全ての細胞は情報のやりとりをしている。互いに接触して、多くの場合にタンパク質やホルモンを通してなされるそのやりとりが、私たちにとって関心事であることは言うまでもないことだが、それは全ての細胞の中のDNAに記されている。だがその中でも、ニューロンはとりわけ才能のある伝達者だ。それというのも、ニューロンが一枚噛んでくるような方向に生物学的な風向きが変わってくるにつれて、特殊化した接続装置――樹状突起とか軸索――が進化して、全体の他の細胞に比べて情報の伝達が大幅に改善されたからだ。

脳が出現する前には原始的なプロトニューロンがこれといった方向もなくホルモンを分泌したり電流

を流したりして情報を伝達し、周辺の他の細胞やプロトニューロンにメッセージをつぶやいていたが、少なくとも現在のわれわれのモデルに比べてみると、それほど素早い結果が得られることはなかった。ところが樹状突起や軸索が発明されると、個々の細胞が近隣の細胞とともに保存していた情報を高速で共有するエレガントでよくできた集団が形成されるようになった。（プラナリアはこれを達成した最初の生物のひとつだった）。

きわめてささやかなものながら、高速のコミュニケーション・ケーブルのこうした出現は、幸運にもそれを受け継ぐことができた生物が自分の住んでいる世界――光と闇、食物、危険、痛みや喜び――をより完全、より急速に感知して、瞬時に反応できるようになることを意味した。そればかりでなくケーブルは高速道路が都市を結ぶように、脳の異なる部分をつなぐことができた。これは脳と世界の接触を改良するばかりでなく、自分自身ともうまく連絡が取れるようになることを意味した。脳がより大きく成長してくるにつれて、これはおろそかにできない事柄だ。（意識にとってもこれは重要であることが判明してくるのだが、この問題は後ほど取り上げる）。

一般に樹状突起は脳細胞に入ってくる信号を伝え、軸索はその逆を行う。樹状突起は熱心に接触を取ろうとして木のように複数の方向に枝を伸ばし、ひとつのニューロンに、近隣にある何千ものニューロンと連絡を取らせることもできる。軸索は樹状突起ほど付き合いがよくないが、それでも無数の結合を作り、ニューロンが刺激されて閾値（いきち）と呼ばれる、思考、感覚、感知にとってきわめて重要な瞬間に達すると、信号を外に向けて伝達する。その瞬間に電気パルスは時速四〇〇キロ以上で軸索を通っていく。軸索の端まで達すると、化学物質の小さな袋が破裂して神経伝達物質がパーティーの紙吹雪のようにシナプス間隙に送り出されて、それが次のニューロンの受容部位に結合する。こうして、長い間消息不明になっていた親戚と再会して抱き合うような感じでメッセージが伝達される。

あなたの脳はこのような結合を一〇〇〇兆個（一〇にゼロが一五個ついている）作ることができる。目の前の文字を読んでいるときにもインパルスは高速で出入りしている。自分の考えを呼び出し、気持ちを評価し、計画通りに体が活動することを保証し、自分の現実を作り出すために、三次元の電気化学的な嵐が休むことなく吹き荒れている。脳はとても忙しい場所なのだ。

*

ニューロンは生まれる前から急速に増加しているが、脳を作る仕事は私たちが世の中に出てからさらに熱心に続けられる。厳密な定めによって両親から半分ずつ受け継いだ二万五〇〇〇個の遺伝子──「構造ゲノム」──は、私たち自身の頭脳、そしてその根底をなしていて、才能や傾向を備えたニューロンのインフラの構築を行う。私たちの中にはずんぐりした体型や細く背が高い体型を受け継ぐ者もいるが、私たちの両親は社交的あるいは内気な傾向、追随者よりもリーダーの傾向、数学的、音楽的、あるいは言語的な傾向を持つ脳も与えることができる。私たちのこの部分は遺伝的に予測不可能で、どうすることもできない。

とは言っても、私たちは他のどのような生命、他の霊長類と比べた場合にも、遺伝子の指示に不変に縛られ続けていないことに感謝できるだろう。私たちの中ではそれは修正可能で、個人的な経験や環境によって変えることができる。この現象は私たち一人ひとりが誰のクローンでもない理由を説明している。そしてこれは、互いに全く同じＤＮＡのコピーを持つ一卵性双生児の場合にも当てはまる。この新しい能力が人類の進化、そしてあなたや私の毎日にもたらすインパクトは、いくら強調してもしすぎることはない。生物は進化の鎖をさかのぼっていくほど、原則として脳は単純さを増し、個人的な経験によって形作られる部分が少なくなる。つまり彼らの毎日の活動は、私たちが「自己」と呼ぶようなものでなくて、全部でないにせよ大部分において遺伝子に支配されているものとなる。

たとえばガは月明かりを目がけて飛ぶように遺伝的にプログラムされているので、ロウソクの炎に引き寄せられる。たいした脳を持たないため、炎を月と間違えて焼かれてしまう。これは単にガの脳が小さいことだけでなく、この行動が遺伝子に組み込まれたものであって、経験からすぐに学ぶことができないことからの結果でもある。

何億年もの間、遺伝子はゆっくりとランダムにではあったが、環境の変化に適応する方法として申し分なく効果的だった。ただしそれは効率的ではなかった。少しでも自分のために考えることができる脳が進化で作られてくるようになるには、長い時間がかかった。けれども一度それができるようになると、そうした脳を獲得できた動物はできなかったものに比べて長く生き残る傾向があった。脳は試行錯誤する遺伝子よりも、機略に優れている。脳はリアルタイムで世界を位置付けて、その場で命拾いにつながる決断を下す可能性を増やす。あなた自身がその場にいることさえ認識していないＤＮＡに支配された、死に至る危険のある決断ではない。遺伝子の影響対脳は二者択一ということではない。脳を持つ生物は全て脳の柔軟性、したがって行動の柔軟性の連続体の中にいる。動かせない固い境界というものはない。しかしその配線の「程度」が、いろいろな方法でたとえばプラナリアと私たちのような違いをもたらす。

外の世界が幼少時代の私たちの脳に与えるインパクトによって七〇億の人間が毎日地球上を歩き回っているわけを説明できる。一人ひとりがどこまでもユニークな宇宙そのものであり、個性、経験、考え方、感情において他者と異なっている。それでも互いに（多かれ少なかれ）関連し合い、同じ種に属するものとみなされる。それよりもずっと不明瞭で、科学者にとってつかみ所のない問題は、私たちが両親から受け継いだ遺伝的指令が、私たちの人生における独自の関係や出来事によってどのように変更を強いられるのかということだ。いくつかの力の作用は、わかっている。きわめて強力な作用である。[*4]

＊

人間の大脳皮質は生まれてから最初の三年間で三倍の大きさになる。自然界で例を見ないことだ。だが人間の脳をこれほど強力にしているのは、単にニューロンの成長ばかりではない。ニューロンを懸命に結合させるその仕方にも一因がある。けれどもなぜ、このことが重要なのだろうか。脳をサイズと時間に関して圧縮したミニチュア版のインターネット、ただし複雑さの点ではかなり勝っているものとして考えてみよう。それぞれのニューロンは誰かのラップトップやどこかのデスクトップにあるコンピュータのようなものだ。今日のコンピュータはニューロンのように強力であり、独力でかなりのことを達成できる。私は今それを使ってこの本を書いているところだ。だがニューロン同士、コンピュータ同士を互いにつなぐと、個々のパーツの合計よりもさらに増幅された結果が得られる。私のコンピュータをインターネットにつなぐと、この本で使う情報を研究したり、書いている文章を瞬時にして他の人々と共有したり、さまざまな会話に参加して意見、考え、洞察などを収集することができる。ちょっとした情報が必要になったときに、それをすぐに見つけ出したり、事実、地図、画像、さらに本を丸ごと一冊、映画を一本ダウンロードすることもできる。さまざまの方向に枝を伸ばしてコミュニケーションを図ることによって、私のコンピュータはいろいろな意味で、それが接触可能なあらゆるコンピュータになる。次にこれに、フェイスブックから米国議会図書館に至るまで、数百万のサイト、数十億のウェブページ、そして無数にある他のコンピュータの数をかけてみれば、脳の中で互いに接続するニューロンの利点の感触が得られるのではないだろうか。コミュニケーションには力がある。

胎児の脳の中で神経細胞が成長を始めるのとほぼ同時に、ニューロン間の経路が放射状に広がり始める。ニューロンの増殖は三歳になると減速し始めるが、ニューロン間の経路の分岐はこれまで以上に忙しく行われるようになる。非常に急速なので、三六か月目の子供の脳は、ふつうの大人の二倍も活性がある。その中では三兆の樹状突起と軸索が接続を作り、しゃべり合ったり、耳を傾けたりして、人間の心を可能にする協力的なグループの引き締めを図っている。ひとつのニューロンが一万五〇〇〇もの神経細胞に直接結びつくことができる。そして宇宙にある一〇〇〇億の銀河系の一つひとつに存在する全ての天体の電子や陽子の数よりも多くの結合を、脳の中に作り出している。すごい量のコミュニケーションであり、そしてそれが全て、あなたの頭の中で起こっているのだ。

この猛烈な構築プロジェクトの背後にある仕掛け人、これらの結合を作り出し、形作る力は、騒々しい外界の匂いや感覚、音、感触、社会的交流、そして危険である。住んでいる世界を意味あるものにしようとして、脳は、子供が世界と交わす感覚的な会話によって形作られてくる原素材を精錬し造形することで、結合の構築体を作りだす。子供が出会う新しく、恐ろしい、爽快で、驚くべきあらゆる経験から形成されてくる物理的、化学的な数兆の結合は、この子供にとってのほとんど全てである。目新しいことは人生における突如の大騒ぎのようなものだ。大きな脳でも未来は予想できないので、これからやって来るあらゆる種類のトラブル（そして喜び）に備える上で、自然界はこんな流儀の受け取り方をする。つまりシナプスのアンテナを創出するために全力を傾注し、それによって最も有利に働く可能性があるもの、そのために用立てされる道具や情報がよりよく把握されるようにする。音楽があなたの生活の一部だとしたら、まず音楽を聴くことに、その後ではそれを作ることにうまく対処できるように、ニューロンの経路や構造は広がり始める。言語、身体的な器用さ、視力、社会的手がかりについても同じことが言える。ありふれたものから卓越したものまで、全てのものは私たちの周囲の出来事によって形作られる。

そろそろ気付いたことと思うが、これは昔からある生まれか育ちかという議論を無意味にしてしまう。子供時代に脳が作る無数の結合は、私たちが純粋に遺伝子の産物でもなく、全てが個人的経験の結果でもなくて、その両方である理由を説明する一助となる。それでもこれで全体像が表されているわけではない。脳はタマネギのようなもので、謎に包まれた層を一皮剝いてみると、似たものがまた現れてくる。最近発見された並行遺伝システムは私たち一人ひとりの中で働き、私たちが自分という人間になるのに著しい影響を与える。このシステムはゲノムと関係があるけれども、それはゲノムではない。ゲノムと同じくらい興味深いエピゲノムと呼ばれるものなのだ。[*5]

＊

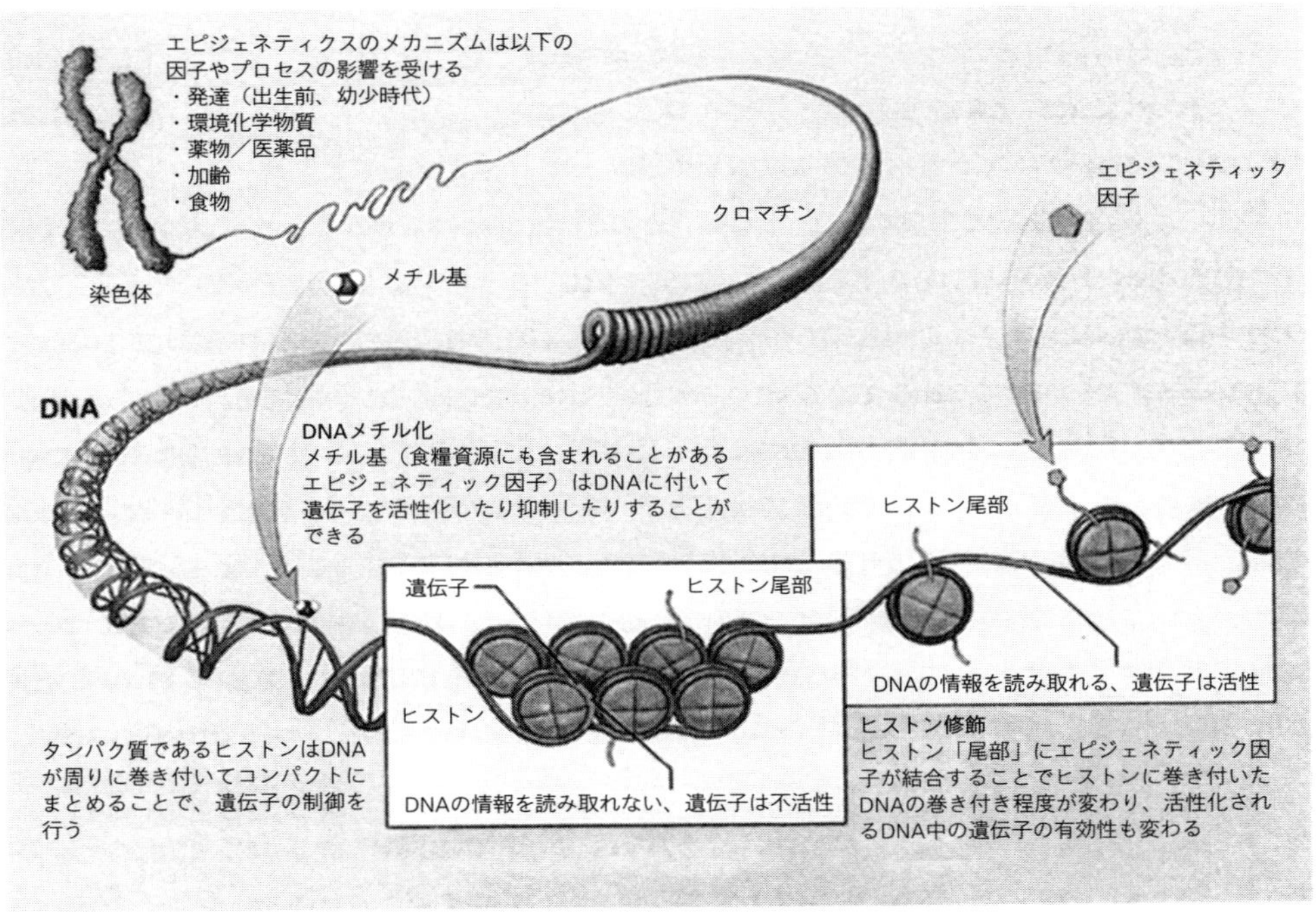
エピジェネティクスのメカニズムは以下の
因子やプロセスの影響を受ける
・発達（出生前、幼少時代）
・環境化学物質
・薬物／医薬品
・加齢
・食物
染色体
クロマチン
メチル基
エピジェネティック
因子
DNA
DNAメチル化
メチル基（食糧資源にも含まれることがある
エピジェネティック因子）はDNAに付いて
遺伝子を活性化したり抑制したりすることが
できる
遺伝子
ヒストン尾部
ヒストン
DNAの情報を読み取れない、遺伝子は不活性
ヒストン尾部
DNAの情報を読み取れる、遺伝子は活性
タンパク質であるヒストンはDNA
が周りに巻き付いてコンパクトに
まとめることで、遺伝子の制御を
行う
ヒストン修飾
ヒストン「尾部」にエピジェネティック因
子が結合することでヒストンに巻き付いた
DNAの巻き付き程度が変わり、活性化され
るDNA中の遺伝子の有効性も変わる

エピゲノムが脳を変えるしくみ

全ての生物の細胞の中でうごめいているＤＮＡの長い螺旋（らせん）の鎖は、このＤＮＡの主が植物か動物か、足を持つか翼を持つか、肺かえらかを指図している。さらにあなたや私の身長が高かったり低かったり、髪が金色だったり褐色だったり、アジア人だったり黒人だったり、プラナリアでなしに人間だったりする理由も説明する。それだけではまだ印象的ではないと言うかのように、ＤＮＡにはさらにそれ以上のことがある。ＤＮＡはヒストンというタンパク質の周りに巻き付いている。ヒストンとＤＮＡというこの二段構えの構造が、エピゲノムを構成している。多層をなしているエピジェネティクス（後成遺伝学）の謎を科学者が理解する日はまだ遠いにしても、そのような構造で不活性な遺伝子に固く巻き付いているとその遺伝子は沈黙して読み取れなくなり、圧迫が緩むと遺伝子に接近しやすくなって発現が容易になることは、わかってきた。遺伝子が発現するこうした仕方は私たちの個人的な経験や住む環境の物理的、社会的、感情的な要因によって決まる。発達段階には特定の経験が脳の経路に大きな影響を与える時期があり、これは感受期という、自分で自分を説明しているような語で知られている。脳の異なる部分にある視覚、言語、聴覚に関わる細胞は一生のうちの異なる時期に異なる期間で、とりわけ幼少期に影響を受けやすい。エピジェネティクス的な変化が私たちの脳の回路を形作る程度によって、私たちの行動そして私たち自身が形作られる。感受期が過ぎてしまうと、個別の諸回路は自分なりの流儀に従って育ち、新しい経験の力は及ばなくなる。

　こんなふうに、私たちのＤＮＡに記された暗号は、両親が私たちに伝えた通りに一生引き継がれて、死ぬまで一生安泰だ。ただしその遺伝子の正確な指令から外れても十分やっていけるだけの余裕がある。エピゲノムのおかげで子供時代の出来事や身体的そして心理的な環境は、脳の発達に影響を与えるいくつかの遺伝子の表現を変えることができる。こうした修正のうちには一時的なものもあるが、その後の私たちを一生変えてしまうものもある。

強いストレスにさらされた子供が、その後に全般性不安障害や重度のうつ病などを含む精神疾患になる可能性が高いことが、研究で次々と明らかにされている。幼少時代の高いストレスが後の青年期や成人期の逆境に対処する方法を変えることも明らかにされている。私たちが怯（おび）えると副腎がアドレナリンを放出する。それによって意識の集中、心拍数の上昇が生じて体に闘争か逃走かの準備をさせる。命が危険にさらされているときには便利な反応だ。けれども慢性的な恐れやストレス――絶え間なく続くような種類のもの――は、私たちをむしばむ。闘争か逃走かのような強い認識が継続すると、私たちは疲れ切ってしまうからだ。子供の場合エピゲノムが絶え間なくストレスにさらされると、その子は一生を通してごくわずかなストレスにも敏感になり、他の人なら少しも心配にならないことにも不安を感じやすくなる傾向が見られる。栄養不良や毒性物質が、幼少時代の脳の発達に関連するエピゲノムに影響を与えて、後に脳の機能を鈍らせることもある。こうした力が合わさり心理的なドミノ効果が生じて、身体的な健康状態に波及し、喘息（ぜんそく）、高血圧、心臓病、糖尿病のような病気にかかりやすくなることもある。

他方で肯定的な経験――優しさ、安定性、安全性、愛、遊びから生じる喜び――は同じように強力ではあるが、完全に肯定的な結果が作り出される。あなたの遺伝子は個人的に可能なことと不可能なことの基本的な設計図を描く。遺伝子はあなたが身体的、心理的、社会的、知的に誰であるかという境界を定めるが、エピゲノムはあなたの人間性のさらに詳細を刻む――他の人々への対応、恐れ、喜び、あなたの優れた知的または感情的な能力、個人的な才能、自信、楽観的あるいは悲観的な傾向、そしてあなたの気になる癖（魅力的な癖のことは言うまでもない）などに対処するやり方。これらは、あなた個人の遺伝子が考えること、感情のコントロール、またその他の将来の能力をいつ、どんなふうに形作っていくかということに影響を与える。そうした効果のタイミングと深さが正確にどのような経路をたどるかは、あなたの世界と、あなた「自身」を構成する無限に複雑な分子的相互作用によって決まってくる。どんなふうであるにせよその結果としてあなたは雪のひとひらの結晶のように、ひとつだけの存在として生じてくる。

事柄のつながりが見逃されるといけないので言っておくと、人生における最初の七年間の個人的経験から大きな影響を受ける強い傾向をエピゲノムに作りださせているのは、私たちのネオテニー的特徴、私たちの長い幼少時代である。私たちは早く生まれ、子宮から出ても脳の発達は続くから、他の動物では変化に対する感受性を絶対持たないような神経ネットワークが解放されたまま、若木のような柔軟性を持ち続ける。他の霊長類もこの「感受期」を経験するが、素早く通過してしまうので彼らの回路は一歳までに変化しにくくなり、若い時代の経験にそれほど影響されなくなる。人間のDNAの九九パーセントを持つチンパンジーは確かに注目すべき存在だが、知能、創造性、複雑さのレベルでは同等とはほど遠い。その理由はこのエピジェネティクス的な違いで説明できよう。[*6]

＊

私たちの幼少期は、底なしの率直さや柔軟性に見られるように生産的で興味深いものではあるが、それは問題も引き起こす。持続的ではないということだ。重症の注意力欠如障害を患う霊長類集団の一族になることを望むのでない限り、私たちの脳の活発な成長が抑制される時期が、いつかやって来る。釣りを続けるのか、餌付けをもはや打ち切るのか、どちらを選ぶかということの生物学的な対応物というわけだ。どのような形にせよ全部の経験の記録を、一生を通じて続けることはできない。コストが高すぎる。私たちの心は柔軟になりすぎて締まりのないものとなり、とりとめがなくて焦点を結ばなくなってしまう。そのうえにまた、全ての新しい経験が役に立つわけでもない（たとえば、渋滞に巻き込まれ〔て、お手上げにな〕ることなど）。私たちホモ・サピエンスが限界を押し広げたことは確かだが、脳が成長できる大きさにも身体的な限界がある。欲深い器官である脳は、大きさの割に大量のエネルギーをむさぼり食う。それは特に幼少時代に著しい。成長する幼少時の脳は、体が一日に必要とする全エネルギーの八五パーセントもエネルギーを飲み込む。これが一生続くというのは、とても支えきれない。

確かに脳は、どこかの時点で難しい生物学的な選択を行わなければならない。エピゲノムが発現してきたものの枠内で、それにこだわることによりながらも、その間に幼少期に作り出してきた結合の大群をどうにかして支配下に置くことで、これは実行される。

エピゲノムの場合この過程は比較的単純なものだ。もし人間の脳内で起きている事態を単純と言えるならば、であるが。あなたの若々しい大脳皮質はワイルドなパーティーを楽しんでいても、最終責任は相変わらずあなたの遺伝子が負っていて、違う諸領域がいつ落ち着いて成熟しなければならないかという時期を指図する。大脳のいろいろな回路の感受期が終わる時期は遺伝子が決めていて、時期が終われればそれでおしまいになる。こんなふうに、それぞれの領域がまるで異なる脳であるかのように、それぞれごとに異なる遺伝の規則があり、それがたまたま同じ頭蓋骨の中で表現されてくるのは興味深いことだ（いろいろな意味において確かにその通りと言える。脳の異なる部分は異なる時期に進化してきたからである）。

たとえば色、形、動きを分析する神経回路は、顔の表情とかコップ、フォーク、玩具のように頻繁に使うものの形や意味を理解する、より高度な機能が発達するよりもずっと前に、視覚野で成熟する。

一方また聴覚野は最初に単純な音を認識することを学習して、後にその音を、言語を構成する言葉として理解するようになり、私たちが決断を下したり、大きな小説を読みこなすのを助けてくれる。身体的あるいは認知的な能力を扱う他の領域に関しても同じ過程が働いている。脳のこれらの領域が十分に成熟すると、それを変えられる機会は激減する。しかし、これでエピゲノムの仕事が完全に終わるわけではない。成熟した分野の中には一生を通して知識の訂正、誤り、追加を記録するために相互接続を行い続ける場所があり、私たちを利口に、また賢くさえしてゆく。だが一般的に言って、世界が提供するものを脳が取り込み、回路に記録されたものが将来の人生のもたらすものに十分対応できるという賭けをするのは幼少時代のことだ。児童期以降には、行動を変えるためには記憶が最も効果的な方法になる。*7

（ある意味で記憶は私たちを永久に「感受期」にとどまらせて、年齢に関係なくいつでも変化を受け入れられる状態にする進化のやり方である）。

＊

個人的な経験が私たちを変える別途のやり方の制御——私たちの若い脳が猛烈な勢いで作る接続——もまたエピゲノムに関係しているが、感受期を終わらせることとは違う。音楽や言語からスポーツや社会的な相互作用まで、多くの経路は私たちが成長につれてさらされるものにもとづいて作り出されることを思い出そう。そうしたものが一緒になれば測り知れない進化的利益がもたらされるだろうと考えるかもしれない。あるところまでは確かにそうなのだが、この場合にも私たちが対処できるものには限界がある。接続が多すぎると乱雑になった脳が生じてしまう。

この過剰状態に対しての解決策は、頭蓋内での一種の進化的競争ということになる。ある生態系の中で生物が生きていくべきニッチ（生態的地位）を見つけられないと「選択によって排除される」ように、私たちの脳内の接続も形成後にほとんど使われないと、同じように廃れてしまう。私たちの個人的経験という神経的生態系の中で、居場所のない過剰なものであることが露見するのだ。

脳の中で初期に行われる経験にもとづいた急速な相互接続を、ニューロンから分岐して格子状に交わる泥道、あちらこちらの行き先に一時的につながる道として考えてみよう。ある経験――音楽を聴く、ボールを取る、言語を聞く、または恐いあるいはストレスの多い状況に置かれるなど――を頻繁に重ねると、その道をたどる回数が増えて、道に残される跡が深くなる。たとえて言えば頻繁に通ることから舗装されて幹線道路となり、考えとか経験のアウトバーンになることもある。幹線道路は一生残るが、舗装されていない泥道や脇道は、通る回数が少ないとそのうちに消えてしまう。頻繁に通る道だけが生き残る。

私たちが作る、あるいは作らないシナプスの経路は、現実の認知や感覚に深い影響を与える。その最も印象的な例は、人類学者コリン・ターンブルが一九五〇年代に経験したことだろう。彼は中央アフリカのイトゥリの密林に住むムブティ・ピグミーの研究に携わっていた。そのさいに彼と知り合いになったムブティのケンゲと一緒に、平原が広がるアフリカの別の地域を訪れた。それはケンゲが育った密林とは全く対照的だった。

ある日、二人は広い草原を見渡して立っていた。ケンゲは水牛の群れを指さして、「この虫は何か」とターンブルに尋ねた。最初、ターンブルは彼が何を言っているのかわからなかったが、水牛のことを話しているのだと気付いた。今までこれほど距離が離れたものを見たことがなかった男にとって、水牛は遠く離れていたから小さく見えるのではなくて、本当に虫のように小さいから小さく見えたのだ。ムブティは密林の中で育つので距離を「見る」、あるいは理解する能力が発達しないことにターンブルは気付いた。ターンブルが虫は水牛だとケンゲに教えると、ケンゲは大笑いして、そのようなばかげた嘘をついてはいけないと言った。ケンゲが育った世界を考えると、遠くにあるものを見ることは彼にとって視覚的に無駄なことであったから、視覚野への結合が消えてしまったのか、ことによると一度も作られることがなかったのかもしれなかった。

もしも三歳から五歳の間目隠しをされていたら、同じような生物学的仕組みが働いて、この場合には一生盲目になってしまう。目が見ることができないのではなくて、目隠しをする前に脳に作られた視覚に関する結合が、視覚野が固定される五歳まで使用されなかったことから、除かれてしまったのだ。その経路は全く使われなかったので、舗装された高速道路になることはなかったのだ。脳のその部分が確定してしまうと、視覚を取り戻す既知の方法はない。道は失われたのだ。弱視の子供は、同じ理由で視力の弱い目の視力を完全に失うことがある。目をほとんど使わないと、目それ自体の機能は完全に残っていても視覚野との結合が退化して死滅する。*8

用いられないシナプス結合を脳が捨て去る最も一般的な例は言語だ。誕生後約五か月までに私たちは世界各地に住む人間がしゃべる六三〇〇言語のどれについても話すのに必要な全ての音を発することができる。そしてその言語の多くのものははるか以前に廃れてしまったと思われる。幼少時代の最後の歳にあたる七歳頃までに、子供は自分がさらされている言語で話すことを急速に学習する。いくつかの言語にさらされる場合には、全てのものに簡単に適応する。彼らの脳にとって、異なる言語は別のものでなくてひとつのものだからである。多言語は言葉の数や法則が多いだけのことにすぎない。

後年になると、異なる言語に堪能になることは難しくなる。その言語の音、アクセント、文法を習得するのを助ける回路が全く形成されていない、あるいは使用されていないため消えてしまうからだ。新しい言語を学習して文法と語彙を正しく理解しても、母国語のアクセントをすっかり取り去るのは不可能なことだ。たとえば一〇代からずっと英語で話してきたヘンリー・キッシンジャーが今でも強いドイツなまりで話すのは、英語が第一言語ではなかったからだ。一五歳の時に家族がアメリカに移住するまで彼は英語を学習しなかった。

＊

もしも脳のルビコン説が正確なら、ホモ・エルガステルのような人類は一〇〇万年前に「早産」で生まれ始めたことになる。彼らの脳は今の私たちの四分の三の大きさだったので、私たちほどデリケートな胎児の段階では世界に出てこなかったが、次第に大きくなる脳は彼らを子宮から早く押し出して幼少時代を延長するようになってきた。このことは彼らが不完全で進行中の状態、つまりホルモン的に大量のニューロンやシナプスを作れる状態にあること、それは両親から寄与された遺伝子が融合した状態でもあるが、それ以前の他のどの生物よりも自分の経験と直面する環境の力でそれを修正できたことを意味していた。

これが私たちの進化にとって非常に重要であったことを過大評価しすぎることはない。これは人類の幼少時代そのものの誕生であり、ワイルドで複雑な過程の始まりだった。この過程は、あなたや私がノースダコタ州ファーゴで生まれたり、パリで流暢(りゅうちょう)なフランス語を学んだり、ウッディ・アレンのようなウィットのある人物になったり、ハワード・ヒューズのように隠遁(いんとん)生活者になったりして、その間にも微積分やモーツァルトや野球ほどまるでかけ離れた複雑な事柄を理解できるようになることを説明する。多くの点で私たちを一生子供にしておく傾向が始まった。学び続け、変化し続けて、自分のDNAの最初の指令を覆すことができるほど神経的に機敏になる。歳を重ねるうちに、私たちの若い脳の柔軟性は少しずつ失われていくかもしれないが、安定性、深さ、広さは増していく。人類学者のアシュレー・モンターギュに言わせれば、「私たちのユニークさはいつも発達の状態にとどまっていることにある」。

一歩下がって人類の進化の全景を注意深く眺めると、幼少時代が長いほど、それを経験する生物は個性的になる。それはパーソナリティーと呼ばれるもの、あなたをあなたに、私を私にするユニークな特性の基礎になる。それがなければ私たちは互いにもっと似たものになり、それほど気まぐれでも創造的でも魅力的でもなくなる。私たちの幼少時代はバラク・オバマからレディ・ガガ、イツァーク・パールマンに至るまで七〇億人の人々が毎日世界中で示す多様な関心や人格や才能を私たちにもたらした。この多様性はゆっくりと新しい系統の人類、トゥルカナ湖の湖畔に住んで周囲の世界に適応する比類なき能力を発達させた「早産で生まれる」人類をもたらした。何か違うことが起こりつつあった。ジェイコブ・ブロノフスキーの言葉を借りると、それは「風景の中の人物でなくて、風景を形作る者」になりつつある種だった。

だが進歩には新たな課題を創り出す傾向がある。驚くべき、そして意図せぬ一連の出来事が人類の進化を全く新しい領域に運んだことから、私たちの祖先は自分がより大型の脳を持ち、より知的で、より無力な赤ん坊の登場に有利に作用する不思議な、手に負えないフィードバック・ループの中に囚われていることに気がつく。良いことづくめではないかと考えられるだろう。ただし彼らの全員に、より多くの世話を受ける必要が生じて、成長のために長い期間が必要になることを除けば、の話である。それはアフリカの華奢（きゃしゃ）型の霊長類の根幹を揺るがして、私たちの進化の話にさらにもうひとつの非常に重要な展開をもたらすことになるだろう。

第4章　絡み合った網——道徳的な類人猿

道徳性とは、芸術のように、どこかで一線を引くことだ。

——オスカー・ワイルド

二〇〇五年、イギリス国内は五七歳のビジネスマン、ケネス・イドンの陰惨な殺人事件に衝撃を受けた。イドン氏は毎週日曜日に車で近所のディーンウッド・ゴルフクラブに出かけて友人たちとスヌーカーを楽しみ、真夜中近くに帰宅していた。検察官によると、二〇〇四年二月一日に彼が自宅の私道で車から降りる前に、三人の男が彼を棍棒で殴打してガレージに連れ込み、繰り返し刺して最終的に頸動脈を切って殺害した。事件が起きたときに彼の妻と義理の息子は近くの自宅にいた。後に近隣に住む郊外の人々は、助けを求める声を聞いたと報告したが、イドン氏の妻リンダとリー・シャーゴールドという前夫との間の三一歳の息子は全く何も聞かなかったと話した。

彼らは助けを求める声を聞かなかったと言ったが検察官は彼らを訴追した。それはイドン夫人と息子がイドン氏を殺害した三人の男たちを雇ったからだった。彼らは離婚による財産分与でリンダ・イドンが受け取る分だけではなくて、彼の全財産が欲しかったと話した。後にイドン氏の遺書が公開されたのだが、皮肉なことに彼は妻に何も残さなかった。彼の全財産は二二歳になる娘、ジェマに遺され、リンダやリーは一銭も相続しなかった。

昔からよくある人間の話だ。欲、憎しみ、嫉妬、そして暴力。あなたはまだ今日の新聞を読んでいないかもしれないが、私たちは不道徳と言われることをしてしまうことで知られている。私たちはそれを嫌悪そして憂慮するが、膨大な人間の数を考えると、醜い面が実際に表面化することは比較的少ない。私たちが酷い行動に注目してゾッとするひとつの理由は、大部分の人がそのようなことを行わないからだ。道徳性について葛藤するような動物は私たちぐらいだろう。私たちだけが真に倫理的な動物だからだ。

私たちの道徳的傾向は心の中に徹底的に組み込まれているため、幼い子供にもそれを見ることができる。長年にわたって心理学者たち――ジークムント・フロイトからジャン・ピアジェやローレンス・コールバーグに至る――は幼児やよちよち歩きの子供には善悪の観念がないと考えてきた。赤ん坊は共感や公平さやその他の道徳的情操を全く持たずに生まれてくるというのが従来の考え方だった。だが近年の実験はそうではないことを示している。

イエール大学の心理学者、ポール・ブルーム、カレン・ウィン、カイリー・ハムリンは五か月～一二か月の幼児に簡単な道徳劇を見せた。それは三体の人形がボール投げをする劇だった。赤ん坊たちが見ている間に、一体の人形が右側の人形にボールを転がして、右の人形はそれを転がして返した。次に中央の人形は左側の三体目の人形にボールを転がしたが、左側の人形はそれを返す代わりに持って逃げてしまった。

観客の幼児たちは、この種の行動を好ましく思わなかった。後に転がしたボールを受けた二体の人形に山のようなおやつを持たせておいて、その一方の人形からおやつを取るように幼児たちに話した。すると彼らはボールを取って逃げてしまった「やんちゃな」人形から必ずおやつを取った。ある一歳児は腹立たしい人形の頭を叩くことさえして、暴力は不道徳な行為に対する適切な対応かという問題を提起した。

私たちの道徳観念が持つ原始的な根深さ、そして私たちが道徳的あるいは不道徳と考える行為のわかり難さは三〇年以上前にイギリスの哲学者フィリッパ・フットが思いついた思考実験に見事に表されていた。（アメリカの哲学者ジュディス・ジャービス・トムソン、ピーター・アンガー、フランセス・カムが後にフットの実験を発展させた）。あなたは橋の上に立ち、制御不能の列車が暴走している線路を見下ろしているところを想像するのだ。あなたが列車の進路を目でたどると、恐ろしいことに五人の人間が線路に縛り付けられている。もしもあなたがスイッチを切り替えて列車を別の線路に向ければ絶望的な運命にある五人を救うことができるとあなたは言われる。ただ、この場合に問題になるのは、別の線路にも人間が一人縛り付けられているのだ。

さて、あなたはどうするだろうか。

このテスト、あるいはその変形案を受けた大多数の人は、一人を犠牲にして五人を救うためにスイッチを切り替えることをためらわなかった。最善の策ではないにせよ、少なくとも一人が犠牲になっても五人が助かると考えるのが一般的だった。（あなたならどうするだろうか）。数年後にジュディス・ジャービス・トムソンがこれに変わるシナリオを考案して、実験の難易度を上げた。その実験でも列車は絶望的な五人に向かうのだが、彼らを助ける唯一の方法は、接近する列車の前に重い物体を投げ込むことだった。橋の上に立つあなたの隣にはたまたま大きな人物が立っている。あなたは同じ五人を救うためにその人を列車の前に突き落とすべきだろうか。できるだろうか。

この二番目の状況で下すべき決断は、元のシナリオに比べてはるかに難しい。なぜだろう。どちらもまるで同じ結果になる――五人を救うために一人が犠牲になる。だが、この場合には自分が直に手を下す問題になる。スイッチを切り替えること――論理は明らかで、リモートコントロールで行動できる――と隣の人間と目を合わせてから、自分の手で彼を突き落とすのは全く別のことだ。答える前にほとんどの人が全ての問題を冷静に論理的に考えないからではない。この反応は直感的、原始的なのだ。

このような例の中に道徳性の根源を見るとしたら、一〇〇万年前にアフリカから出て初めて人類を地球規模の存在にした初期の人類の部族の中で原始的な道徳性が発達した様子も容易に想像がつくだろう。

彼らの状況は多くの点で一九五〇年代に出現したもうひとつの古典的な思考実験、コンピュータ科学者がゲーム理論と呼ぶものに似ている。その問題は囚人のジレンマと呼ばれ、ランド研究所の二人の数学者、メリル・フラッドとメルビン・ドレシャーの研究にもとづいたものだ。(かなり後になってからアルバート・W・タッカーがこのゲームにいくらかの形式的な特徴を付け加えた)。私たちはフェアプレー精神の認識のルーツが人間の親切心と利他主義にあると考えたいのだが、ゲーム理論は最善の行動でさえ心の底では現実的根拠、よくても見識ある利己心の一種にもとづくことを表している。今回、ゲームは以下の通りになる。

ジャックとジョーは銀行強盗の容疑で警察に逮捕された。どちらの男もかなりの不届き者で、互いの自由よりも自分自身のことに関心を持っていた。どちらか一方だけでも有罪にできる十分な証拠がないことが当局の問題だった。そこで彼らは二人を別々にして、それぞれに同じ取引を申し出た。あなたがパートナーに不利な証言をして、彼が不利な証言をしなければ、あなたは釈放されて、彼は一〇年間刑務所に入ることになる。もしも二人とも黙秘したら、二人とも短い刑期を務めることになる。もしも互いに不利な証言をすればそれぞれ五年の刑期を務めることになる。もしもあなたが証言を拒否して、パートナーが不利な証言をしたら、あなたは刑期を満了することになる。（これは公平な手段なので、イドン事件を捜査していたイギリスの警察も殺人者たちに対してこの方法を用いた。容疑者の何人かは最終的に共謀者に不利な証言をした）。

一回だけゲームをすると、一〇人中六人のプレーヤーはパートナーに不利な証言をすることを科学者たちは発見した。この一回限りの証言で考えられる最善の結果は、何事もなく放免されることであるため、ほとんどの人がパートナーを裏切ることになってもそれほど驚かされないだろう。この場合、最悪でも半分ずつの刑期になるわけだ。

だがゲームを何回も繰り返して行い、プレーヤーが互いに復讐したり良い行いに見返りを与えたりできると――実際の世の中はこのようなものだ――相手の行動を知ることができるフィードバックが得られるようになり、おもしろいことが起こる。それぞれのプレーヤーが相手と協力するようになるのだ。各々のプレーヤーは自分のことだけ気にしていると（そしてパートナーを突き出す選択をすると）次のラウンドで相手が攻撃してくる可能性があるため相手と協力し始める。そしてどうなるのだろうか。両方が証言しない選択をするようになるのだ。その結果、両者が軽い刑で済むことになる。ある種の道徳性が出現するのだ。プレーヤーたちが自分にして欲しいような扱いを相手にすれば――黄金律――、完璧ではないが、結局かなり良い人生になるからだ。

こうした全てのことは、私たちが今でも、そしてかなりの間、道徳的な哺乳類であったことを明白に示している。だが私たちの道徳性はどこからやって来たのだろうか。そもそもどうしてそれが進化したのか。他の動物（私たちの親戚にあたるいくらかの霊長類を除く）は道徳性のことで悩まない。私たちはなぜそうしなければならないのだろうか。

それは私たちがどうしようもなく社会的だからだ。

＊

インターネット時代の寵児（ちょうじ）であるフェイスブックには二〇一一年末までに七億五〇〇〇万の活動的な加入者が参加している。彼らは互いに月平均七〇〇〇億分間のデジタル的な関係を持っている。ワールドワイドウェブは一九九三年に出現して以来、ウェブサイト数ゼロから四五〇〇万にまで急増してまだ増え続けている。昨年、世界中のおよそ数十億の人々が忙しく話したり、絶え間なくメールしたりして五〇億以上の携帯電話で情報のやりとりをしていた。こうした数字は私たちが持つ創意工夫能力の感動的な例を示すだけではない。それは互いに気持ちを通じ合わせる原始的な必要性の証拠を示しているのだ。

アリ、シロアリ、そしてある種の藻類などに社交的な相互作用が見られるが、私たち人間が地球上に出現した生物の中で最も社会的に複雑な種であることは間違いない。私たちは離ればなれになることに耐えられない。人間にとって最も耐えがたいのは独房監禁だ。これはうつ病、幻覚、狂気につながる懲罰だ。私たちは言葉通りの意味で、あるいは隠喩的に、連絡を取り合わずにはいられないようだ。いつも手をさしのべ、笑い、泣き、噂話をする。誰かと話し、誰かについて話す。観察したり、大きく口を開けたり、ちらりと見たり、立ち聞きしたりしながら。互いに無視するときにも、その対象になる人々が周囲にいるのを認識することによってそれとなくつながりを持っているのだ。憎しみ、嫉妬、羨望、憤怒、差別、そして殺人は卑劣なことだが、何よりも第一に私たちが互いに密接な関係を持たなければ、そのようなものが存在することはない。どこかの別世界なら、私たちもディケンズのエベニーザ・スクルージのように「牡蠣のように孤独」になれるかもしれないが〔スクルージはディケンズの作品『クリスマス・キャロル』に出てくる孤独で閉鎖的な老人〕、もしそうだったら、愛、結婚、ビジネス、都市などを初め、スーパーボール、ワールドカップ、グローバルな貿易、財政、シンフォニー、それに伴う他の人類文明も問題外になる。私たちは互いに協力あるいは競争し合いながらこの世界を作ってきたが、それを作ったのは私たちなのだ。

私たちのつながりの通貨はコミュニケーションだ。それは謎に満ちているため大勢の科学者たちがその複雑さを解明するために果てしない努力を続けている。私たちは言語を用いてコミュニケーションを図るが、無数の非言語的な行動も利用している――現在、過去、未来のあらゆる文化にわたる多様性の全てに見られる笑い、涙、ボディーランゲージ、顔の表情を初めとして、絵画、数学、彫刻、音楽、ダンスなど。それぞれのものは自分が考え、感じ、探り、望み、恐れ、憎み、愛するものを他者に伝えるために動員する限りない発明の中のほんの一握りを表すにすぎない。

アメーバのような原生動物から、巨大なセコイア樹の存在を可能にする目に見えない窒素固定細菌に至るまで、全ての生命はつながっている。私たちはその中においてひとりぼっちではない。一日の生活を通して私たちの体を存続させている無数の細胞のうち、私たちの所有するものは一〇パーセントにすぎない。残りのものは部外者、胃や器官に住み着いて体表で養分を摂取している微生物叢(そう)なのだ。しかし、それら何兆もの微生物社会が懸命に働いていなければ、私たちは誰も一日を無事に終えることができない。私たちは互いを必要としているのだ。

地球規模の生態系も同様なつながりとコミュニケーションを必要としている。共生や競争はまさに世界を回しているのだ。海洋に生息する微小な植物プランクトンからヌーの大移動に至る生命の相互作用がなければ、私たちの世界は不活発になり、金星のように焼けるように暑くなり、あるいは火星のように冷たく乾燥してあっけなく死に絶えてしまう。要するに、生命とコミュニケーションは切り離すことができないのだ。だが私たちの場合、苦悩は深くて複雑だ。

こうした傾向は六五〇〇万年前に恐竜が絶滅した後に進化が加速し始めた初期の哺乳類までさかのぼることができる。哺乳類が世界にもたらした脳の革新は私たちの感情を司る脳の辺縁系だった。たくさんの動物は社会的で、群れを作って生活する。私たちのような特定の霊長類の種族のルーツは、ほとんどジャングルを離れなかった哺乳類にまでたどることができる。それはサルのような生物に進化して、そのうちにサバンナに移動して小さな集団で生活するようになった。

比較的あっと言う間に、そこから複数種の霊長類が二五〇万～五〇〇万年前に生じた。私たちを除くと、今までにどうにか存在してきた他種の人類はどれも絶滅してしまったので、現存する霊長類の中で最も近い親戚になるのはチンパンジー、ボノボ、ゴリラだが、どれも非常に社交的だ。このことは広がりつつあるアフリカのサバンナに私たちの先祖にあたる最も初期の人類が取り残されたときに、彼らがすでに長期にわたって社会的であったことを教えてくれる。なにしろ、そのすぐ前に彼らとは共通の先祖を共有していたのだから。

私たちが最大限理解できるのは彼らが二〇～五〇頭あるいはそれ以上、あるいはそれ以下の群れで生活をして、一緒に移動したり、食べ物、恐れ、セックス、その他の危険や楽しみを共にしたことだ。彼らの社会の結束は非常に固かったため、群れの中の一匹が同じ群れの個体と出会って即座に見分けがつかない可能性はなかった。(私たちは一二一～一五人以上の人と真に個人的な関係を持ちにくいこと――フェイスブックがあるにもかかわらず――も研究で明らかになっているが、その理由はここにあるのかもしれない)。これらの生物が出会う可能性があったのは、せいぜい別の群れ、あるいは他種の個体だったが、それでもあなたや私が地元のショッピングモールで一八二五年のスー族の戦士に出会うのと同じくらい奇妙なことだったと思われる。

私たちの先祖が新しい危険の多い草原の環境に戸惑っている間にも彼らを結び付ける絆は今までになく強くなった。「同病相憐(あいあわ)れむ」あるいは「多数の方が安全」という格言の発端はほぼ間違いなくここにあったのだろう。ジャングルと比べるとサバンナには多くの肉食動物がいて、隠れ場所や食べ物や水も少なかった。さらに新しい住処では資源が欠乏していたため他の群れとの競争も厳しかった。火山の間やトゥルカナのような湖の岸を群れがさまよい歩くうちに病気や負傷で命を落とす者は一人や二人の男や女や子供では済まなかっただろう。いかなる損失でも、それは次の病気や環境的な打撃で集団が生き残れなくなる限界に達する可能性を意味したため脅威を与えた。

これら全てのことに、早産で生まれる子供がもたらしたプレッシャーを加えてみよう。毎朝目を覚まして、仲間とともに生き残るために働き、子供を育て、友情や同盟を築き、食べ物をかき集め、脳と体の限りにコミュニケーションを図る。そうしなければ死んでしまうので、他の選択肢はない。だが（いつも必ず「だが」という言葉が登場する）そのように厳しい社会にいるということは、配偶者になる相手や地位や資源を頼る相手と競い合うことも意味するのだ。自分が欲しいものと他の人々が必要とするもののバランスをとらなければならないため、これは難しい状況だった。自分の利益の追求と周囲に対する監視を同時に行うことを意味するのだ。これが人間的条件における中心的なパラドックスだ――相反するように見えるふたつの要求のバランスを常に取り続けること。

私たちはこの継続するジレンマの証拠を兄弟間の競争意識から社内の駆け引き、国際貿易から軍事力の釣り合いなどに至るまで、毎日のように見ている。毎日の見出しやニュースレポートは道徳的に行動しようと苦闘する私たちの劇的な証拠を表している。強盗、テロリズム、殺人、英雄的行為、株式市場の暴落、戦争、チャリティー、法律、国際援助、貿易、政治的陰謀などはどれも互いに公平に、そして倫理的に行動しようとする私たちの試みと失敗の例をはっきりと示している。だがアフリカの平原で生き残ろうとして苦闘した私たちの先祖の集団にとって、これは新しい領域で、何らかの道徳規範を作る必要があった。

ちょっと話を戻して囚人のジレンマのことを考えてみよう。ヒト科動物の小さな群れがサバンナの中で生きていくことは、逮捕された後のジャックとジョーの状況とよく似ている。あなたが群れの中の一員だったら、たとえ力があっても周りの者たちを繰り返し虐待することは理にかなわないだろう。もしもそのようなことをすれば、あなたはすぐさまペルソナ・ノン・グラータ〔受け入れられない人〕になり、集団から仲間はずれにされて、悪い場合には死んでしまう。*1

一方、あなた自身の要求はどうだろうか。あなたは危険を覚悟でそれを無視する。あなたは配偶者、食べ物、安全、そして自分の力を他の人々と同じくらい必要としている。これらのものを否定することはあなたにも死をもたらす可能性がある。危険なジレンマだ。

私たちは明らかにそして苦しみながらこの問題と闘い続けているが、長い目で見ると、進化の力は互いに十分協力し合うように私たちの先祖に働きかけたため、どうにか二一世紀までやって来ることができたのだ。ジャックとジョーのように、協力者たちが生き延びて子供を持ち、遺伝子を伝達できる傾向を持つことを経験から学んだのだ。協力者たちはいつも自分のやり方を通せたわけではないが、集団から追い出されて自力で生きていくことにもならなかった。一〇〇万年前の生活の厳しい現実を考えるとそれは死の宣告に等しかった。そのように結束の固い集団で成功することはあなたが仲間との関係をどれだけ手際よく操りバランスをとったかということにますます大きく依存するようになった。だが、それを達成するためには、苦闘する祖先に自然界がすでに与えていた脳よりもさらに強力なものが必要だった。

＊

一九九〇年代にリバプールのロビン・ダンバーという心理学者が、類人猿の脳の大きさとそれが住んでいた集団の大きさの関連を調べる研究を行った。集団が大きいほど脳も大きかった。集団に新たなメンバーが追加されるたびに、それぞれのメンバーが把握しなければならない直接的間接的な関係が増えるため、より大きな集団はより大きな脳を進化させたと彼は論じた。より多くの関係を調整するためには知能の増加が伴わなければならなかった。仲間の霊長類との間の増大する社会的関係をより良く把握できるため、進化は集団の中の賢くて脳の大きい個体に有利に働いたと思われる。*2

一〇〇万年前のアフリカの平原に住む私たちの直系の先祖たちにも似たことが起こっていた。そしてそれにはさらなる要素も伴っていた。進化による変化を推進する力は集団の大きさだけではなかった。その中の関係の複雑さだった。私たちの先祖はダンバーの霊長類よりもずっと頭が良かった。そして関係のダイナミクスはより複雑だったと思われる。なにしろ当時彼らは世界中で最も頭の良い動物だったのだ。優れた知能は関係における要因を増加させるため、複雑さの乗数になる。それはより多くの可変性、動機、策謀やニュアンスを加える。そして今度は人々がそのように行動している理由、そしてさらに言うと、彼らがあなたに対してそのような行動を取る理由を常に正確に測定するために必要な、さらなる神経的な力を持つ利点を押し上げる。

人間関係は動的で流動的だ。それは常に変わっている。私たちが人生の中で何の疑いもなく愛することや全く信頼しないことは珍しい。私たちの関係は大部分において人間関係の感情的で精神的な計算の終わりなきやりとりのなかで連続的に変化している。私たちの先祖の社会的生活は、ソビエト政治局のマキャベリ主義的な割り当て、ヘンリー八世の宮廷の陰謀、あるいはテレビドラマ『マッドメン』の会社の処世術には及ばないかもしれないが代を重ねるうちに彼らは確かに複雑になっていった。そしてそのためには新しい強力な行動が導入される必要があった。それは「虚偽」だった。これから説明するが、より正確に言うと、虚偽を検出する能力だった。

地球における生命の進化のこの時点で、ごまかすことが決して新しくないことは明らかだった。ごまかしは存在の重要な部分であり、私たちの仲間が存在するようになるずっと前からそうだった。ハエジゴクは美しい花のふりをして獲物を誘って殺す。ヒョウの斑点やカメレオンの変色も獲物や捕食者を同じようにだます。若いクモザルは捕食動物を知らせる警戒声で、見つけた食べ物を食べている年長のサルたちを追い散らしてから群れの誰かに気付かれる前にごちそうをくすねてしまう。自然界においてだますことで他に抜きん出ているのは浅瀬に棲むある種のアンコウ（たくさんの種がある）だろう。この魚はカイメンや藻類が付着した岩によく似ている。頭部の先端には細長いとげのようなものがあり、その先端に自身の一部が一切れついている。それは『フィールド・アンド・ストリーム』誌の熱心な読者の羨望の的になるような代物で、脇腹に沿った色素や偽の頭のてっぺんに付いた「目」に至るまで小さな生物そっくりだ。アンコウは海中の他の魚とともに泳いでいるかのように餌を震わせることさえするのだ。空腹の魚がやって来て餌を取ろうとすると、魚は自分が狩られる側になったことに気付かないうちに狩られてしまう。

だが、人間がだます行為とこのようなものには違いがある。一〇〇万年前に形を取り始めた人間の行動は意識的なものであり、純粋に遺伝によって計画実行されるものではなかった。人間の先祖には今までに見られなかったレベルでの自己の利益のためのごまかし、つまり意図的で計画的なごまかしの進化が現れ始めるのだ。

ある意味ではこうしたごまかしが出現したのは当然のことだった。それは同時に進化していた原始的な道徳規範の裏面なのだ。初期の人類が互いに協力して信頼する方法——生き残るためには絶対に必要だった——を模索するうちに、ごまかしが同じように出現するのも当然のことだったのではないだろうか。それは集団内の直接対決の明白な危険を冒さずに個人の目的を果たす強力な方法だった——状況を考えるとそれはもっともで、素晴らしいとも言える適応だ。ごまかしは順応、すなわち妥協の一種だが、当事者だけが秘密に通じていた。もしもだましておいて切り抜けられるならば、誰もそれについて知ることなく、あるいは誰も全く気分を害することもなく人を利用することになる。悪い策略ではない。もしもばれなければ、だが。

もちろん長い目で見れば、ばれずにいられることはない。もしもいつまでも成功したら、悪い行動が今までグループを支えてきた成功を破綻させる。成功しすぎた寄生生物が宿主を（そしてもしもそれが成功する場合には自身も）殺してしまうようなものだ。悪い行動は最終的に止めるか、少なくともコントロール下におかなければならない。たとえば、もしもホモ・エルガステルの小さな一団の中で食べ物が盗まれたり、個人の貯蔵物がなくなったり、怠け者がいつも役割を十分に果たさなかったり、仲間同士がいつも互いにだまし合い、家族の世話をしなかったりしたら、グループの社会構造、そしてそれをつなぎ止めていた信頼が破壊されてしまう。泥沼化してしまうのだ。

したがって日々進歩するせめぎ合いの中で、私たちの先祖がごまかしに対する対抗手段を発達させることは非常に重要なことだった。そして進化心理学者のエルザ・アーマー、レダ・コスミデス、ジョン・トゥービーによると、私たちの先祖がその手段を獲得したことが一応判明しているようだ。

私たちはみな社会的交換と言われるものに関わっている。現在でも将来でも、誰かが自分のために何かをしてくれることと交換に誰かに何かをしてあげることに同意する。こうした交換が自分の利益になるとある程度考えるからこのようなことをするのだ。相手の人も同じように考える。「私の背中を掻いてくれたらあなたの背中を掻いてあげよう」。家族関係から世界経済に至る全てのものがこの基本的な人間の行動に基礎を置いている。そして私たちの先祖にとって、それは彼らがふつうに存続する上で不可欠だったのだろう。

だが、もしもあなたが誰かの背中を掻いても、相手が背中を掻いてくれなかったらどうなるだろう。アーマー、コスミデス、トゥービーらがアマゾンの狩猟採集者たちからヨーロッパ、アジア、アメリカ合衆国の大学生に至るまで、人々を対象に行ったテストによると、私たち人間にはこのシステムでずるをする人を嗅ぎ分ける確かなレーダーがあるという。ずるいことをする人を見つけて暴く一種の社会的な免疫系だ。このレーダーがごまかしの全てに関して完璧だということではない。テストは私たちがそれほどうまく詐欺、背信、あるいは偶発的な不正行為を見破れないことを示していたが、「私の背中を掻いてくれたらあなたの背中を掻いてあげよう」的なものになると、私たちの能力は並外れていた。

消息不明だった先祖の塵や骨の中からずるをする人を暴く特別な能力の物的証拠を発見することは、残念なことに不可能だ。古人類学者たちにとって無念極まりないことに、行動の化石はないのだ。だがデンバー大学の認知科学者、ヴァレリー・ストーンは別の種類の物的証拠を人間の脳の中で見つけた。社会的交換でずるいことをする人を検知する能力が私たちの脳のどこかに組み込まれていることを示すもので、言語を学ぶ能力に少し似ている。[*3]

ストーンの調査の核心にはR．M．という男性がいた。彼は自転車の事故で脳内に珍しい組み合わせ——眼窩前頭皮質、側頭極、扁桃体——の損傷を受けた。R．M．の事故は本人にとっては悲劇だったが、科学にとって思いがけない発見をもたらした。これらみっつの領域は社会的知性、特に怒っている声の調子、しかめっ面、笑顔、人のボディーランゲージにもとづいて他人の考えや気持ちを推論する時にきわめて重要な役割を果たすからだ。

ストーンはある種の「もしもこうならばこうなる（if-this-then-that）」が他のことよりも理解しにくいかどうか調べるテストをR．M．のために考案した。彼女は三タイプの事例を彼に分析させた。たとえばひとつは注意に関するものだった。「毒性のある物質を扱う場合には、安全のためにマスクをかけるように」。もうひとつは記述的規則が関係するものだった。「関節炎を患っているのならば、その人は四〇歳以上に違いない」。三番目の問題には社会的な、「私の背中を掻いてくれたらあなたの背中を掻いてあげよう」的な契約が関係していた。「湖に行ってカヌーに乗る前に、まずあなたの宿泊小屋の掃除をしなければいけない」。

R．M．は宿泊小屋に関するような社会的契約の問題に正確に答えるときに苦労した。このような問題に正確に答える場合と注意に関するもの（「毒性のある物質を扱う場合には、安全のためにマスクをかけるように」）に正確に答える場合の違いはなんと三一パーセントにもなった。

だます人を見抜くことは生き残るために非常に重要であるため、進化は誰かが約束を果たしていないときにそれを理解できるように最適化された神経の配線を好んだと言う結論をストーンは出した。不運なことにR．M．はまさに脳のこの配線に関係する部分に損傷を受けていたのだ。*4

＊

もしもごまかす人をこれほどうまく見抜けるならば、これ以外のごまかしも同様に見つけられるのではないかと考えるかもしれない。だがそうはいかないようだ。数年前に、二人の心理学者、チャールズ・ボンドとベラ・デパウロは人をだまそうとする行動に気付く鋭敏さの程度を知りたいと思った。自身で研究を行う代わりに、彼らは研究の研究を計画して、人間におけるさまざまな種類のごまかしとそれを発見する能力に着目した二〇六の研究プロジェクトの文献を分析した。彼らは四四三五人が二万四四八三人をだまそうとした報告を詳しく調べたところ、だます側がだまされる側に暴かれた割合が五四パーセント、つまりコインを投げたときの裏表の確率を少し上回る程度だった。

嘘を見抜くことがそれほどうまくない理由のひとつは、互いに真実を隠すことが見抜くこととほとんど同じくらい（少し及ばないが）うまいからというものだ。私たちは周りにいるごまかし屋を見抜くのがどうしようもなく下手なわけではないのだ。私たちは嘘とごまかしの上達方法を習得しているところなのだ。だます人と見抜こうとする人の間の継続中のせめぎ合いは僅差なので、誰も完全な勝者にはなれない。キネステティクスあるいはボディーランゲージの分野における真の先駆者の一人、ポール・エクマンの研究によると、このことは他人の存在下でお互いが行動する方法に関して興味深い洞察をもたらした。

ジークムント・フロイトが一九〇五年に記した有名な言葉がある。「人間は秘密を守ることができない。口を閉ざせば、指先がしゃべる。全身から裏切りがにじみ出る」。エクマンと共同研究者たちはオーストリアの偉大な精神分析学者が正しいことに気付いた。私たちの体はどうにかしてごまかそうとする試みをしばしば覆すが、それは最も明らかな方法によってでも、大衆雑誌でよく見るような方法によってでもない。たとえば、私たちは言葉の上で真実を隠すのが非常にうまいが、顔の表情や手をコントロールして隠すのはそれほどでもなくて、嘘を隠す点で足が最も効果がない。最も意識的にコントロールできる部分が、最もうまく隠せるようになった部分なのだ。

　ボンドとデパウロはごまかしを探り出す割合がコインの裏表を正確に予測する能力とほとんど変わらないことに対するその他多くの理由も推論している。ひとつには、私たちは基本的に信頼する生物で、それぞれのやりとりが破滅的あるいは危険な嘘をもたらすことは稀（まれ）なので、相手を信じる傾向があるのだ。（もしも危険を伴うようなことになれば、私たちははるかに偏執的になり、受け入れられないような困難をつくり出すことになっていただろう）。私たちがほとんどの時間をともに過ごす人々の大部分は罪のない嘘をたくさんついている。たとえば、今日はとても素敵に見える、そのジョークはすごく可笑しい、会合に遅れたのは車のエンジンがかからなかったからだ、飼い犬がレポートを食ってしまった――そのたぐいの嘘だ。聞いたことの全てを信じないとしても、（あるいは自分が話す全てのことを他の人々が信じているわけではないことはまず間違いないと思っていても）、この種の真実の歪曲（わいきょく）は無害で、時には建設的なことさえある。それなので、真実でないことを見逃す私たちの傾向も、その動機次第なのかもしれない。普段私たちは生命を危険にさらすような危険な大嘘をついている国際レベルの詐欺師と渡り合っているわけではないからだ。毎日が正当化、自己欺瞞（ぎまん）、たわいない嘘、その他のさまざまな都合の良い「ひねり（spin）」でいっぱいだ。

＊

嘘つきが人を出し抜き、だまされた人は上手な嘘をつく人の策略を解き明かす。この競争が、人間ができる最も巧妙な技に貢献することはほぼ確実だ――それは他人の立場に立って考えることだ。

もしもはるか昔に先祖たちと同じように嘘つきとだまされる者の闘いでどちらかの側に加担するとしたら、あなたが考案できる最善の武器のひとつは、視点を変えて嘘をついているかもしれない人の立場（あるいはあなたがだまそうとしている人の立場）に立つ能力だろう。この能力は相手の立場から状況を想像するばかりでなく、自分自身のことを外側から見ることができて、ことによると自分自身のごまかすテクニックの欠点を見つけられるかもしれない。これは二枚の鏡を向かい合わせにおいて無限の像を造り出すことと心理学的に同等なものだ。ただしこの場合、あなたは代わる代わる反応させながら行ったり来たりする無限の視点を作り出せる。（この再帰的な能力が人間の意識にとって重要なことがわかるのだが、これについては後で取り上げる）。

小説家で脚本家のウィリアム・ゴールドマンが古典的なおとぎ話のパロディー版『プリンセス・ブライド』のためにある場面を書いたときに、彼はこの争いを見事に描いてみせた。策略に長けた（そしてせむしの）ごまかしと陰謀の名人ヴィッツィーニが、この本のロビンフッド的な仮面の主人公と知恵比べで対決することになった。危機に瀕していたのは美しくも実に頑固なヒロインだった。二人の男はそれぞれワインの入ったゴブレットを前に座った。ふたつのゴブレットの内のひとつにはアイオケーンというう死をもたらす毒物が混入していた。戦いのルールによって仮面の主人公には毒が入っているゴブレットがわかっていた。自分でアイオケーンを入れたからだ。だがそれぞれが飲むべきゴブレットを選ぶことができるのはヴィッツィーニだけだった。もしも毒が入ったゴブレットがわかれば、彼はそれを飲まないでライバルを殺すことができた。場面は次のように展開する。

「当ててみろ」と彼［仮面の主人公］は言った。「毒はどこだ？」

「当てろだと？」ヴィッツィーニは叫んだ。「私は当てたりしない。私は考える。熟考する。推理する。それから決める。だが絶対当てたりしない」

「知恵の戦いは始まった」と黒装束の男は言った。「おまえが決めて、我々が飲めば、誰が正しく、誰が死ぬかわかるのだ」……

「実に簡単なことだ」とせむしは言った。「おまえについて知っていること、おまえの心の動きなどから私は推理すればよい。おまえは自分のグラスに毒入りワインを注ぐ男だろうか、敵のグラスに注ぐ男だろうか」

それからヴィッツィーニは論理的に状況を切り刻んでいく。彼の宿敵の心理構造ももちろんその対象で、推理するたびに主人公は不安をつのらせる。そして遂にヴィッツィーニが結論に達する。

「私はおまえの全てがわかった」とシチリア人は言った。「私は毒がどこにあるかわかった」

「これほどの推理は天才の成せる技だ」

「幸運にも私がそうだったのだが」とせむしの男は愉快そうに言った……「命がかかっているときにシチリア人に逆らってはいけない」

アイオケーンの粉が効き目を表すまで彼はかなり陽気だった。

黒装束の男は死体を素早くまたいだ。

仮面の主人公はどうやって知恵比べに勝ったのだろうか。ばれずに、毒の入ったワインを飲ませられると確信できたのだろうか。実はこうだった。彼は二年かけてアイオケーンの免疫をつけた。ヴィッツィーニがどちらのゴブレットから飲んでも関係なかったのだ。両方とも毒が入っていたからだ。そして彼はその行動によって進化のレベルを上げたのだ。ヴィッツィーニには不運なことだったが、彼はせめぎ合いで一歩後れを取って排除されてしまった。

ゴールドマンの小話は私たちの先祖が闘っていた係争中の争いを要約している。複雑さを増す関係に対処していくうちに、初期の人類の中でも周りの者の心の中に入り込むことに長けた者の方が知恵比べに勝ちやすくなるのだ。彼らはだますことの実践にも秀でていたため進化において群を抜いていたのだろう。こうして私たちはずるい種になるのだ。

自分の観点と他人の観点を行ったり来たりできる人間の能力のことを心理学では心の理論（Theory of Mind またはＴｏＭ）と呼ぶ。私たちがそれを用いるのは偽りを見抜くときだけではない（役に立つ応用ではあるが）。起きていて他人と交流を持つとき、あるいは交流を持つことを考えているとき、私たちはほとんどいつでもＴｏＭを用いている。注意深く見てみると、それは人間の全ての社会的交流の基礎になっている。それは共感や予測や出し抜きを可能にする。私たちはお互いに話をするとき、お互いについて話すときにそれを行っている。私たちがベッドに横になって、なぜ配偶者やガールフレンドやボーイフレンドがこんなことをしたのかあるいは言ったのか、なぜ上司が四半期報告書のことで私たちを責めたのか、なぜ彼は肩に手を回して「アトキンソン君、上出来だ！」と言ったのか、彼は本当は何が言いたかったのか、とふと考えてしまうときにもそれは影響を及ぼしている。手短に言うと、私たちは周りの人々が考えていることをとめどなく考える生物種なのだ。

だがＴｏＭにはさらに広い用途と効果がある。頭の中のニューロンを興奮させるだけで、無数の「もし〜ならば」の筋書きを思いつく驚異的な能力を私たちにもたらすからだ。先祖の一人が「もしもヒョウがあの木の中から飛び出してきたらどうしよう。もしもこのメスに求愛しているところを見つかったらどうしよう。もしも肉を持ち帰ってウーグにあげたらどうなるだろう。それで集団内の評判が良くなるだろうか。割が合うだろうか」などと考えているところを想像できると思う。

仮定することによって誰かの場所に立ち入ることばかりでなく未来に立ち入って次に起こることに準備する魔法の力をもたらすことも可能になる。あるいはこの行動をとるか、あの行動をとるかというときに並行世界をつくり、複数のシナリオを考えて、どちらがより良い結果をもたらすか品定めすることができる。それは私たちが想像力と呼ぶものだ。こうした言葉を書く間にも、私は頭の中で猛烈な勢いで、自分が主張したいことをわからせるための最善のシナリオについてあれこれ仮定をしている。

「もしもこうならばこうなる」と言えることが人間の創造性の構造基盤を作り出している。（このことについては後で取り上げる）。シナリオを作ることは純粋な空想の世界、子供の頃に「〜のふりをしよう」

と言って遊んだ時代に後戻りすることだ。それは実世界に存在しない可能性を作り出して探る方法で、完全に私たちの心の中の宇宙にあり、他のいかなる場所でもない。実に驚くべきことだ。

私たちの先祖が発達させた読心術／シナリオ作成の力を私たちが個人的にどのように用いても、これだけは議論の余地がない。すなわち今までに自然界でそれに似た脳が存在したことはなかったということだ。これは神経学的に言って、成功させるのに想像もつかないほど難しいことだ。そのためには数十億のニューロンが必要で、脳の最新の部分と最古の部分が互いに深くつなぎ合わせられる必要がある。ヴァレリー・ストーンがR．M．で行った実験は次のようなことを表している。覚えているだろうか。R．M．は脳の扁桃体に損傷を受けていた。この部分の進化的ルーツは爬虫類にある。側頭極は辺縁系／哺乳類の部分だ。眼窩前頭皮質は進化的に最も新しく脳に付け加えられた部分のひとつだ。私たちの先祖はある種のキメラ、つまり古代と現代の進化的突然変異のスペアパーツで創り出された生物、新旧が混和した動物で、自己を意識しているが無意識の隠れた衝動にも動かされている。ひと言で言うと、私たちは本当に複雑になってきたのだ。

他人の心の中に入り込む初歩的な能力がいつ進化したのか、確かなことはわからない。そのような能力が孤立した適応の結果生じたものでないことはほぼ間違いない。出現するまでに確実に膨大な時間がかかるたくさんの適応から生じた可能性が高い。二〇〇万年前に頑丈型の人類が最後を迎えた。彼らは善戦したが、成功しそうにもなかった華奢な類人猿たちがたどった進化の道が勝ち抜いたのだ。けれども誰がそれを予想できただろう。仮定をする生物でさえそれは予想できなかっただろう。より大きな脳は早産を強いることになり、早産は幼少時代を長く複雑にして、その結果、個人の経験によって形作られる心が次第に創り出されていった。そしてそれが今度はより創造的で適応性のある心を作った。頭脳が腕力に勝ったのだ。

まるでこれでもそれほど面倒でないかのように、今度は長い幼少時代によって遺伝的に似ているが行動の点でユニークな人々が創り出されるようになった。どの集団にもそれぞれ独自の才能、心理的精神的な問題、弱点、課題を持った非常に複雑な個体がたくさんいた。個人の要求や自己中心的な競争などがあるにもかかわらず、彼らは結び付いていた。奇妙で驚くべき種、あるいは種の集団であることは間違いなかった。

これほど複雑なものが混ざり合った存在は、やはり失敗する運命にあるように思われた。これら全ての競合する要求をどのようにして評価して平衡を保つのだろうか。周囲にいる者たちの動機はもちろん、次第に複雑になる自身の動機をどうにかしながら、それと同時にあなたに必要な味方との関係を悪化させるのを回避するのだ。状況によるが、「力は正義」の場合のように、懐柔的である方が良かったのか、それともごまかすのが最善の道だったのだろうか。

全ての事の決着をつけなければならなかったが、それは明らかにうまくいったようだ。さもなければあなたや私はここにいないはずだから。この複雑さ、競合する要求の中から道徳的な類人猿が生まれた。それは私たちの華奢な先祖を作り出した幼少期によって可能になった。彼らは数の力、そして実行可能な行動規範を何とか手に入れることができた。それは完全なものではなかったかもしれないが、十分な成功を収めることができたため、この種、実際にはいくつかの種が地球規模の存在になった。彼らは道徳的な類人猿になったばかりでなく、手に負えない旅行熱とともに進化した。

読心術が失敗に終わる場合

読心術とそれを可能にする能力も失敗に終わることがある。（進化による多くの革新も同じだ）。それは私たちに慢性的な心配をもたらし、胃が痛くなるようなシナリオ作成の無限ループに陥らせ、現実ではない現実を創り出して、それがそうであるかのように思い込ませて私たちを苦しめる。あれこれの可能性をいつまでも考え、それを上司、大切な人、子供たち、そしてほとんど全ての決断にそれを当てはめる。私たちは確かに誇り高く強大でシナリオ作成を行う動物かもしれないが、爪を噛むこと、心配で心を痛めること、胃酸の逆流も発明した。他人が考えていることを想像して身がすくむ思いをすることがある――たとえばあなたの母親、牧師、あるいは別のあなた自身があなたの最初の性的経験をどのように考えるかといったことだ。

第5章　そこかしこにいる類人猿

宇宙は私たちが考えるよりも奇妙な場所であるばかりでなく、私たちが考え得るものよりもさらに奇妙な場所ではあるまいか。

――J・B・S・ホールデン

私たちの種は、この惑星上で最もよく動き回り、落ち着きのない動物だ。それは純然たる事実だ。シロクマは北極圏の氷床、シルバーバックゴリラは中央アフリカの山中、トナカイはヨーロッパ北部、トラはインド、ペンギンは南極で見られるが、人間はこれら全ての場所、そしてさらに多くの場所で見られる。私たちだけが七大陸全てに住み着いている哺乳類で、住んでいる場所がいかに暑かろうと、高地であろうと、湿度が高かろうと、寒さが厳しかろうと関係ないのだ。地球上に散らばり、まともな大きさの地図でも見失うほど小さい、海に閉ざされた土の粒にすぎない何千もある離島にも私たちはどうにかたどり着いた――その方法は神のみぞ知るところだ。そのひとつであるイースター島は、最も近いところに住む隣人でも一〇〇〇キロメートル以上水で隔てられている。私たちはあらゆる場所にいる。

だがいつもそうだったわけではない。かつてはほとんどどこにもいなかったのだ。ほんのわずかな場所からこれほど多くのところに住むようになった経緯は興味をそそる物語になるだろう。そしてそれは私たちが何者なのかということについても雄弁に物語っている。

＊

インド洋と大西洋が出会う南アフリカの先端は玄武岩の海岸が続き、冷たく荒れ狂う広大な海原に面している。その海は寒風吹き荒ぶ一〇〇〇キロ以上彼方の南極まで海岸線に出会うことがない。地の果てと呼べる場所があったら、このような場所のことを言うのだろう。

七万年前には数百の人間がここに住んでいた。彼らのことを人類学者たちは解剖学的現代人（anatomically modern humans：AMH）と呼ぶ。生き残るために用いた技術を除けば、彼らはあらゆる点で私たちに似ていた。携帯電話やSUVは持っていなかったが見た目は私たちのようで、同じ進化的、精神的な重荷も背負っていた。当時、彼らは私たちの種で生き残った最後のメンバー、進化の糸の先で危うげにもがいている少数集団で、絶滅と隣り合わせの状態にあった。

後にホモ・サピエンスと呼ばれるようになったこの種はその一二万年前に出現した。これは人類の新しい系統で、その他多くの人類が出現したアフリカの角で生じた初期の霊長類から分岐してきた。

アフリカの南岸に沿って生息していたこの種族はほっそりとした体型で走るのに向いていた。そして彼らは賢いハンターだった。額が広く、発達した顎を持ち、脳の重量は一四〇〇グラムを超していた。これは彼らの先祖にあたる最初に直立歩行をした霊長類の三倍の大きさだった。先祖に比べると彼らはそれほどサルのようには見えなかったが、血縁的な類似は確かに見て取れた。彼らにも発明の才能があった。火を使ったばかりでなく、それを管理して、調理したり、巧妙に作られた道具――それまで使われていたものよりもさらに進歩したナイフや斧（おの）――を硬化させて形作るためにも火を用いた。彼らは地の果てにいたかもしれないが、それは当時のシリコンバレー、革新に適した場所だった。彼らは非常に強力なコミュニケーション手段も開発した。それは言葉だった。

最後の生存者たちにとって幸運なことに、その土地はエデンの園のようだった。熱帯ではなかったが、温暖で住んでいける場所だった。北部のサバンナにいたような大きな獲物は乏しかったが、豊かに実る果実、ナッツ、豆類、そしてタンパク質が豊富な海産物でそれを補うことができた。非常に快適な生活のような気がしたことだろう。なにしろＣＮＮやザ・ウェザー・チャンネルがない当時の状態では彼らが種の中の最後の生き残りであること、そして彼らの小さな楽園の向こうの大陸や世界の大部分が何千年もの間、気候の脅威にさらされていたことなど知るよしもなかったのだ。衰えを知らない厳しい氷河時代は遠く北の方に住む他の彼らのような動物をすでに全滅させてしまっていた。ヨーロッパ、アジア、北アメリカ、地中海は何キロメートルもの雪、猛り狂う風、氷結した海に数千年間も埋もれていた。海洋の水は巨大な氷床に閉じ込められて、海は約七〇メートル浅くなり、アフリカの残りの部分は冷却されて干上がってしまった。これは世の終末だった。

彼らが唯一の集団ではない可能性もあった。他の孤立した現代人がアフリカの北部や西部で氷河時代を生き延びた可能性もあるが、確かなことは誰にもわからない。

だが、おそらく彼らだけだったのだろう。たった数百の人々、その一万四〇〇〇年前にそこに定住した拡大家族の子孫だけが堪え忍んだのだ。たった一回の壊滅的な出来事、伝染病、台風、凍結が起きれば、ホモ・サピエンスは終わりだった。今日存在する七〇億の人々には理解できないかもしれないが、その可能性さえなかったかもしれない。私たちは絶滅寸前のところだったのだ。

少なくとも古人類学者のカーティス・マリアンはそのように考えている。私たちが今日のマウンテンゴリラよりも絶滅に近かったこと、あるいは減少しつつあるインドのトラの集団とそれほど状況が変わらなかったと考えている。*1

たくさんの科学者がマリアンのシナリオに異議を唱えている。そうでなかったら、古人類学ではない。私たちの過去は厄介な問題で、私たちが存在するようになった経緯を理解しようとする今日の努力は世界各地の埃(ほこり)や岩の中から見つかる骨化した残物にもとづくものが大半だ。それは目の見えない人が手探りでフットボールの競技場の詳細を説明しようとするようなものだ。調べる対象として私たち自身がいなかったら、ホモ・サピエンスよりもホモ・ハビリスやネアンデルタール人のことの方がよくわかっていただろう。最近出現した人間から分岐してきた私たちは自身の存在を示す証拠が膝まで埋まるほどあると思うかもしれないが、そうではないのだ。初期のホモ・サピエンスの化石は、アフリカ以外の地域にほとんど存在しないのだ。幸いなことに、私たちは進化の道筋をDNAで読み取れるようになったため（補足記事「遺伝的タイムマシン」を参照のこと。本書一五一頁）、それを化石記録のわずかばかりの発見と合わせることによって、私たちの出現の物語を少しは明らかにすることができるようになった。その物語は次のようなものだ。

一六万〜二〇万年前に最初の解剖学的現代人が多分エチオピア付近で出現した。（これに関する世界的な合意はない)。その中には現在母系の「イヴ」と呼ばれている人類の「母」にあたる女性がいたが、この言葉は少々誤解を招く恐れがある。イヴ自身は最初の現代人ではなかった。聖書のイヴと違って二〇万年前に生きていた唯一の女性でもなかった。だが彼女は今日まだ子孫が残されている唯一の女性だった。彼女が生きた時代とそれ以前には他の現代人女性もいたが、今日生きている全ての人間と血縁関係を持つのは彼女だけなのだ。だから彼女は私たちの「最も近い共通した先祖」だと言う方が正確だろう。少なくともミトコンドリアＤＮＡを指標として見るとそうなるのだ。

全ての生物が自分の中に遺伝子記録を持つおかげで、そしてそれを比較できるコンピュータのおかげで、私たちは元のままではないにせよ、仲間の人類とどれだけ共通したものを持つか、彼らといつ道を分かったのか、私たちがどのようにしてアフリカのいくつかの小地域から出現して地球上のほとんど全ての場所に広がったのかといったことに関するより明確な像を作成できるようになった。

もしもマリアンの説が正しければ、エチオピアの台地に生じた最初の「現代人」は、今日記憶すべき気象学的用語、海洋同位体ステージ６（Marine Isotope Stage 6：ＭＩＳ６）で知られる過酷な氷河時代の直前、人口の爆発的増加が起きたときに西と南に広がったに違いなかった。この気候の変動はこれから見ていくように、あらゆる場所の生命を妨害したが、インドネシアのスマトラ島で起きた地球史上最大の火山噴火によってさらに追い打ちがかかった可能性がある。この噴火は灰を成層圏にまき散らして「火山の冬」を引き起こして地球の寒冷化を急速に加速した。（補足記事「殺人的な爆発？」を参照のこと。本書一五四頁）。

他の遺伝研究は約一〇万年前から八万年前までのどこかでホモ・サピエンスの三系統が東アフリカか

ら別の方角へと移動したことを示している。ひとつの系統は南に向かい、今日の中央アフリカに住むピグミーと南アフリカに住むコイサン（カポイド）の人々の先祖になった。ふたつ目の遺伝子グループは西アフリカに移動したが、アラビア半島経由で大陸を離れた者もいた。西アフリカの多くの人々がこの系統の子孫だが、数千年後に奴隷船で大西洋を渡ったアフリカ系アメリカ人や南アメリカ人もその仲間だ。第三の系統はアフリカの角に残ったが、北西と北に分かれた者もいた。この移住者の中から今日ナイル渓谷、サハラ砂漠、そしてニジェール川に沿った土地に住む人々が生じた。ニジェール川は何とマリにあるあのティンブクトゥ〔黄金郷〕からギニア湾まで流れていた。これらの人々の中にはアフリカを出た者もいた。今日中東に住む人々の一〇パーセントにはこの三番目のグループの血が流れている。*2

このように熱心に移住活動を行った様子が窺われるため、私たちは遂に種としてのスタートを切ったかのように見えるかもしれないが、あの冬のような気候が迫っていた。七万年前には寒さが本格的になって、地球上のあらゆる場所の隅々まで、そこに住む生物を死に追いやり始めた。（今私たちはこの氷河期の短い「間氷期」にいる。この情報自体にもちょっぴりゾクッとさせられる）。

この時期にホモ・サピエンスが「ボトルネック効果」というものを経験したことが遺伝的研究で確認されている。つまり私たちは成人数でおよそ一万人まで減少して、部族や一団で海岸線や後退した湖底に沿ったあちこちにやっとの思いで暮らしていたというのだ。

氷河期がアフリカに寒い天気をもたらすことは滅多にない。その代わり土地をカラカラに乾燥させ、川をワジ〔枯れ川〕に変え、湖を蒸発させ、それぞれがもたらす食べ物を一掃する。この時期にはナイル川もドロドロの沼地になった。今日でも大陸には乾燥した泥の割れ目が走る昔の湖底がたくさん見られるが、それは環境がいかに乾燥していたかを証明している。この干ばつの第一波を生き残った人類がいたとしたら、彼らは道具を持っていても、それ以外のものはほとんど持たなかった。そして水がなくなってしまうと、彼らを支えていた他の動物や、ナッツ、根塊、果実も姿を消した。食物連鎖の頂上にいることは鎖自体が壊れてしまうと何も良いことがなかった。*3

劇的なシナリオだが、マリアンの説のピナクル・ポイント〔南アフリカ〕に住む小さな部族が地球のホモ・サピエンスの最後の砦(とりで)になったとは考えにくい。彼らは変動する気候によって大陸各地の小さな孤立地帯に閉じ込められた何十もの部族のひとつだった可能性の方が高いだろう。それぞれが、あと何日持ちこたえられるかと毎日考えながら数を減らしていったのだ。この頃になると初期の形の交易が間違いなく発達していたが、孤立化が進んだため交流、資源の共有、あるいは互いに助け合うことが難しくなった。

だが、そのうちに気候が和らいできた。地球は三〇〇万年の間——私たちにとっては驚くほど長い時間だが、地球の一生の一〇〇〇分の一以下にすぎない——それまでにない異常な気候変動を経験した。数千年ごとに寒い気候から暖かい気候へ、乾燥から湿潤へと変化したのだ。さらに悪いことに、三〇万年の間、太陽を回る地球の軌道が細長くなった。それによって気候の変動がさらに大きく頻繁に起きるようになった。*4

だが五万年前に、遂にこの気候の振り子が反対に触れ始めた。そしてかつて極冠から容赦なく広がって低緯度に住む種を危険にさらした氷がいつの間にか引き始めた。そしてアフリカは次第に暖かく湿潤になった。マリアンの説におけるアフリカの先端に住んでいた生存者たちのように各地に孤立していたわずかな人類は、再び勢いを増して広がり始めた。熱と砂漠と人数の減少で孤立していた部族が再び次々と合流して世界を変えた驚くべき移動の準備を整えていった。

＊

この頃にエチオピアあるいはスーダンに住む現代人のある小集団がハイテクの道具――主に骨や象牙の斧、長い槍（やり）、火で硬化させた石のナイフ――を手に、北東に向かい、紅海を越えてアラビア半島のイエメンに到達したことをミトコンドリアの遺伝研究が教えてくれる。

好奇心に満ちた私たちの直径の先祖たちは幾度となく自分の大陸を離れて中東に足を踏み入れた。現代人の移動は北へ向かう単独の旅行ではなかったと思われる。寒冷期には、あらゆる場所の海洋が浅くなった。その中には紅海やアデン湾も含まれていた。これらが出会うバブ・エル・マンデブ（嘆きの門）と名付けられた場所でアジアとアフリカの大陸は触れ合うほど接近している。今日でもその距離はごくわずかで、巨大な二大陸を隔てる海水は約三〇キロメートルにすぎない。だが気候が寒冷だった頃には紅海の水位が六〇メートル以上下がったため海峡はさらに数キロ狭くなり、アフリカとアジアはほとんどくっつきそうだった。

この海路が完全に干上がった証拠は得られていないが、巨大な大陸間に小さな島が鎖状に時々出現したと気候学者たちは考えている。これらの島々の海岸線は北東にある次の島に向かう前に魚を捕らえて食べるのにこのうえない場所になっただろう。そのうちに、移動する部族はことによると小さなボートや筏（いかだ）を用いて島から島へと渡って、アジア下部に到達したのだろう。

最終的にどれくらい長くかかったとしてもこの偉業は私たちの種をアフリカの境界から解き放って、地球上の全ての大陸に向かわせた。アジアに向かう道を見つけたのは私たちが初めてではなかったが、この移動、あるいは一連の移動は、五万年という驚異的に短い間に地球全体を徹底的に改造することになった。

ひとたびアジア本土に到達すると、現代人はさざ波のように外に広がり始めた。あるものは東に曲がり、イエメン、オマーン、イラン、パキスタンの海岸線に沿ってインドに向かい、あるものはメソポタミア（イラク）を通って北へ移動した。この二番目のグループはそこで再び分裂してトルコからドナウ回廊地帯を通って進み、別の一団は地中海沿岸から離れずにギリシャやイタリアの長靴に向かった。

分岐した人間は茂みのように成長していった。化石と遺伝的証拠は私たちと同じ種類の人間が五〇〇〇年以内に古代のスンダ大陸とサフル大陸にも定着していたことを教えてくれる。この両大陸は今日海に囲まれたインドネシアやニューギニアの島々やオーストラリア大陸として存在する。だが四万五〇〇〇年前のインド洋は浅く、露出した陸地の棚は最も幅のあるところでも約一〇〇キロメートルの海峡に隔てられているにすぎなかった。これはさまよい歩くホモ・サピエンスが一万年の間にサハラ東部からオーストラリア西部の台地や山地までもくもくと歩いて行ったことを意味するのだ。

一方メソポタミアに広がって西に進んだ私たちの種は次の一万五〇〇〇年の間にヨーロッパの大部分、遠くはスペインやアルプスのかなり北の土地まで定住していった。また北や東にアジアまで広がりチベットの高原やロシアのステップを越えて行きロシアとアラスカをつなぐ陸地を渡るためにもう少しで世界の頂上〔北極点〕という所まで広がった人々もいた。彼らはそこからカナダに向かい、北アメリカに入り、それから南東のペンシルバニア州ピッツバーグからちょっと外れたメドウクロフト定住地に一万六〇〇〇年前に到達して、遂に中央及び南アメリカに入り、いつの日かインカ人、マヤ人、アステカ人、ホピ族、その他多数になった。メドウクロフトの定住者たちはヨーロッパの探検家たちよりもわずか一五五世紀早かっただけなのだ。

こうして落ち着きなく歩き回った結果、数百万年の進化の後、五万年という短い期間に、人間の家系図に最も新しく加わった人々はさまよい歩いて南北アメリカ、ヨーロッパ全土、アジア、アフリカ、東南アジア、そして日本にも定住しどの離島だけが無人だった。ミクロネシアと太平洋に散在するタヒチ、フィリピン、ハワイなどの離島だけが無人だった。た。それからさらに二〇〇〇年経ってエジプト、メソポタミア、中国、インドの文明が発生する頃に少人数の不屈の探検家集団が大海を越えてそのような小さな陸地に住み着いたが、その理由はまだわからない。

私たちが話題にしているタイムスケール——一〇万年、あるいは一〇〇万年単位でなくて数万年にすぎないこと——は比較的短く思えるが、それは依然として記録に残されている人類の歴史の長さを小さく見せる。インド、中国、エジプトの文明は数千年の間に盛衰した。アレクサンドロス大王の帝国は数世代で姿を消した。ローマ帝国がヨーロッパの大部分、中東の一部、北アフリカを支配したのも一〇〇年以内にすぎなかった。私たちの人類が存在してきた時間の九五パーセントはまだ謎に包まれたままで、ほとんど記録が残されていない。だが、たくさんのことが起きて、それが広大な領域に及んでいた。

＊

私たちの種がアフリカを出たことに注目する研究（長年に及ぶ激しい議論が戦わされている）は山のようにあるが、地球の他の部分を目指してアフリカを見捨てた最初の人類が私たちではなかったことを覚えておくのは重要だ。だが初期の人類に関する特定の放浪に深く入り込む前に、私たちの系統図に最近生じた驚くべき再配列についていくらかのことを明確にしておく方がよいだろう。

古人類学者たちはホモ・エルガステルとしている種がエレクトスがひとつの種で、私たちがそこから直接進化して、現在私たちがホモ・エレクトスの系列に配置されると何十年もの間考えてきた。だが、エルガステルは独自の種で、エレクトスと呼んできた種は実はたくさんの種類の寄せ集めで、十分な数の骨が発見されていないため自身の名前や家系図の枝を確定できないのだと考える研究者が次第に増えている。現在の古人類学は私たちがエルガステルから数種離れたところから生じて、エレクトスやアフリカを出て東に向かった他の人類は最終的に死滅してしまったという考えに傾いているようだ。

私たちが直接彼らから生じたかどうかにかかわらず、私たちが集合的にホモ・エレクトスと呼ぶ種は一九〇〇万年前に立ち上がり結束の固い小規模な一団になって中央及び遠く東部にまで広がり始めた。私たちホモ・サピエンスが登場する一七〇万年も前のことだと考えると、現代の視点でこれを捉えるのは非常に大胆なことだ。別の言い方をするならば、アウグストゥスがローマ帝国を支配してから経過した二〇世紀の八〇〇倍になるのだ。ホモ・エレクトスと彼らがアフリカに残してきた親戚は、その時代としては非常に頭が良くて、進化の上でも最大の前進をした。それは大きな牙でも、鋭い鉤爪（かぎづめ）でも、頑丈な体でもなくて、足で立って考え、一緒に仕事をして、すぐさま適応する才覚だった。

集団としての彼らはほっそりとした腰で背が高く、彼らが出現した赤道直下の地域の過酷な太陽の下で長距離を走るのに適した体つきだった。細長い四肢は体表を最大限空気にさらして彼らの体を冷却した。この頃にはすでにほとんど無毛になっていたため、私たちと同じように汗をかくことができたと考えられる（チンパンジーの汗腺の数は私たちの半分しかない。その大部分は毛の生えていない手足にある）。そしてかなり大きな頭には血管の複雑なネットワークが張り巡らされて効率的に熱を逃して熱中症で命を落とすことを免れていた。彼らは彼らの前にいたホモ・ハビリスよりも道具作りに熟練していた。そして、彼らはどう見ても新しい技術――それはアシュール文化〔前期旧石器時代〕のハンドアックス〔手斧〕で、石器時代のスイス・アーミー・ナイフのようなもの――を私たちの携帯電話のようにどこにでも持ち歩いたということだ。間もなく彼らは火を使いこなすようになった。

やがてホモ・エレクトスの波が次から次とアラビア、中国、インド、さらにインドネシアにまで押し寄せて定住するようになったが、オーストラリアに達することはなかったようだ。遠くに移動するために必要な高度な航海技術が発達していなかったか、あるいは異常気象で行けなかったのかもしれない。あるいは多くの者が試みたが成功しなかったか、成功したが遺骸がまだ見つかっていないのかもしれない。いずれにせよ、彼らは当てもなくあちらこちらさまよい歩き、移動した。彼らの道具一式はホモ・サピエンスがその一七〇万年後にアフリカを出たときに持っていたものよりもはるかに劣っていたが、彼らは確かに移動したのだ。

ホモ・ハビリスの系統のひとつ（あるいは初期のホモ・エレクトスかもしれない）は一七八万年後に何とかグルジアのドゥマニシまで移動した。この時にも天候が幸いした。一九〇万年前から一七〇万年前までの地球の気候は氷河期の中休みで、彼らは青々としたナイル川渓谷を進み、スエズの狭い海峡を東に渡ってアラビア半島に到達してから黒海の北に向かったのかもしれない。別の系統はどうやら背の高い草が茂り野生生物に満ちた「緑のサハラ」を通り抜けて、今のアルジェリアに定住したらしい。

人類がただ さまよい歩くこと以上の何かが起こっていた。これらの生物が定住した地域はインドネシアから北アフリカにまで及んだばかりか環境も多様で、沼地や小川から海岸や樹木の茂る山腹まで全域に渡っていた。この生物は自分の母大陸から離れていったばかりでなく、彼らの遺伝子の支配からも離れていった。彼らは脳と創造性を用いて適応していったのだ。他の大型類人猿は何百万年もの間、次第に縮小する森林に退却して、居心地が良く遺伝的に適した馴染みのある環境から離れなかったが、この昔の人類は道具、衣服、そして火という魔法の産物を携えて彼らにとって新しい環境に適応していった。その逆ではなかったのだ。

一〇〇万～一三〇万年前になると全く新しい種がヨーロッパの寒冷な気候の中に進行し始めて、アフリカ北西部（科学者たちの推測）からジブラルタル海峡を越えて北はイギリス諸島まで長く苦しい行程を進んでいった。洞窟に住んで道具を作るホモ・アンテセッサーは私たちの四分の三のサイズの脳を持ち、より人間らしくサルらしくない顔つきになっていた。彼らの遺骸はスペインのシエラ・デ・アタプエルカにある鉄道の切り通しで最初に発見された。ホモ・ハイデルベルゲンシスとして知られているアンテセッサーから生じた別の種もこの同じ土地に到達した可能性がある。彼については間もなく取り上げる。だがいずれの場合にも、各々が新たに作られた人類で、ホモ・エルガステルから生じた可能性が最も有力だ。

その数十万年の間にアフリカの平原で興味深い進化的出来事が展開して、私たち自身の誕生物語をより興味深く、より曖昧にした。さまざまなヒト族の探検家集団が可能な限りのあらゆる方向に広がって行く間に、元の種（エルガステルとエレクトスを含む）もふるさとの大陸で再び多様化し続けていた。約七〇万年前に全く新しい、そしてきわめて重要なホモ・ハイデルベルゲンシスという生物が歳月の彼方から出現した。

最初の標本がドイツのハイデルベルクで発見されたためハイデルベルゲンシスと名付けられたこの種から私たちとネアンデルタール人が生じたことは注目に値する。このニュースは人類の系統図を完全に再編成してしまった。最近になるまで二万五〇〇〇年前に絶滅したあの頑健でがっしりした生物と私たちは特に先祖に関して共有できるものがほとんどないと考えられていた。従来の常識では私たちがホモ・エレクトスから直接生じたということになっていた。だが、ハイデルベルゲンシスがいなければ、私たちもネアンデルタール人も地球上に存在しなかったことがわかったのだ。

＊

後にホモ・サピエンスとネアンデルタール人に進化した人々は、遺伝的に言うとハイデルベルゲンシス自身が出現してすぐに別の道を歩き始めた。ある者はアフリカの角にとどまったが（ホモ・ローデシエンシスと呼ばれることもある）、ひどい旅行熱に取りつかれた他の者は北西に進み、新たに生じた緑のサハラからジブラルタルに向かい、それからホモ・アンテセッサーの後をたどってヨーロッパに入った。

考古学的証拠はこれらの放浪者が岩や木で避難所を作り、オオツノシカ、マンモス、ヨーロッパライオンなどの大型動物を木の槍で狩った最初の人間であったことを示唆する。こうした発明はヨーロッパで彼らが対処していた寒冷な気候の元で、特に氷河の氷が南下したときに彼らの役に立った。彼らは大きな脳を持ち——私たちと同じくらいで一一〇〇〜一四〇〇cc——そしてこの頃には地球上の霊長類の中でも最も聡明な存在で、アンテセッサーにも優っていた。彼らの内耳と外耳の形は音の細かい区別ができたことを示している。この特徴から彼らが何らかの洗練された発話を用いた可能性を推測する科学者もいる。口の右側の歯が摩耗していることは、彼らが口を「第三の手」として右側にある固い食べ物、道具、衣服を扱うときに用いていたことを意味する。これは彼らが右利きである可能性を示し、右利きは言語と脳の側性化〔左右の機能分化〕と関係する。[*5] この科学的仮説は薄いスープのように希薄だが、じっくり噛みしめるだけのことはあるようだ。

ホモ・ハイデルベルゲンシス

元のハイデルベルゲンシスは、背が高くほっそりしたエレクトスよりも骨格が太く、がっしりして力強かったようだ。一八〇センチ余りの身長が低いわけではないが、九〇キロあるいはそれ以上の体重を容易に支える骨格を持つ彼は用心棒、あるいは大学フットボールのフルバックのような体つきだった。この特徴は科学者たちを当惑させた。アフリカに住むほとんどの霊長類は空気にさらす体の部分を増やすために四肢が長かったからだ。それは天然のエアコンの一種だった。

ハイデルベルゲンシスのヨーロッパの系統はこれらの特徴を維持してそこからネアンデルタール人に進化した。

寒冷な気候は体を空気にさらす部分が少ないずんぐりした生物に有利に働いた。（イヌイットやシベリアの先住民も熱を保存するために同じような特徴を持っている）。この身体の恵まれた力と持久力は過酷な気候に対処するうえで確かな利点になった。大型の獲物を狩るときにも大きくて強い、肉体的に頑丈な個体が有利だった。私たちの知る限りでは、これらの人々とそれに続いたネアンデルタール人は狩りをするときに木の槍を投げなかったようだ。その代わりに彼らは近距離から繰り返し獲物を刺したのだ。夕食の食材を調達するには非常に危険な方法だった。

これには勇気と力が必要だったばかりでなく逆上した手負いのライオン、マンモス、あるいはケブカサイ〔更新世に生息していた毛に覆われた大型サイの一種。壁画にも描かれた〕に叩きつけられたりしても立ち直って生き延びることができる体も必要だったことは想像がつくだろう。古人類学者たちは世界各地でネアンデルタール人が耐えてきた過酷な仕打ちの証拠を見つけている。中東から西ヨーロッパで見つかった骨格は肋腹、脊髄、下腿部や上腿部、頭骨に酷い傷を負っていた。そのうえこうした傷はふつう感染症を起こさずに治ってしまう場合が多かった。傷がロデオで暴れ回る大きな動物の猛打を受けたときのものに似ていることに科学者たちは何度か気付いた。ネアンデルタール人の場合は別だが、彼らはウマやウシの背に乗っていたわけではなかった。ケブカサイ、オーロックス〔本書一八三頁の原註も参照のこと〕、あるいはエルクの背に飛び乗って長い槍で首の後ろの背中の部分に死の一撃を与えたのだ。だが時々彼らが狩った動物がこれを受け付けないこともあった。

過酷な仕打ちを受けたネアンデルタール人ではあったが、気候が温暖になると後退する氷河を追って北上し、氷河が戻ると南下しながら次の五〇万年を生き延びてヨーロッパに広がった。そのうちに彼らはヨーロッパで優勢な霊長類になり、イギリス諸島から黒海の沿岸にまで定住した。[*6]

アフリカ系統の生活も困難だったが、その理由は全く違っていた。気候の変動が増大を続けるということは波状的に襲いかかる致命的な干ばつを生き延びることを意味した。だが大きな脳、頑健な身体、強さを増す社会構造のおかげで彼らはそれを乗り切ることができた。最終的にアフリカとヨーロッパに住む人類の系統は数回の気候変動を生き延びて、約二〇万年前にふたつの全く異なる、素晴らしく進歩した種への変化を完了した――それが最初のホモ・サピエンスと最初のネアンデルタール人だった。

＊

ネアンデルタール人の化石化した頭骨を手にとって注意深く調べると、私たちが彼らと先祖を共有することを信じるのは難しいかもしれないが、時間、気候、そして偶然は変化をもたらす強力な要因だ。彼らの眉弓は厚く、頭部は長く、私たちのようなメロン形（丸形）よりも長形のスイカ形だった。彼らの顎は引っ込んでいる。より正確に言うと、彼らの顔の中央部分は私たちの顔よりも突き出していて、口や鼻の周りの部分はマズル（鼻づら）状で、大きくて肉付きが良く、北部の冷たい空気を呼吸する装備が整っていた。そして彼らはずんぐりして大きく、胸は厚くて樽のようだった。

私たちは彼らよりもほっそりしていたが、まだそれほどでもなかった。アフリカのホモ・サピエンスは徐々に華奢になっていったからだ。私たちはネアンデルタール人のようにハイデルベルゲンシスから受け継いだ頑丈な特徴を増強しなかっただけだ。実のところ、元のハイデルベルゲンシスが枝分かれしてから約六〇万年後にこの二種がヨーロッパで出会ったときにホモ・サピエンスはいとこのネアンデルタール人よりも強くはならなかったかもしれないが、平均的に背が高くなっていたと思われる。

ネアンデルタール人は気候によって体の大きな彼らの先祖よりもさらに頑丈になった。彼らの鎖骨は長くなったが広い肩は体温を維持するかのように広く深い胸部を囲んで内側にカーブしていた。ほとんど絶え間なく寒さにさらされていたと思われる彼らの指は凍傷に対処するために次第に太く短くなり、先端が丸くなった。彼らの大きな上体は巨大な膝と短い脛の上の湾曲した太ももの上でバランスをとっていた。だが、これは彼らがサルのように前屈みになって歩いたことを意味するわけではなかった。彼らはそのようには歩かなかった。彼らは完全に直立して私たちと同じように上手に歩いたり走ったりできたのだ。彼らは寒冷地に最適化された人種で、非常に強く、並外れて知的だった。そして彼らが長寿だったことを考えると、生き残るための厳しい闘いにおいて巧妙で賢かったと思われる。

＊

私たちとネアンデルタール人が出現した頃に少なくとも四種の（そしておそらくそれ以上の）、知的で、自己を認識する人類が地球上にまだ生きていた。（補足記事「人類の最も新しいメンバー」を参照のこと。本書一五六頁）。それぞれがイギリスからインドネシア、バルカン半島からアフリカの南端までまばらに定住していた。ホモ・アンテセッサーとハイデルベルゲンシス、そしてその先駆者のエルガステルとハビリスがすでに恐竜と同じ運命をたどったことは確かだが、ホモ・サピエンスがアフリカの辺りを歩き回り、ネアンデルタール人がヨーロッパと西アジアを支配している間に、エレクトスあるいはそれから派生した者はまだアジアを放浪していた。

五万年前には人口調査が行われていなかったので地球上に何人の人類が住んでいたかわからないが、もうすぐ遺伝研究で全種のメンバーの数を数えることができるようになるかもしれない。ことによると数十万だが、一〇〇万以下であることは確かだ。一般的に受け入れられている考えによると、私たちホモ・サピエンスはこの頃から大陸を越えて世界規模の移動を一斉に始めるまでアフリカで機会を狙っていた。これは、当然と言えば当然だが、アフリカ起源説（Out of Africa theory〔アフリカから外へ〕）と呼ばれる。この説によると、ホモ・サピエンスはその他全ての類人猿を追い出し、最終的に彼らに取って代わった。その全ての類人猿は、誰であったにせよ、ホモ・サピエンスの先祖がアフリカを出る前の長い年月の間に生じたものだった。

もしもそれが本当なら（そうであることについてほとんど議論はないが、それほど単純ではないことが明らかになっている）、異なる種類の人類の大部分が移動生活を行っていたことを考えると、時には互いの領域の端に入って経路が交差することもあったに違いない。

これに関する証拠が、イエス・キリストが生まれたナザレに近いガリラヤの岩山にあった。一九二九年にイスラエルのカフゼーにある丘に点在する洞穴の中で、二人の科学者が古代の埋葬所を、そして驚くべきことに、一一体の解剖学的現代人の遺骸を発見した。最初、科学者たちはその骨が五万年前のものにすぎないと考えたが、後に年代決定方法が改善されて、その二倍近く古いものであり、アフリカ以外で見つかった最古の解剖学的現代人であることがわかった。現場をくまなく探し回った研究者たちは、この現代人の体が先祖の古い特徴を持ちながら、高度な文化を持っていたことに気付いた。彼らが残した装飾に用いた貝殻や赤、黄、黒の黄土の顔料がそれを物語っていた。炉床や死体の埋葬自体も同様で、その中には母親と子供のものも含まれていた。だが、彼らの道具は後のホモ・サピエンスほど高度なものではなかった。

奇妙なことに、彼らの道具はネアンデルタール人のものに似ていたが、彼らはネアンデルタール人ではなかった。彼ら、あるいはそれ以前の世代が北部のいとこたちと偶然出会って、彼らの技術が自分たちのものよりも良かったのでそれを借りたというのが最も有力な推測だろう。

私たちの知る限りでは、彼らは初期ホモ・サピエンスの探検家、当時のマルコ・ポーロやヴァスコ・ダ・ガマのような存在で、それほど冒険心のないホモ・サピエンスの部族が母大陸に残っている間にアラビア半島をさまよい歩いていたのだ。どう見ても、彼らの遠征はそれほど成功しなかったようだ。アカシカ、ダマジカ、小動物、オーロックスの骨や海産物の殻は彼らが死力を尽くして定住しようとしたことを示しているが、彼らの遠征はカフゼーの丘を越えることも、アフリカの国境地域を越えることもなかった。彼らの種の誰かが人間の先史時代のこれほど古い時代に中東のこの区域の北側に到達した証拠はない。探検家たちは疲れ切って紅海の海峡を越えて元来たところに戻っていったのかもしれない。埋葬された一一人は最後に生き残ったわずかな者たちに安置されたのかもしれない。天災や病気が彼らの命を奪い去るまでプリマスやジェームズタウン〔北アメリカにおける最初期のイギリス植民地〕の開拓者たちのように何年間も小さな集団で頑張り続けていたのかもしれない。だが、誰にもわからない。

最近、古人類学者たちは同じ地域でネアンデルタール人が三万年後に同様に南のガリラヤに向かったことを発見したが（HECの一二月二六日頃）、彼らは南ではなく北からやって来た。金髪でずんぐりした開拓者たちは　アラビア海峡を渡ってきたしなやかな浅黒い肌の人々と出会ったのだろうか。そうだとしたら、ネアンデルタール人は彼らをやっつけてしまったのだろうか、それとも彼らを半島からアフリカに追い戻してしまったのだろうか。

「その時点で、ふたつの種はほとんど対等な立場にいた」とドイツのテュービンゲン大学の古人類学者ニコラス・J・コナードは話す。ホモ・サピエンスとネアンデルタール人の道具は同じくらいの程度で、ヨーロッパの荒野や天候の中でネアンデルタール人が過去一三万年間直面してきたことを考えると、彼らは非常に頑丈な血統であったに違いなかった。その時点ではまだ現代人のかなう相手ではなかったかもしれない。その時点ではまだ。あるいは彼らは交配して子孫が大陸に溶け込んで地図から姿を消してしまったのかもしれない。いずれにせよ、ホモ・サピエンスはそれからさらに二万年の間、がっしりした樽胸のいとこにアジアの支配権を譲っていたようだ。

何が起きたにせよ、長い間行方不明だった先祖が遂にアフリカ大陸を出てしばらくしてからネアンデルタール人とホモ・サピエンスが最終的にヨーロッパで出会ったことはわかっている。だがその二〇〇〇万年前にインドや中国や東南アジアに向かったエレクトスの一団はどうなのだろう。彼らやその先祖はどうなったのだろうか。そして私たちの先祖は彼らと接触を持ったのだろうか。

科学者たちはたった一回の出会いの化石証拠さえ見つけ出していない――埋葬地も人工的な遺物も骨も。しかし、二〇〇四年にユタ大学で研究を行う生物学者のディル・クレイトンと人類学者のアラン・ロジャースを含む研究チームが約二万五〇〇〇年前に私たちの先祖が間違いなく別の人類と極東で接近遭遇したことを実証した。化石の証拠がなかったのにどうしてそれがわかったのだろうか。

それはアタマジラミだった。

地球上のあらゆる生物と同じように、アタマジラミにもDNAがある。そして人間やフィンチや肉食の大型ネコ類の場合と同じように、異なる種のシラミは異なるDNAを持つのだ。私たちがアタマジラミを見つけるときはいつも——親が考える以上に学校の児童には突発的な発生がよく見られる——二種類のシラミ、ほとんど離ればなれにならない二種がいるのだ。ほとんどいつも一緒にいるが、最初はそれぞれ別々に進化して異なる二種類の初期の人類に寄生していた。二種類の人類のうちのひとつは私たちにつながった。もうひとつは絶滅した。今日共存する二種のシラミは過去のどこかで接近遭遇しなければならなかったはずだ。

それぞれのシラミのDNAを研究して両種の進化時間を明らかにすることによって、二万五〇〇〇〜三万年前のアジアで少なくとも一回の出会いがあったとユタ大学の研究は結論した。「私たちは証拠を見つけた」とクレイトンは述べた。「私たちの過去が寄生虫に記されているのだ」とロジャースが付け加えた。

人間の行動を追跡するために寄生虫を創造的に利用したこの発見には驚くべき点がいくつかある。ホモ・エレクトスが最期を遂げたのが七万年前、つまりこの出会いが起こった可能性がある時期よりずっと前のことだったとほとんどの研究者が考えている点だ。それにもかかわらずこの証拠に反論するのは難しい。寄生虫は宿主の進化を反映する。彼らは生計手段を宿主に頼るしかないからだ。そして両者の運命と生存は密接に結び付いている。だからホモ・エレクトスの直系の子孫のどれかがこれまで考えられていたよりも四万五〇〇〇年長く生き延びていたに違いなかった。この種が何であったにせよ、それに寄生したアタマジラミの遺伝的歴史はそれが約一一八万年前にふたつに分岐したことを示している。

それはホモ・エレクトスと、アフリカに住む多分私たちの直系の先祖であるホモ・エルガステルが別々の道を歩み始めたのと同じ頃のことだった。シラミ自身が分かれてから別々の道を歩み、そのうちにふたつの種に進化した理由もそれで説明がつく。

シラミは別の興味深いことも明らかにする（この小さい奴がこれほど多くの情報を提供するなど誰が考えるだろう）。私たちの直系の先祖の数は五万〜一〇万年前にその数が非常に少なくなった。それはアタマジラミとともに急速に増加して世界の他の地域にまで定住するようになる前のことだった。その証拠をホモ・サピエンス系統は裏付けている。このことは、回復して次の五万年で地球上の優占種になる前の約七万年前に、私たちの種が悲劇的な（少なくとも私たちにとって）最後を遂げるところだったことを示すミトコンドリア遺伝子の証拠を裏付ける。

妙な話だが、古代のシラミ、つまり今日存在しない種の頭に住み着いていたシラミは同様なボトルネックあるいは人口の爆発的増加を経験したという証拠を少しも示していない。多分インドネシアにあるトバ湖のオリンポス級の噴火によってホモ・サピエンスがほとんど死に絶えてしまったときに、他の人種はどうもうまく生活していたようなのだ。ひとつの説によると、彼らは噴火の風上で安全だったため差し迫った激しい影響を受けなかったというが、これでは途方もない爆発の結果起きたと思われる地球規模の火山の冬を生き残れた理由を説明できない。少なくとも一〇〇万年以上前に分岐した種の子孫のホモ・サピエンスと再び出会うまでは、この系統の人類がうまく生きていたことを全てのことが指し示している。

ホモ・エレクトスの最近の子孫が二万五〇〇〇年前にまだ生きていたことは、それほど軌道を逸した考えではないかもしれない。科学者たちが過去を調べれば調べるほど驚くべきことが現れた。二〇〇四年にインドネシアのジャワから六二〇キロメートル余り東に位置するフローレス島のリアンブアの洞窟で発見された全く新しい人類は、その存在を今まで誰も考えたこともなかったため特に大きな驚きをもたらした。多大な論争と困惑の果てにホモ・フローレシエンシスとして知られるようになったこの驚異的な生物は、聡明で道具を用いる人間であるという点で大部分の古人類学者は同意した。そもそもこの人々が存在したこと以上に大きな驚きをもたらしたのは、彼らがとても小さいことだった。マスコミを初めとして仰天した科学者たちも彼らのことを「ホビット」と呼ぶようになった。発見された身長約一メートルの成人女性の骨格がルーシーよりもさらに背が低いことがわかったのだ。四二〇ccという大きさの脳はその三〇〇万年前に地球上を歩いたヒト族のルーシーのものとそれほど変わらなかった。だがこの生物は火を扱い、高性能の道具を作り、獲物を狩ることができた。話すことができたか、あるいは高度な言語を用いたかどうかはまだ解明されていない。私たちの三分の一の脳を持つ種がどうしてこのように印象的な偉業を成し遂げられたのかと科学者たちは疑問に思った。

私たちが持つ最も有力な証拠は、フローレスのホビットが九万五〇〇〇年前から一万七〇〇〇年前まで生きていたこと、島嶼矮化と呼ばれる奇妙な進化的現象によって小さくなった初期のホモ・エレクトスの子孫であることを示している。島嶼矮化は孤立した場所で自然の力が時間をかけてある種を矮小化するように働いた結果起こる現象だ。これは資源が厳しく制限されているためと推測される。生態的な逆境の中では動物は餓死するよりも小さくなるという理屈だ。サイズを減少させることによって、資源と多様性の両方が保存される。そして捕食者、獲物、そして生態的ニッチ全体が矮小化されて生き残っていくのだ。このような状況下では、矮小化には他の利点もある。小さい方が暖かいか、あるいは涼しい状態を保つのが容易で、それによってエネルギーが節減されて必要な食糧も減少するのだ。フローレス島では、ホビットたちの他にステゴドンという小型のゾウも発見されている。ホビットたちはこの動物を夢中で狩ったのだろう。

ホモ・フローレシエンシスの大きさ、特にその脳のサイズは科学者の間で活発な論争を引き起こした。やせ形で背が高いホモ・エレクトスの形で島にやって来て、島嶼矮化によって時間をかけて小さくなったのか、エレクトスの前にアフリカから出てきて何らかの方法でインドネシアの島々にやって来たルーシーサイズの生物の子孫なのかという議論だった。

小型でそれほど知能が高くないホモ・ハビリスやアウストラロピテクス・アファレンシスのような種があまり高度な道具も持たずに陸路を旅してフローレスに到達できたのだろうか。それは驚異的な偉業だ。彼らの脳はどのホモ・エレクトスの種よりも小さく、それほど高度ではなかった。そのような放浪者たちが脳が大きく複雑になる前に島に見られるような技術を進化させたという考えには無理があるようだ。彼らの脳が何らかの方法で少なくともホモ・エレクトス程度の接続を獲得してから、それを失うことなく謎の矮小化を遂げたという考え方の方が高い可能性を持つ。言い換えると、脳の大きさは歴史博物館で見ることができるような家や家具のミニチュアレプリカのように小さくなったが、その複雑な構造はそのまま残ったということだ。

現在では最後のホビットが約一万七〇〇〇年前に姿を消したという点で意見が一致しているが、その後も生き続けたと推測する者もいる。人類学者のグレゴリー・フォースはフローレスのホビットが現地の部族に伝わるエブ・ゴゴという小さくて毛深い穴居人の話を生み出した可能性を仮説として取り上げた。この穴居人は不思議な言語を話し、一六〇〇年代初期に島々にやって来たポルトガルの探検家たちによって繰り返し目撃されたと伝えられていた。『ネイチャー』誌の編集主任ヘンリー・ジーは、ホモ・フローレシエンシスのような種が今でもインドネシアの熱帯雨林の中に存在するとさえ述べている。*7

地球をくまなく探したら他の人類がいったい何種類見つかるのだろうか。エレクトスの子孫の孤立した小集団がアジア中の辺地で生き延びていたり、北アメリカにまで到達したりしているのではないだろうか。ヒマラヤで目撃されたイエティやアメリカ西部のビッグ・フットの目撃談にも何か関係があるのだろうか。

こうした例を見ると、人類の進化に関する限りあらゆることが可能であることが判明するのだ。あのホビットが、最初の偉大な農業文明が足がかりをつかみ始める頃まで生き残ったとしたらどうなるだろう。そして、名前は何であろうと、ホモ・エレクトスの子孫が海外に残っていてインドネシアやオーストラリアに向かってアジアを旅するときに私たちの先祖に出会った可能性を考えられないだろうか。

もしかすると、ヨーロッパのネアンデルタール人を打ちのめし、干ばつに悩まされたアフリカのホモ・サピエンスがかろうじて生き残ったトバの爆発や氷河期を、より大型で進化したホモ・フローレシエンシスは生き延びたのかもしれない。あの氷河期を生き延びるのは至難の業だったと思われるが、古代スンダ大陸の東南アジアは、世界の他の地域ほど過酷ではなかったのかもしれない。今日私たちとともにいる第二のアタマジラミはホビット、デニソワ人、あるいは新たに発見された中国のレッド・ディア・ケーヴ・ピープルの贈り物かもしれない。*8

今のところ私たちは推測することしかできないが、私たちが何者であったにせよこうした人々と出会ったこと、そして彼らが寛大にも寄生虫を私たちと共有してくれたことは私たちの出会いが親密なものであったことを示している。一般的に言ってシラミを分け合うには狭い場所が必要だ。残念なことに、それがどのような種類のものか正確に解明することはできない。もしかすると私たちは彼らを殺して衣服を奪い、それとともに虫たちも手に入れたのかもしれない。不幸なことに、新しく力のある人間集団が技術的に遅れた人々を見つけたときに大規模な殺人が行われることが知られている。その証拠は南米のインカやマヤ、オーストラリアのアボリジニ、米国の先住民の破壊された文明を見れば十分だろう。私たちの種は同じ場所に定住してより高度な狩りの戦略、道具や武器、そしてより綿密な協力で限られた資源をめぐって彼らを打ち負かしたのかもしれない。あるいは彼らと交配したのかもしれない——力尽くで、あるいは愛情を持って、あるいはその両方で。また彼らが進化の崖っぷちにいて、最後に残していった置き土産が血に飢えた虫といくらかの猟場だったのかもしれない。

彼らが何者であったにせよ、道中出会ったホモ・サピエンスほど優れた脳は持っていなかったと思われる。だが、それは彼らが聡明でなかったことを意味するわけではない。彼らは、非常に頭が良いことで知られている今日のチンパンジーやゴリラに比べてはるかに知的能力があった。もしも彼らがホモ・エレクトスの直系の子孫だったら、高度な言語は持ち合わせていなかったかもしれない。ホモ・エレクトスは複雑な身振りや他の表出をコミュニケーションに用いていたかもしれないが、話し言葉は習得していなかったと思われる。手話を話す何千もの人々が証言するように、発話と言語は必ずしも同じものではない。

このような人々がコミュニケーションを取った方法をはたして解明できるのだろうか。それは想像するだけでも難しい。タイムマシンの力を借りずに過去を明らかにしなければならないことが科学を不確かにしている。それが話し言葉を対象にする場合はとりわけそうだ。互いに二〇〇万年近く別の進化の道を歩んできた私たちの種と他系統の者の出会いがどのようなものであっても、それが起きたときには両者を混乱させたに違いない。

完全に正確な比較にはならないが、両者の出会いを五〇〇年前に起こった新旧世界の文明の出会いと比べてみるのもよいかもしれない。フランシスコ・ピサロと南米のインカ人、あるいはイロコイ族とアメリカ北東部を探検していたフランスの商人たちの出会い、あるいはジェームズ・クック船長とポリネシアの人々の伝説的な出会いはどれも非常に異なり誤解を伴う文化を引き合わせた。そしてそれはしばしば悲劇をもたらした（クックは彼と部下が神ではなかったことに気付いたハワイの先住民たちにめった切りにされて命を落とした）。だが少なくとも出会った両者は同じ種に属していたのだ。彼らの文化的経験は異なっていたが、知的能力は同じだった。彼らはどちらも言語を用い、それぞれが道具を開発して、どちらも同じ脳、遺伝子、そして解剖学的特徴を持っていた。

また、その出会いは初期の記録に残された人間とアフリカの類人猿の出会いとも全く異なっていたことだろう。友好的なチンパンジーでも人類の一員と間違えるようなことはなかった。私たちがDNAの九九パーセントを共有していたとしても。★

私たちの直系の先祖が二万五〇〇〇年前に他の人類と顔を合わせたときに、彼らは相手を同等のものとして見たのか、敵として見たのか、それとも単に興味をそそるか、あるいは怖ろしい動物として見たのか。彼らの文化は二〇〇万年の遺伝的多様性を経た後にほんのわずかでも同じ部分があったのだろうか。ホモ・エレクトスがホモ・サピエンスのように火を扱ったことはわかっているが、彼らのコミュニケーション方法は非常に異なっていたに違いない。イギリスの船長とハワイの首長のコミュニケーションよりも異なっていただろう。彼らは音楽や芸術を発達させたのだろうか。彼らは確かに社会的だった。何と言ってもホモ・エレクトスは私たちと同じ社交的な集団から生じたのだから。だが、彼らはどれくらい組織化されていたのだろう。彼らの社会はどれくらい複雑だったのだろう。彼らは自分を飾ったり化粧をしたりしたのだろうか。彼らはどのような衣服を着たのだろうか。彼らは世界を説明するために宗教や迷信を創り出したのだろうか。彼らはそれを説明しようと思っただろうか。脳の化学や構造に関する何かが彼らの現実と私たちの現実を根本的に違うものにしたのだろうか。

出会ったときに私たちの種がもう一方の種を支配するようになるのは当然のこととは言えなかった。チンパンジーはサイズで言えば小さいが、非常に力が強いので、気分次第では私たちを八つ裂きにすることができる。これらの人々は小さくなかったかもしれない。初期の化石にもとづくと、彼らがより素早く、より大きく、より強いことも完全にあり得た。ホモ・エレクトスの男性は身長が優に一八〇セン

★原註　カルタゴの探検家、航海者ハンノは二五〇〇年前に西アフリカで野蛮な男や毛深い女と出会った。そのとき彼はそれが人間かどうかわからなかったが、彼らとの間には明らかに大きな違いがあった。彼の通訳はその生物のことをGorillaeと呼び、そこから私たちはゴリラ（gorilla）という言葉を得た。ハンノが出会ったのはまさにそれだったのかもしれない。

チメートルを超えることもあり、私たちの種を上回る可能性も高かった。（レッド・ディア・ケーヴ・ピープルについても同じことが言えるかもしれないが、私たちには十分なことがわからない）。どのような形にせよ、ホモ・エレクトスには二〇〇万年近い歴史があるが、これは私たちが現在持っているわずかな情報にもとづくと、いかなる人類が過ごしてきた時間よりも長い期間だ。世界は彼らに何度も試練を与えたが、彼らはそれを乗り越えてきた。この人々が丸い頭や四角い顎をして、投げる槍と火で硬化した道具を持つ奇妙な生物を初めて目にしたときには、トラルファマドール星（カート・ヴォネガットの作品に登場する架空の惑星）のエイリアンがタイムズ・スクウェアに空からビームに乗って降り立ったほどショッキングな出来事だったことだろう。目の前に高度なテクノロジーを持ったエイリアンが突然現れるのだ。このような人々はどのようにして互いに自分のことを説明したのだろうか。

こうした推測をするのは興味深いことだが、残念なことに、私たちにできるのはせいぜい推測くらいなのだ。手がかりのない犯罪のように、今のところ出会いを示す考古学的証拠は見つかっていないからだ。あるのは寄生虫だけだ。だがその出会いはさぞかし衝撃的な出来事だったろう。

だが南アジアの猿人と私たちの出会いは、それほど珍しいことではなかった。二万五〇〇〇年前、地球を半周したところで、私たちは人類の系統樹の別の枝と顔を合わせることになった。それはヨーロッパ及び西アジア出身のネアンデルタール人だった。このときの私たちはより近い関係にあり、知能も同じくらいだった。ありがたいことに、この場合には、驚くべき出会いの解明に役立ついくらかの確かな証拠があるのだ。

遺伝的タイムマシン

DNAに関して言える唯一確かなことは、変化だ。DNAはじっとしていられない。DNAが変化すると遺伝子も変わり、遺伝子が突然変異を起こして知らず知らずのうちに新形質を現すときに、蓄積した間違いはそのうち全く新しい種をもたらすことになる——ある推測によると、過去三八億年に三〇〇億の別々の形の生命が生じた。遺伝子突然変異は厄介な本質を持つが、それはマーカーを作り、マーカーの変化率は驚くほど予測可能だ。この道標のおかげで科学者は、完全とはほど遠いが妥当な正確さで進化の図の中で系統図の特定の枝が他の枝から分岐した場所を算出できるようになった。

二種類の基本的なDNAによってこの巧妙な手段が可能になる。ひとつは私たちの細胞一個一個の中に住んでいるミトコンドリアという細胞小器官のDNAだ。あなたや私の存在を可能にする五〇兆の細胞のそれぞれにはミトコンドリア群が存在する。約二〇億年前に合意に達した進化的パートナーシップによって、ある単細胞細菌が他細胞の中に住み着いた。しかしその細菌は取引の中で自分のDNAを手放すことを拒否した。★この関係は以来ずっと続いている。今日ミトコンドリアは住み着いている細胞からタンパク質や養分を受け取る代わりに、私たちを含む地球上のほとんど全ての動植物に動力を提供する化学エネルギーを作り出している。

ふたつ目の種類のDNAは、直接あなたや私が所有する細胞の中の細胞核に関係するDNAだ。そしてその細胞の中にあの客人であるミトコンドリアも住んでいるのだ。

今では先祖の化石の中に囚われているDNA（ふつうはミトコンドリアのDNA。核のものよりも多いため）を詳しく調べて、もしも情報がしっかりしている場合にはそれを私たちのDNAと比較して違いの程度を明らかにする。そしてマーカー——経時的な平均突然変化率——を比べることによって過去のどれくらい古い時代にふたつのゲノムが同一のものであり、いつ別の道を進み始めたのかを推測できる。これは木の枝の上に立って、今立っている枝とその枝が分かれてきた枝の距離を歩測するのとちょっと似ている。一歩一歩があなたと他の枝が分かれたのがどれくらい前のことかを教えてくれる。

全ての人類に共通する先祖、サヘラントロプス・チャデンシス（人類の進化のカレンダーを参照のこと。本書二七頁）は木の幹で表わされる。個々の分岐や個々の枝は新しい種の人類——ホモ・ハビリス、アルディピテクス・ラミドゥス、ホモ・ルドルフェンシス、その他残りの者全て——を表す。あるものは新しい枝を作り、あるものは作らない。突然変異自体をある種のタイムマシンで旅することができる風景と考えることもできる。遺伝子マーカーは時間的にどれだけ行き来したのか示す距離標になる。

どちらの例えを選ぶとしても、科学者はこのようにして私たちのDNAをネアンデルタール人のものと比較して、私たちが二〇万〜二五万年前に共通の先祖であるホモ・ハイデルベルゲンシスから分かれたという結論を出すことができるのだ。ネアンデルタール人とデニソワ人がどちらも私たちの先祖とベッドを共にして、その子孫が最終的にヨーロッパ、アジア、ニューギニアに進出したことを発見したのもこの方法によるが、特にデニソワ人の場合には調査する化石がほとんどない。

このテクニックのヴァリエーション（この場合には核DNAを調べる場合が多い）によって私たちが地球上を放浪したパターンとタイミングを追跡することが可能になる——たとえばひとつのグループが中央アフリカに残り、別のグループが北へ向かった時。その部族のメンバーのあるものが西に向かってヨーロッパに到達して、他のグループが分岐してアジアや東方に向かった時などだ。世界を旅する間に私たちのDNAは突然変異を起こしてきたが、過去一九万年間に完全に新しい種を生み出すには不十分だったからだ。これらの突然変異は私たちがいつ、どこに住んだのかを表している。

★原註　地球が存在するようになってから間もなく、約四〇億年前に生命が発生した。最初の細胞は原核細胞だった。真核細胞（ミトコンドリアを持つ細胞）が進化した時代は最も有力な説によると二〇億〜三五億年前のことだという。単細胞生物の初期の化石記録は、ご推察の通り、ごくわずかにすぎないため、この驚くべき取引の正確な時代を決めるのは難しい。

殺人的な爆発？

七万年前、エジプトのファラオたちがナイル川流域を支配していた時代よりもはるか昔、ラスコーの洞窟の絵画を描いた人々が素晴らしい仕事をした時代よりもさらに三〇〇世紀前に、二〇〇万年に一度の最大の火山噴火がインドネシアのスマトラ島の、現在トバ湖として知られている地域を粉砕して、地球上に住むほとんど全てのホモ・サピエンスを一掃してしまった。あるいは少なくともその可能性があった。岩や灰や熱いマグマの噴出は非常に激しかったため、そのパワーを特徴付ける言葉を探すのは難しい。科学者たちはmegacolossal〔想像を絶するほど巨大な〕、supereruptive〔超越的な爆発性の〕といった言葉でそれを言い表している。それは有史以来最大の噴火、一八一五年にインドネシアのタンボラ山で起きた噴火の二倍の規模だった。歴史学者はタンボラ山噴火後の一二か月のことを「夏のない年」と呼んだ。地球の周りを噴火の灰が厚く覆ったため、地球が冷却化されてしまったのだ。

トバの爆発がこれほど興味深いのはまさにこのような気候の影響があったからなのだ。この噴火によって地球の五〇〇〇〜七五〇〇立方キロメートルが空に噴き上げられたことを証拠は示している。すでに進行中の氷河期と合わさって、トバの噴火は世界中の冷却と乾燥を加速させて、地球温度を一五度（摂氏）下げ、山の雪や樹木限界線を約二七〇〇メートル下げて地球を六〜一〇年間の火山の冬に突入させた。さらに一〇〇〇年の冷却期間がそれに続いた可能性を考える科学者もいる。

想像できるかと思うが、これは当時生きていた人類のすでに困難な生活をさらに厳しくした。西側で噴火の風下に住んでいた場合にはなおさらだった。即効的な影響は周囲数千キロにある全てのものに降り積もった何トンもの息が詰まるような火山灰だった。約一五センチの灰の層が南アジア全土を覆い、インド洋、アラビア海や南シナ海も素早く包み込まれた。

これほど厚い灰の層は陸海の動植物を何年間も死滅させて、破滅的なまでに食物連鎖とそれに関わる全ての生物——アジア全土とアフリカに至る——を混乱に陥れた。最近の化石や遺伝子の研究はゴリラ、チンパンジー、オランウータン、さらにチータやトラの数も絶滅近くまで減少したことを示唆している。

ヨーロッパと西アジアのネアンデルタール人は直接的な火山の降下物の影響は免れた。当時東アジア（そしておそらくオーストラリア）に住んでいたホモ・エレクトス、そして近くに住んでいたホモ・フローレシエンシスの「ホビット」たちも噴火物の風上にいたため免れたようだ。だが、彼らも噴火に起因する長期的な極寒の影響を受けたと思われる。

驚異的な大噴火の最も大きな打撃を受けた人類は私たちの先祖、アフリカ中に散在していた孤立したホモ・サピエンスの小集団だった。火山灰が広がると噴火の冷却的影響によって私たちの種はほとんど死滅してしまった。これはこの本を、そしてあなたや私の存在を完全に不可能にするほどの遺伝的なとどめの一撃だった。

有史前のこの時期に私たちの先祖が突然減少したことをトバの爆発だけで説明できるとは思わないが、それが私たちにとって何の役にも立たなかったことは確かだ。驚くべき一面を除けば、だが。ホモ・サピエンスの住居を孤立させてさらに強いプレッシャーをかけることで、それはより強く、適応性のある男女をもたらしたのかもしれない。この仮説は何か重要なことを示しているかもしれない。多くの霊長類はゆっくりと回復したように見えたが、ホモ・サピエンスはすぐに回復したばかりか、その数は爆発的に増加して素早くアジア、ヨーロッパ、そして地球上の残りの土地へと広がっていったからだ。

人類の最も新しいメンバー

私がこの本を書いている間に、世界のいくつかの研究チームが全く新しい四種類の人類の発見を発表した。この分野、そしてそれを反映する人類の系統樹が非常に素早く変わっていく様子がここに表されている。(人類の系統樹を参照のこと。本書三一頁)。この中の三種類は昔ながらの方法で発見された――地中に隠れた化石化された骨を執拗(しつよう)に発掘したのだ。その三種類のうちの二種類はかなり前に生きていたもの、アウストラロピテクス・セディバとアルディピテクス・カダッバで、それぞれ二〇〇万年前と五五〇万年前に地球を放浪していた。これらの化石から古人類学者たちはこの生物の構造と生活様式のかなり深い洞察を得ることができた。

南アフリカで発見された四個の部分的な骨格の研究にもとづいて、セディバは古人類学における新たなテーマを例証することになった。先祖の人類には以前考えられていたよりもはるかに多いヴァリエーションが存在したため、彼らが系統図のどこに当てはまるかということで議論の余地がかなり残されていたのだ。セディバには古いアウストラロピテクスの形質と初期のホモ・サピエンスの形質のいくらかが混ざり合っていた。その脳はそれほど大きくなかったが(約四五〇cc)、手、骨盤、脚の骨は彼らが道具を使った初期の人々でしばしば直立歩行を行う方向に向かっていたことを示している。しかし一部の標本と一緒に発見された化石化した植物はセディバが開けた土地ばかりでなく森林地域にも住み、親戚のチンパンジーのように果実をしばしば食べていたことを示している。

研究者たちはこれらの手がかりをさまざまな方法で読み取る。セディバがホモ種の人類の先駆者だと論じる者もいる。その枝がすでに五〇万年前にホモ・ルドルフェンシスの出現とともに生じていたので不可能だと考える者もいる。

アルディピテクス・カダッバは人類の先祖でセディバの三五〇万年も前にエチオピアに住んでいた。（この年代については、その一七〇万年前と論じる者もいる）。彼は非常に古く、足の親指もまだ木の枝をつかむように作られていたが、体の他の構造は開けた土地で二足歩行をしていたことを示している。脳は現代のボノボのものとほぼ同じで、三〇〇〜三五〇ccあったが、小型の切歯は彼とその仲間がチンパンジーよりも社会的に協力的であったことを示すと考える古人類学者もいる。雄のチンパンジーは大きな切歯を持ち、群れの雌の気を引くために戦うときにしばしばこれを使う。もしも彼が危険度の高い開けた草地でより多くの時間を過ごし、生き残るために群れの仲間に多く依存しなければならないとしたら、小さな切歯を持つこととつじつまが合う。

第三、第四の種は最初の二種と異なる時代に地球上の異なる場所に現れた。どちらの種も、私たちの直系の先祖がごく最近まで世界中で非常に洗練されたさまざまな人類と共存していたという新たな事実を強固なものにする。数年前にはこの種の主張は人類進化の分野では異端と考えられた。これらの種はそれぞれ私たちホモ・サピエンスが生きていた時代に生き、少なくとも一種類はネアンデルタール人や私たちと交配したことをDNAの証拠が示している。どうやら人類は機会があるときに隠喩的ではないやり方で互いに抱き合ったようだ。

二種の中で最も最近の発見は二〇一二年の三月に発表されたが、その新規性は議論を呼んでいる。化石もまだ科学的な分類が終わっていないため、科学者たちは彼らが発見した人々をレッド・ディア・ケーヴ・ピープルと呼んでいる。彼らはベトナムの北、中国中南部に約一万一五〇〇年前に住み、人類だがホモ・サピエンスではないと考えられている。ホモ・サピエンスが狩猟採集から農耕に衝撃的な変化を起こす少し前に彼らが定住していたことが、人類学者にめまいを起こさせるほど仰天させた発見のひとつの側面だった。

だが驚きはそこから始まったのだった。化石はこの人々が少し私たちに似ていながら古代の人類にも似ていることを明らかにした。彼らの脳が納まっていた頭蓋骨はネアンデルタール人のものほど傾斜がなくて私たちのように丸かったが、サルのような太い眉弓を持っていた。彼らの顔は私たちのように平らで頭の下に収まっていた。顎は突き出していたが、顎先は私たちのように角張っていなかった。そして最も不思議なことには、彼らの頭蓋をスキャンしたところ、彼らが現代の前頭葉を持ちながら古代の頭頂葉を持っていたことがわかったのだ。頭頂葉は私たちの脳の後ろの方にある。彼らの現実は私たちのものとは違っていたのだろうか。もしもそうだったら、どのように違っていたのだろう。

この驚くべき人々はいったいどこからやって来たのだろう。科学者たちはみっつの線に沿って推測を行っている。彼らは一般的に考えられているよりも早い時期にアフリカを離れ、生き延びて孤立した状態で進化したホモ・サピエンスの一団から生じたのかもしれない。人類の樹形図の初期の枝、ことによるとホモ・ハイデルベルゲンシスあるいはホモ・エレクトスから進化したネアンデルタール人のように、全く違う人類なのかもしれない。あるいは雑種なのかもしれない。同じ中国の南部に住んでいた古代の人類と交配したホモ・サピエンスかもしれない。これによって彼らが持つ混ざり合った珍しい特徴を説明できるかもしれない。

第四の、そして最近発見された中でおそらく最も興味をそそられる種は、その存在を示す証拠をほとんど何も残していない。その外見、使った道具、あるいはどこからやって来たのかを表す手がかりは何もない。骨さえほとんど何も残されていない。レッド・ディア・ケーヴ・ピープル同様、まだ学名も与えられていないため、研究者たちはこの種をデニソワ人と呼んでいる。それは彼らが確かに残した小さな化石——親知らず一本と小指の先——がシベリアのアルタイ山脈にあるデニソワ洞窟で見つかったからだ。これほどちっぽけな置き土産は考え難いかもしれない。それでもこの小さな標本の中のミトコンドリアDNAを調べることによって、マックス・プランク進化人類学研究所の研究者たちはこの生物の全ゲノムをどうにか解読することができたのだ。そしてかつてこのちっぽけな化石の持ち主だった年少者は、この山地で狩りをして定住していた全く新しい人間種だったことがわかったのだ。驚くべきことに、ネアンデルタール人、ホモ・サピエンス、デニソワ人はそれぞれ全く同じ洞窟に住んでいたのだが、同じ時代のことではなかったようだ。DNA分析によってホモ・サピエンス、ネアンデルタール人、デニソワ人になった人々がその一〇〇万年前に先祖を共有していたことが明らかになった。それがどの種だったのかまだ解明されていないが、おそらくホモ・エルガステルだったと思われる。

また、私たちがデニソワ人と別の驚くべき遺伝的なつながりを持つことがわかった。デニソワ人のDNAを分析するにあたって、研究チームはそれを六種類のグループに属する現代人――南アフリカのクン族、ナイジェリア人、フランス人、パプアニューギニア人、ブーゲンビル島の島民、そして漢民族――と比較した。パプアニューギニアとブーゲンビル島の人々のゲノムの四～六パーセントがデニソワ人のDNAを含むことを発見して、研究者たちは衝撃を受けた。ホモ・サピエンスとデニソワ人の混血の子孫が東南アジア、そして後にメラネシアに移住したときにその遺伝子が持ち込まれたと科学者たちは推測する。これらの子孫がオーストラリアやフィリピン諸島に渡ったことを示すいくらかの証拠もある。

この発見について考えれば考えるほど夢中にならざるを得ない。ネアンデルタール人やホモ・フローレシエンシスのように、彼らも今日私たちが住むこの惑星で、私たちの直系の先祖と一緒に何万あるいは何十万年も戦い、苦闘して洗練された生活を送った。そしてそれだけではなく、なかには私たちの種と交雑して私たちのDNAに永遠に寄与することになった者もいたのだ。これは例外的なことだったのだろうか、標準的なことだったのだろうか。DNA分析が多くの遺伝のドアを開けた今、あといくつの種と雑種が見つかるのだろうか。

第6章　いとこたち

ネアンデルタール人――体が大きく馬鹿なヒト。文化や知性よりも体力の方が大切だと考えるヒト。

――マクミラン辞典

もはや、ここにいて自分のことを弁護できないからかもしれないが、ネアンデルタール人〔ホモ・ネアンデルターレンシス〕は古人類学者たちが取り組んだ研究の中でも最も悪評の高い種に含まれている。そして彼らは古人類学者などというものが存在する前から研究されている。熱心な関心を集めた最初のネアンデルタール人の化石は一八五六年に発見された。それは神経質なチャールズ・ダーウィンが遂に『種の起源』を出版して自然選択に関する挑発的な説を発表する丸三年前のことだった。ドイツ西部のデュッセルドルフの近くで石灰岩の採掘を行っていた作業員が頭蓋骨、胴体、両脚を掘り出して、亡くなってから久しいその主が有史前の人類の代表として初めて認められることになった。どちらかと言えば大層なことだ。けれども採石場の所有者が最初に骨を調べたとき、そのことに誰かが気付いたわけではなかった。所有者も労働者たちのようにこれがホラアナグマの遺骸だと思っていた。数十年前にロシア人がナポレオンの軍隊を撃退しようと必死になっていた頃に、仲間について行けなくなったモンゴル人コサック兵のわずかに残された一部だと考える者もいた。

幸いなことに、その骨は投げ捨てられて忘れ去られてしまわずにヨハン・カール・フールロットという地元の教師の手に渡った。彼はすぐにそれが人間のものであることに気付き、当時の著名な解剖学者ヘルマン・シャーフハウゼンに渡した。一年近くかけて念入りな研究を行った結果、シャーフハウゼンはこの骨を科学界に提出して、それが「非常に古い人類」に属する野蛮人のものだと表明した。

全ての人が同意したわけではなかった。なにしろ多くのヨーロッパ人が、まだアイルランド国教会の大教主ジェームズ・アッシャーが一六五〇年に出した結論に固執していた頃のことだったからだ。神は世界の創造を紀元前四〇〇四年一〇月二三日午後一二時に完了したと彼は述べたのだ。当時、誰もが認めた人間の解剖学の専門家、ルドルフ・ウィルヒョーは、骨格の独特な形と著しく隆起した眉の部分からこの骨がクル病を患い穴居生活をした隠遁者で、過去のどこかで早死にしたが、それは遠く暗い過去のことではなかったと考えた。

＊

それで全ての議論が終結したかもしれなかったのだが、一八六三年に英国の名高い生物学者トマス・ヘンリー・ハクスリー〔優れたハクスリー一族の一員。レナード〔作家〕、オルダス〔作家〕、アンドリュー〔生理学者〕なども輩出した〕は画期的な書物『自然界における人間の位置についての証拠』を刊行した。ハクスリーはダーウィンの学説の信奉者で、ある種の集団内ではダーウィンの番犬（ブルドッグ）として知られるほどだった。番犬だった彼は類人猿の様な先祖から現在の私たちの形に進行するまでの動かし得ない道筋のどこかでネアンデルタール人が現代人に先行していたと論じた。換言すると、彼らはあなたや私の古いヴァージョンだったというのだ。

少なくとも一般的には、そして少なくとも科学界においては、ダーウィンとハクスリーの見解が最終的に勝ち抜いた。そして元のドイツの発見から数十年を経た一九〇八年にフランスの一流の自然人類学者マルセラン・ブールは、フランス南西部のラ・シャペローサンの岩窟住居で発掘された一組の骨を入手して、ネアンデルタール人にとって不利で不正確な見解を世界に広めることになった。ブールは遺骸を慎重に調べたが、その調査対象の個体に慢性的な関節炎と脊髄を湾曲させる疾患があったことを見逃していた。そのため彼は障害を持つネアンデルタール人をサルのようながに股で前かがみの生物のイメージで再建した。それは私たちの大部分が今でも考える穴居人の原型的な戯画――頭が鈍く、野卑で、のろまな、『ハリー・ポッター』のトロールのようなもの――になった。そしてネアンデルタール人は私たちの先祖ではなくて、進化の経路における行き止まりだという結論に彼は達した。おかしなことに、それは結果的に見て、大体正しかったが、その理由は全て間違っていた。

ホモ・ネアンデルターレンシス

ネアンデルタール人とその世界に関する洞察は、過去一〇年の間に新たな化石の発見に伴って、そしてこの驚異的な人々の正体を理解するために創造的な方法で遺伝子技術を適用するようになってから、かなり変わってきた。ヨーロッパやアジアで暮らした二〇万年近い年月の間に、驚くほど厳しい状況下で暮らしてきたにもかかわらず、彼らは残忍でも馬鹿でもなかったことが今では明らかになっている。実のところ、彼らの脳は今日の私たちの脳よりもわずかに大きかった。そして彼らが成し遂げたことは、日々の生活の中で彼らが直面した難題のことを考えるとまさに驚異と言わざるを得ない。

二〇万年は長い時間だ。そして誰に聞いてもネアンデルタール人はその間を通して活動的な種だった。最も有力な証拠でも彼らの数が六桁に達することは一度もなかったが、彼らはあらゆる方角に何千キロも広がることができた。ここ一〇〇年の間に四〇〇体以上のネアンデルタール人が発掘されている。それらはこの人々が西はイベリア半島、東はシベリア南部のアルタイ山脈にまで住んだことがあったことを示している。[*1] 天候が寒くなってきたとき、彼らは南のアラビア半島やジブラルタルに移動した。氷河が後退すると、彼らはそれとともにヨーロッパ北部の山脈に移った。彼らが一度でもアフリカに足を踏み入れた証拠は得られていないが、それはそれで筋が通っている。彼らの体は寒い気候に最適化されたものだったからで、ヨーロッパや彼らが出没したアジアの地域では過去二〇万年にそのような状態になることが多かった。

寒さに対するネアンデルタール人の身体的適応が彼らを野蛮人と考える理由のひとつになっている。彼らの太い首の上には大きな脳（ある化石の頭蓋は脳が一七〇〇ccであったことを示している。これは私たちのものよりも約三〇〇cc大きい）を納めた大きな頭部が載っていた。顎には大きくて四角い歯が長い列をなしていたが、顎自体は小さく、顔の中央の部分が鼻と上唇の辺りで少し引き出されたような形をしていた。（彼らの側から言うと、私たちの顔が押し込まれて平らに見えたかもしれない）。目の上の眉の部分が大きく隆起していたため、科学者が推測するように、彼らの頭部が赤毛あるいは金髪で覆われていたとしても、かなり邪悪な印象を与えるようだ。彼らの毛の色や、もしかしたらそばかすがあったかもしれない白い肌は、南の暖かい気候で出現したホモ・サピエンスよりも北に住んでいたことに対する進化的適応だった。赤道下の環境において生じる色の濃い皮膚はビタミンDの吸収を減少させるために進化したが、薄い色の皮膚は吸収率を高める。一年の半分の間日光が不足する場所に住む者にとってこれは良いことだった。[*2]

北部の寒冷な気候の選択圧はプロフットボールのフルバックの面目を潰すような丸みを帯びた大きな肩と厚みのある樽型の胸をネアンデルタール人に与えた。彼らの鼻も極寒の温度で生き残る助けになった。その巨大な鼻は肉厚で、吸い込んだ乾燥した冷たい空気を暖めて湿らせる広い鼻粘膜が装備されていた。そして何よりも彼らは強かった。今日の私たちよりもはるかに強く、幾分短めの腕と大腿部（だいたいぶ）を持ち、空気にさらされる皮膚を減少させていた。彼らの手は親戚にあたるホモ・サピエンスのものより大きく、前腕は筋肉が発達して太かった。少なくとも化石で手首から肘までの骨の形態がネアンデルタール人の手がかりを示すとしたらそうなるのだ。

科学者たちが最近手にした化石は、丸みを帯びた肩や短い脚を持つにもかかわらず、彼らは当時のホモ・サピエンスよりは背が低くはなかったが、直系の先祖で身長が約一八〇センチメートルあったホモ・ハイデルベルゲンシスや、ほっそりして暑い気候の中で走るのに最適化されたホモ・エレクトスよりも背が低かったことを示している。ネアンデルタール人は大型の獲物と戦うことや寒冷な気候に最適化されていたのだ。身長で足りないところを彼らは嵩で補った。これは奇妙な方法で、彼らの破滅の元になった可能性もある。暖かくして体力を保つために、彼らはホモ・サピエンスよりも一日三五〇キロカロリー余分に必要だったと理論付ける科学者もいる。今日の三五〇キロカロリーはスターバックスでマフィンを一個余分に食べれば済むかもしれないが、五万年前にそれだけ余分な食糧を来る日も来る日も得ることは非常に困難だったことだろう。

ネアンデルタール人ほど忍耐強い生物を見つけるのは難しい。私たちが今まで記録してきた歴史を何百倍も小さく思わせるほど長い期間ヨーロッパで続いた最も過酷な気候の中を彼らは生き残った。彼らは賢く、荒々しく、優秀な狩人で、シカ、クマ、バイソン、マンモスなどを仕留めることができた。一二万五〇〇〇年前のある遺跡は、ラ・コット・ドゥ・セント・ブリレード〔英領ジャージー〕の洞窟に住むネアンデルタール人の一群が近くの崖から獲物のマンモスやサイを追い落として、死んだりのたうち回ったりしているのをその場で解体し、他の肉食獣が来る前に最高級の部位を近くの洞窟に運んでいたことを明らかにしている。そのような行動には能力と協力と洗練されたコミュニケーションが必要だった。彼らの文化は発達していた。そして彼らの社会構造は厳しく公平だった。さもなければ彼らは決してそれだけ長く生き残ることができなかっただろう。

イラクのシャニダール洞窟で得られた証拠は彼らが一〇万年前、私たちホモ・サピエンスよりも前から死者を埋葬し始めていたことを示している。[*3] 私たちは大昔のその儀式を想像するしかないが、ネアンデルタール人たちは仲間の死体を浅い墓穴の中に胎児のような、眠っているような姿勢を取らせてそっと横たえた。彼は過酷な一生を送ってきた。複数の骨折、変形性関節疾患、萎えた片腕、視力を失っていたと思われる片目のどれもがそれを物語っている。しかし遺体の周囲や下に残された花粉や常緑樹はこの男性が彼を看取ったあるいは新たな生へと見送った人々に愛され、重要な存在であったことを示していた。

一九〇八年にマルセラン・ブールが前かがみでサルのようだと中傷した同じ関節炎の男も彼の種族の仲間たちの気配りを受けていたようだ。死んだ時に彼は若くはなくて、ネアンデルタール人の基準から言うと老人にあたる四〇〜五〇歳だった。彼の骨の状態から判断すると、歩くのが困難だったようだ。死んだときに彼には歯が二本しか残っていなかったため、ネアンデルタール人がふつう食べていた固い食物はほとんど食べられなかっただろう。だが、彼の仲間は何年間も彼に特別な食べ物を与えてきたと思われる。さもなければ彼はそれほど長生きできなかっただろう。

このことから私たちはほんの少しだがネアンデルタール人の心を垣間見ることができる。このような行動はネアンデルタール人が死の喪失感を持ち、自分に近い者の死を悲しみ、拡大解釈すれば、生命にはそれがもたらす日々の問題以上の何かがあることを理解していたと思われる。彼らは私たちの先祖のように、死後に何があるのかを知りたいと思ったに違いない。

私たちが今までずっと棍棒（こんぼう）を振り回す野蛮人として考えてきた生物が私たちよりも思いやりがあったと考えると不思議な気がする。ネアンデルタール人の化石は彼らが酷い目に遭いながら、その傷をしばしば治していたことを何回も示している。それは酷い傷を負っても仲間が彼を置き去りにせず、元気になるまで看病していたことを意味している。

傷を負うことは珍しくなかった。ネアンデルタール人が日常的に用いた長い槍（やり）は離れた所から投げるようなものではなかった。（大部分の人類学者はクロマニョン人が槍を投げる方法を発明したと考える）。ネアンデルタール人は槍を投げる代わりに、至近距離から直接バイソンやケブカサイを刺したらしい。獲物を待ち伏せして、背中に飛び乗り、肩甲骨の間に槍を突き立てたと思われる。これは地元の食料品店に行くのとは大違いだ。（マンモスやサイの毛は数センチの厚みがあり、鎧のようなものだった）。もしも瞬時に正確に突かなければ、布でできた人形のように振り回されて角で突かれる可能性が高かった。彼らの体が荒馬を馴らす人のように傷だらけなのも無理はなかった。

個人的な悲しみは別としても、ネアンデルタール人にとって、失った命はどれも大きな打撃になったことだろう。人口が少なかったことを考えると、余分な命はほとんどなかったし、私たちのわかる範囲でも三〇歳くらいまでしか生きられない場合が多かった。彼らの生産年齢はかなり限られていた。わずかな骨から探り出した遺伝情報によると、ヨーロッパの至るところとアジア西部のかなりの部分に進出していたにも関わらず、ネアンデルタール人の全成人人口は最大の時に七万に達し、最後の四万年間でおそらく一万にまで減少して、遂には永遠にいなくなってしまったようだ。いずれにせよ、彼らは何万平方キロにも及ぶ地域に散在していたため、集団はそれほど大きくなかっただろう。おそらく後に北アメリカの平原を数千年間さまよったアメリカ先住民の一群よりも小さかったと思われる。*4 他の集団に出会うことも稀な出来事であったに違いない。そのため、ほとんど拡大家族にすぎない一二人あるいはもしかすると二五人程度から成る小グループの人々が長い間完全に自力で生きてきたのだ。怪我、過酷な天気、病気、栄養不足の中で、彼らはゆっくりと減少していったかもしれないが、それはあらゆる点から考えても避けられないこと、最終的には致命的なことだった。

気候が非常に厳しく、予測不能で、地球のあちこちで起こった複数の火山噴火のおかげで一、二世代の間に激しく変動することもあった時期に、希少であったにもかかわらず、ネアンデルタール人は非常に長い期間生き残った。この長い存続期間はある重要な疑問を投げかけている。それは古人類学者たちの間で激しく議論されている問題で、ネアンデルタール人の文化はいったいどれくらい複雑で、それは彼らの長期にわたる存続とどれだけ関係していたのだろうかということだった。

一方の側では二〇世紀初期にブールが想像したような野蛮人とそれほど変わらなかったのではないかと感じる者もいる――宗教、言語、十分な衣服、象徴的思考を全く欠くと考えたのだ。また、私たちと同じくらい、あるいはそれに近いところまで進んでいて、何らかの言語、鋭い自己認識、象徴的思考、そして豊かな社会的文化を手中に収めていたと推測する人々もいる。

彼らがこのスペクトラムのどこに属するのかということは、おそらく言語に関係するところが大きいと考えられる。複雑な言語がなければ、それが儀式、技術、生き残りの戦略、あるいはマージおばさんが何をやっていたかの説明に関するものであろうと、考えを共有して保存することは難しい。頭の中にある元の考えを別の人々に伝える能力には大きな利点がある。そうすると良い考えが急速に広まり、それを知る全ての人のためになるばかりでなく、より多くの人々がその考えを入手して、それがより広い文化に残る可能性も高まる。そしてひとたびそれを入手すると、誰か他の人がそれを改良する機会が生じる。それは文化が生じる方法のひとつなのだ。ネアンデルタール人はこのようなことができたのだろうか。

可能性はある。

＊

イギリスのレディング大学の考古学者、スティーヴン・ミズンは数百万年前の初期の人間がゆっくりとリズム感を発達させて、後にそれが音楽的な音と組み合わさってコミュニケーションを図る方法になったと考えた――それによって子供たちをなだめたり、配偶者を獲得したり、気持ちを奮い立たせたりした。後にホモ・エレクトス、さらにその後ネアンデルタール人がこれらの原始的な音楽的技能を身振りや一種の発話と結びつけて、hmmmm と呼ぶ複雑なコミュニケーションシステムを発達させたと彼は述べる。なお hmmmm は holistic〔全体的〕、multi-modal〔多様〕、manupulative〔操作的〕、musical〔音楽的〕を表す。

信じ難い話ではない。私たち人間はリズムに合わせて足を鳴らすことができる唯一の哺乳類、さらに言うなら霊長類だ。リズムがこれほどユニークな技術に進化するためには強力な選択圧が働いたに違いない。私たちの発話にはたくさんの中断、開始、音の抑揚があり、一流の演説家の手にかかれば強力な音楽的資質も持つ。音色と抑揚のない言語はB級映画のロボットによる変化に乏しい言語のように感情を欠き、その結果そこに含まれる真意や意味の大部分も欠くことになる。人間の言語にこれほどの感情、ユーモア、皮肉などを与えられるのは声の中の音楽、科学者が韻律（プロソディー）と言うものだ。それは発話に複数のレベルの意味を吹き込むが、普段私たちは意識することなくそれを「身に付ける」場合が多い。そのことは言葉の前にそれが進化したことを示すもうひとつの証拠になる。

音楽は驚くほど強力だ。国歌、お気に入りのポップス、盛り上がって終わるベートーベンのシンフォニー、あるいは友達と歌う歌によってもたらされる影響を考えてみよう。（他にどのようにしてカラオケを説明できるだろうか）。原始的な詠唱は、踊りや初期の儀式と結び付いて気持ちや、感情、そして考えを共有するためのより複雑で的確な方法になっていくが、それは、それらを発明できる脳と、それを必要とするだけの心を私たちが進化させた後のことになる。

ネアンデルタール人とホモ・サピエンスが共通の先祖から枝分かれしてからヨーロッパで再び出会うまでに二〇万年近くかかったことを思いだそう。彼らがそれぞれの洗練された考えを伝える全く異なる方法を作り出した可能性も十分にある。私たちとネアンデルタール人はどちらも染色体にFOXP2遺伝子を持つ。これは発話の発達に関係するDNAの小片だ（これを言語の遺伝子と言う人もいるが、そうではない。言語の遺伝子は存在しない）。どちらの種も共通先祖であるホモ・ハイデルベルゲンシスが使用した音楽的な拍子や音を基礎にしたかもしれないが、彼らは分かれてからそれぞれの考えを共有するための異なる方法を発達させた。こうしたことは毛の色や付属器官の形態で見られる。コミュニケーションでも起こるのではないだろうか。

私たちはホモ・サピエンスが最終的に選んだ方向を知っている。私たちは音の記号（シンボル）――言葉――をある種の音楽性――プロソディー――と合わせて頭の中の考えを概念化するとともにそれを他者と共有する優れた方法を作り出した。これはあらゆる特質の中でも最も偉大な革新であり、人類の文化の成長を急進させた。

ミズンはネアンデルタール人が別の道を進み、象徴的な身振り（「狂っている」状態を表すために人差し指を頭の横で回す身振りを思い出してみよう）と感情を表す歌のような音（私たちが出すクークー言う音やキーンという音のもっと複雑なもの）と完全な歌と表情豊かな踊り（バレエやブロードウェイ風）を全て一緒に複雑に組み合わせて、私たちの想像の及ばないほど込み入ったレベルのコミュニケーションの方法を発達させたと考える。

これらは私たちホモ・サピエンスの言語を真似ようとする混乱した穴居人的な努力ではなかったとミズンは考える。私たちやそれ以前に出現した他の人類と比べると、ネアンデルタール人は音楽と身振りの名手だったと彼は信じている。私たちは脳と声を出す能力を用いて音で作り出された記号を相手に届けることを専門にしているが、ネアンデルタール人は非常に洗練された音、動き、感情の感覚を発達させた。

彼らがこのようなコミュニケーション方法を発達させたかもしれないと言える理由のひとつは、彼らの頭蓋骨と喉の身体構造は私たちとは異なる方法で発達したからだというものだ。これはひとつには彼らが寒い気候に適応していたため、そしてひとつには偶然によるものだった。私たちの頭と首は声道を囲み、ユニークな形の頭蓋骨にはシー（see）、ソー（saw）、スー（sue）の母音をつくり出すことができる長くぶら下がる舌が収まっている。人類学者のロバート・マッカーシーはネアンデルタール人はそのような発音ができなかったと考える。その説を詳しく調べるために、彼はブラウン大学の言語学者フィリップ・リーバーマンが開発して再建したネアンデルタール人の声道にもとづいてコンピュータ・モデルを合成した。*5

そのモデルはネアンデルタール人が発音したかもしれない方法でeという文字を発音する。その結果は、私たちが発話の中で一度も聞いたことのないような音、eでもaでもiでもなくて、その中間のように聞こえる母音の音だった。このことはネアンデルタール人が「量子的（quantal）」母音として知られているものを話すことができないことを示すとマッカーシーは話す。私たちにとってこれらの母音は異なるサイズの声道を持つ話し手同士が互いを理解する助けになるわずかな手がかりを与える。聞こえるべき音がその通り聞こえるように聞き手の耳を調節できるようにするからだ。それはラジオの特定チャンネルに周波数を合わせるのに少し似ている。量子的母音の場合、その母音を話す方法だけでなく、それをどのように聞くかということも関係する。私たちは耳を傾ける方法を、片言を話し始めた赤ん坊の頃に学ぶ。実のところ、これは私たちが幼児の頃に片言を話す主な理由のひとつなのかもしれない。私たちは言語を作る方法を学んでいるだけではなくて、それに耳を傾ける方法も学んでいるのだ。

いくつかの母音の音を失ってもそれほどのことはないと考えるかもしれない。だがマッカーシーとリーバーマンはネアンデルタール人が量子的母音を発音したり聴き取ったりすることができなければ、例えばビット（bit）とビート（beat）のような言葉を区別できなかっただろうと論じる。その結果として彼らが持つ母音が少なくなり、考えを表現する言葉もずっと少なくなるため、この親戚はミズンが考えたような古いhmmmmのアプローチを元にしていた可能性がある。結局のところ、そもそもbitやbeatのような言葉を使うことがなければ、それを作り出す理由がないではないか。彼らは量子的母音の経験を持たず、それを使用する理由もない。それは体や喉の作りが全く異なる火星人の発話を私たちが再現しないのと同じことだ。

マッカーシーやミズンが正しかったら、ネアンデルタール人は少ない母音をたくさんの音色で補っていたかもしれない。中国語のように抑揚や文脈にもとづく部分が多く、二重母音、母音、子音、そしてこれらの音の組み合わせが表す記号にもとづく部分が少なかったのかもしれない。

また、ネアンデルタール人は私たちのように言葉のパレットを発達させなかったかもしれない。彼らの社会が小さかったからだ。私たちのコミュニケーションは社会的交流を豊かにして、私たちの精神的、情緒的な生活をより複雑にする。考えを表す方法の融通が利かないと、北に生息する大きな同胞が思いつくような、意味合いの少ない考えになってしまうかもしれない。パレットに灰色、黒、白、そして少量の赤しかなかったら、ミケランジェロはシスティナ礼拝堂の天井に色彩豊かな「天地創造」を描こうとしただろうか。ことによると描いたかもしれない。なにしろ私たちはミケランジェロの話をしているのだから。だが全く違うイメージになっていた可能性はあるだろう。

記号言語(symbolic language)、そしてさらに正確に言うと話し言葉は理屈をわかりやすくする。それはアイディアや考えを保存したり伝えたりできるようにするばかりではない。最初に持っているアイディアや考えを形作り洗練させるのだ。それほど洗練された言語を持たなかったネアンデルタール人の世界観は幾分非論理的で、夢のようで、ほとんどシュルレアリスム的だったかもしれない。夢を見るとき、その夢はいつも夢の文脈の中でならば意味を成す。目を覚ましてから夢のことを思い出しても、空を飛ぶことやタイムトラベルをすること、あるいは夢の中で違う自分たちになることは「実」世界では不可能なことを私たちは知っている。起きているときのネアンデルタール人の毎日にはこの種のつかの間の、ほとんどシュルレアリスム的な生活がより多くあったのだろうか。私たちも黙想や、宗教的なトランス状態や、催眠状態において超常的、シュルレアリスム的、霊的な事柄に関係することがある。そして踊りや音楽で時に人々は神秘的でトランス的な状態に陥ることがないだろうか。私たちがこのような状態になるとすれば、ネアンデルタール人もなったかもしれない。彼らが世界を認識した方法を考えると、それ以上かもしれない。ネアンデルタール人の夢はいったいどのようなものだったのだろうか。そして私たちの「現実」はどれだけ正確なのだろうか。

生存に必要なネアンデルタール人の取り組みがそれほどうまくなかったというわけではない。ネアンデルタール人は彼らが作った道具、彼らが行った狩り、彼らが用意した食べ物によって特徴付けられる「領域特化型の」知能を十分に持っていたとミズンは信じるが、彼らがアイディアを物語や神話の満ち溢れる広範の文化に編み込んだ証拠は今までのところほとんど得られていない。

人数が少なかったことが彼らの傾向や才能を妨げた可能性もある。別集団との間でそれほどアイディアの交雑も行われなかったに違いない。ミズンは彼らがそれぞれの集団に特有な hmmmm の「方言」を発達させたかどうかも疑問に思った。それぞれの集団は遠く離れた島のように、ほとんど見つかることがなかったと思われる。彼らの表現方法や偶然の出会いの希少性を考えると、技術的、社会的発達は妨げられただろう。長期的に見ると、それは洗練された文化の台頭を難しくしたに違いない。

人類学者がネアンデルタール人の文化を調べるほど何か奇妙な点が増えることに気付いた理由がこれで説明できるかもしれない。あれだけの粘り強い勇気と回復力がありながら、彼らはヨーロッパに存続した二〇万年間にそれほどの技術的進歩を遂げなかった。彼らが残したムスティエ文化の道具や文化遺物は、その長い存在期間を考えると驚くほど新しい工夫が見られない。技能は一流で、道具のデザインやそれを作り出す方法はかなり正確に伝えられていたが、彼らの知能を考えると新規性やオリジナリティーがもっと期待されるところだった。

彼らにとって最大の技術的躍進はクロマニョン人と初めて出会った後のことだったようだ。これは偶然だったのかもしれないし、内輪でもっとアイディアを共有できていたら達成できた可能性を示すものかもしれない。あるいは彼らが遂にそして宿命的に出会ったときに、彼らの少ない数と言語の限界が、互いに影響し合う二種の能力の妨げになったことを意味するのかもしれない。

この出会いを、そしてその衝撃的な影響を想像してみよう。それぞれの集団は、互いに驚き当惑して相手を見つめたに違いない。彼らは瞬時に相手が自分たちに似ているとわかったに違いないが、自分たちの仲間ではなかった。なぜ彼らは同じ方法でコミュニケーションを取らず、同じ音を出さないのだろう。これは見慣れぬ服を着て、理解不能な言語を話し、古い武器を持った異なる部族ではなかった。全く別の生物で、ことによると神や動物やその中間のものかもしれなかった。クロマニョン人にとって（補足記事「クロマニョン人とは誰か」を参照のこと。本書一九六頁）、筋肉が発達して眉毛が突き出た火のような赤毛の白人は異星人のようなもので、ことによると危険な生物かもしれなかった。背中の広いネアンデルタール人にとって赤ん坊の顔で丸い頭の細い生物は、華奢で、子供のようで、一見したところ弱々しく見えた。だがネアンデルタール人も見知らぬ人が持つ洗練された武器、そして異質で的確な彼らのコミュニケーションを見て危険を感じたかもしれなかった。多分ネアンデルタール人はこの武器を作った生物に出会うずっと前に、その武器の仕事ぶりを見たことがあったと思われる。獲物をそのように手際よく殺した証拠はゾッとさせるような効果があったに違いない。

ここで生じた重大で根本的な問題――いわば部屋の中のマストドン〔気付いてはいるが口に出さない重要な問題〕――、両集団の念頭にあった問題は、彼らが誰であろうと、信用できるのかどうかだった。彼

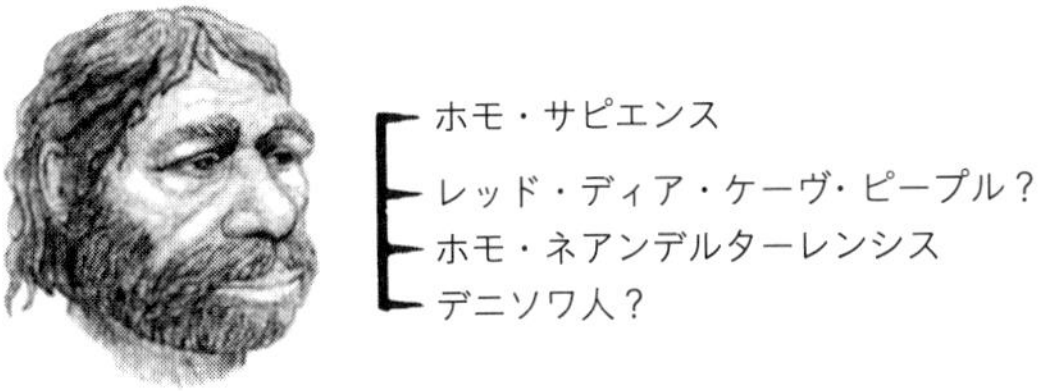

らは友人だろうか、敵だろうか。

＊

私たちが歴史を記録し始めてからの年数の三倍近くにあたる二万五〇〇〇年の間、ホモ・サピエンスとネアンデルタール人は世界の同じ場所を共有してきた。そのうちクロマニョン人がヨーロッパの奥深くに進行していくに従って、異なる種の人々は繰り返し出会ったと思われる。彼らは協力しただろうか、戦争をしかけただろうか、あるいは死の力から逃れるために必死になって働きながら互いを無視する精一杯の努力をしていたのだろうか。

考古学の記録は念入りに調べられてきたが、得られたのはそれぞれの種が生活した様子のわずかな描写にすぎず、まして両者が互いに影響し合った様子などなおさらわからなかった。ホモ・サピエンスが数千年前に取引を行う関係を作り出していたことはわかっている。それによって協力関係が強化されて生き残る可能性が高まった。どちらの種も放浪していたため村や都市をまだ築いていなかったが、長い間に集団が定期的に好んで訪れる開拓地のような場所もあった。

ネアンデルタール人と初期のクロマニョン人の存在は、つい一九世紀まで北アメリカの平原に住んでいたアメリカ先住民とそれほど変わらなかったかもしれない——季節とともに移動して、食糧にしていた大型動物を追い、暖かく彼らを守る洞穴の中やその近くで冬の厳しい寒さに身を寄せ合い、天候がやや回復すると再び移動する。おそらく何世代もの間このように気候に屈服して、食糧、衣服、道具を作る骨、生存に必要なたくさんの原材料を与えてくれるマンモス、エルク、シカの群れを追って生きたのだ。一生は短く、おそらく三〇〜三五回の冬と夏の厳しいサイクルにすぎず、密接な協力関係、家族間の争い、他の人類との時折の出会い、そして死が訪れて、次の世代が闘いを引き継いだ。ある意味で今日の私たちの存在とそれほど変わらないかもしれない。確かに人生は短く、過酷で、技術も異なっていたが、同じ一般的なパターンが当てはまっていた。彼らも私たちのように愛や楽しみや友情を探し求め、自身を表現する方法を探した。結局のところ、彼らも人間だった。ちょっと種類の違う人間だったのだ。

こうしたことを知ると、私たちとネアンデルタール人が共存した長くて寒い二万五〇〇〇年の間に何が起きたのか、ますます興味をそそられる。ネアンデルタール人はなぜ生き残ることができなかったのだろう。それは厄介な謎だ。どの種も自然な経過をたどる。私たちはそれを知っている。そしてネアンデルタール人は大きな成功を収めた。彼らは三回の氷河期を通してヨーロッパやアジア西部のステップや山林の中を放浪した。そして、彼らの近い親戚にあたるホモ・ハイデルベルゲンシスも別れを告げる前に丸々二〇万年生き残った。ネアンデルタール人はその期間の大部分においてアフリカ以北の霊長類の中で優勢な種だった。だが最後の氷河期がかすかに和らぎ始めた頃に、彼らの前にやって来た多くの者たちと同じようにネアンデルタール人が旅立つ時がやって来たのだ。もしそうだったら、ホモ・サピエンスの意図がどのようなものであっても、現代人の出現でネアンデルタール人の状況が改善されることはなかっただろう。クロマニョン人がネアンデルタール人の生態的ニッチに進出し始めて、彼らの方がうまく生き残れることが判明していったのだ。

私たちが遠い親戚に出会って彼らを手際よく一掃してしまったと推測する者もいる。それは狩りや最上の開拓地や土地が関わっていたら、出会ったときに優れた武器、そして多分優れた計画を持つクロマニョン人は、行く手を遮る全ての者を殺害あるいは奴隷化しただろうという説で、その中にはネアンデルタール人も含まれていた。（クロマニョン人は自分の仲間にも同じことをしたかもしれない。私たちは今日も行っている）。それは軍隊を招集して衝突するような全面的な戦争ではなかったと思われるが、ネアンデルタール人の受けた被害は甚大で、居住地、部族、あるいは集団が次々と新しい侵入者たちの手に落ちた。

だが化石記録には戦争や殺人の証拠はほとんど残されていない。めった切りにされた両者の骨が散らばった古戦場は見つかっていない。ネアンデルタール人の骸骨の横に死んだホモ・サピエンスが横たわる遺跡もない。非業の死を遂げたネアンデルタール人の証拠が最初に発見されたのはイラクの北東部にあるシャニダール洞窟だった。その男は死んだときに四〇歳くらいだった。槍あるいは何らかの鋭い物体によって受けた傷の証拠が胸郭に見られた。デューク大学の人類学者スティーヴン・チャーチルは傷の特徴にもとづいて、それが敵のクロマニョン人が投げた軽い槍の傷だと推測する。ナイフやネアンデルタール人が狩りでよく用いた長い槍で突き刺された結果ではないようだった。それはひとつの説だが確実なこととはほど遠い。もしもこの男がこの洞窟内あるいはその近くで殺害されたとしたら、他の犠牲者はどこだろう。男は狩りで受けた傷で死んだ、あるいは別のネアンデルタール人が彼を殺したと考えることもできるかもしれない。

他の発見はもう少し確実で、かなりむごたらしいものだった。古人類学者のフェルナンド・ラミレス・ロッジはフランス南西部のラロアという洞窟で珍しい発見をした。その洞窟では現代人とネアンデルタール人の子供の骨が一緒に横たわっていた。これはふたつの種が出会ったことを示す確実な証拠だった。不幸なことに、子供の顎の骨には殺されたトナカイの頭蓋骨と同じような印が残されていた。あまり気が向かない結論だが、子供は食われてしまったようだった。ネアンデルタール人がこれに似た人食いの運命に出会った例は、フランスのローヌ川に近いムーラ＝ゲルシー遺跡でも見つかっている。ただこの場合は仲間の人肉を食ったのもネアンデルタール人だった。それは乱暴な儀式だったのかもしれないし、戦利品だったのかもしれないし、餓死した者が生き残った者の食糧になったのかもしれない。あまり愉快な考えではないが、これほど過酷な世界には過酷な選択肢も必要になる。

暴力的な出会いがあったとすれば、今のところ手元にある証拠はこれくらいだ。他に何かあるとしても、それはまだ明らかになっていない。もしかするとヨーロッパのどこかの人里離れた山林の中に、あるいは最後の氷河によって流れが変わった広い川の下に、南方の海からやって来た侵入者たちにやられた有史前の戦士たちの骨が横たわっているかもしれない。だが今のところ、戦場も戦士も見つかっていない。

ネアンデルタール人が姿を消した理由を説明できる第二の説によると、クロマニョン人は資源や食糧や土地に関する競争で彼らに勝ったにすぎないということだった。それは私たちが行く先どこでもそこに住むほとんどの動物を競争によって排除するのに似ている。私たちが直接殺したのではなくて、最良の住処や猟場を奪い、彼らよりも素早くしかも大量に獲物を殺して消耗戦で彼らを絶滅させたというのだ。すでにわずかになっていたネアンデルタール人の集団は、生き残るのがますます難しい孤立した場所へとゆっくりと何千年もの時間をかけて後退していった。（私たちは今日アフリカのゴリラやチンパンジー、東南アジアのオランウータンにこのようなことを行っている）。これがさらにネアンデルタール人の結束力を損ない、彼らをさらに弱体化させて、最終的には縮小した集団のそれぞれが死に絶えてしまった。

これにはいくらかの証拠がある。ネアンデルタール人はヨーロッパが最終氷河期の最も寒い段階に入るにしたがって確かに少なくなっていった。ユニバーシティ・カレッジ・ロンドンのレスリー・アイエロは、ネアンデルタール人は寒冷な気候に適応してはいたが摂氏零下一八度以下の気温では生き延びることができなかったと論じる。三万年前の彼らの衣類と技術ではまだそれに対応できなかったのだ。気温が下がって新たな氷河期が訪れると温かな土地は見つかりにくくなる。もしもそのような場所にネアンデルタール人が引き込もっていたとしたら、そこも寒くなって閉じ込められたまま死んでしまったのかもしれない。あるいは温かな場所を見つけても、南方から来た新しい生物が彼らに先んじていたかもしれない。そして気に入った定住地を奪われた彼らは、最終的に彼らが生きていけないような場所に落ち着かざるを得ない状況に陥った。

このようにして絶滅が起きたのかもしれなかった。だがヨーロッパとアジアは広大な領域で、彼らに行き渡るだけの十分な資源がなかったとは想像しにくい。ネアンデルタール人の領域は何万平方キロにも及んだ。ネアンデルタール人の全人口が滅多に七万に達することがなかったことは遺伝的研究で明らかにされている。それがイベリア半島からイギリスの南部やカスピ海を越えたアジア西部にまで広がっていたのだ。それぞれの集団が生きていくためには数平方キロの土地が必要だったと思われるが、その土地の大部分には食糧や資源、そしてマンモスやカバからシカ、バイソン、オーロックスなどにまで至る大型動物の群れが豊富だった。★ネアンデルタール人と現代人類の数を合わせて数十万になったとしても、十分な空間、食糧、資源があり、最終氷河期の最盛期でもヨーロッパの大部分はどのような人類でも――ネアンデルタールであろうとなかろうと――生きていけるだけ温暖だったと思われる。寒い場所に封じ込められたネアンデルタール人は確かに凍りつくような天候で打ちのめされたかもしれないが、イタリア南部、スペイン、フランス、中東などの温暖な地上にすでに住んでいた者はなぜ生き残らなかったのだろうか。

もしかしたらこのシナリオのどれよりも複雑な状況があったのかもしれない。南から来た得体の知れない人々が新しい病気や寄生虫を持ち込んだり、ネアンデルタール人が適応できないような急激な文化的変化を強引に推し進めたりしたのかもしれない。何と言ってもヨーロッパの白人は全北アメリカ大陸の先住民が持っていた文化ややり方を破壊したではないか。その部族の数は数十万に及び、それを四〇〇年以内に行ったのだ。これは単なる残虐な殺人だけの話ではなかった。異なる種類の文化がもたらすありのままの衝撃もかなりの影響を及ぼすことがある。アフリカからやって来た移民はヨーロッパに先住していたネアンデルタール人に同じような大惨事をもたらしたのだろうか。ただしこの場合には四〇〇年ではなく二万五〇〇〇年かかったのだが。それはあり得る。

アリゾナ大学のスティーヴン・クーンとメアリー・スタイナーは、現代人が集団内における労働の役割分担をしてヨーロッパにやって来たと推測する。その方法によると、妊娠した女性、母親、子供たちの大部分の仕事は野菜、果実、ナッツの収集などの安全な仕事だった。その間、男たちは大型動物の狩りに専念した。ネアンデルタール人はこれとは異なる方法で労働を分けていた、あるいはより正確に言うと、全く分担していなかったとクーンとスタイナーは考えた。男性も女性も大型動物を倒す命がけの仕事を行い、それは狩りで命を落とした女性がもう子供を産めなくなることを意味した。狩りでの一〇代、二〇代の若者の死はさらに集団の人口を減少させた。

労働を分担するクロマニョン人のやり方は彼らがネアンデルタール人を攻撃したことを意味するわけではないが、それは彼らに影響をもたらした。ネアンデルタール人よりも多くのクロマニョンの女性が生き残って子供を産むようになったからだ。こうしてクロマニョン人は数を増やしていったが、ネアンデルタール人は失ったメンバーを補おうとして必死になっていた。ネアンデルタール人の方が丈夫だったとしても、何千年もの間の競争に生じたその違いは人口のバランスを完全に変えてしまったのだろう。それは異なる社会的アプローチが白人とアメリカ先住民のバランスを変えたのと同じだった。

このことで氷河期が和らいでもネアンデルタール人の数が増加しなかったわけを説明できるかもしれない。彼らは死亡率が高すぎて、まばらに広がりすぎたのだ。彼らの文化や技術が二〇万年間断固として変わらなかった理由もこれで説明できるかもしれない。同じ集団内でも三〇あるいは三五歳以上まで生存するのが珍しく、子供を産むのに最適な時期に一掃されてしまうと、新しい考えや工夫を伝達する

★原註　オーロックスは絶滅した大型の野生のウシで、ヨーロッパ、アジア、北アメリカに生息していた。一六二七年にポーランドのヤクトルフ森林で、記録に残っているこの種最後の雌の個体が死ぬまでヨーロッパで生き残っていた。

のは難しい。いったい何人のネアンデルタール人のガリレオやアインシュタインが狩りで突然命を失って、彼らの才能や発明もともに葬り去られてしまったことだろう。新しい考えが滅多に生じなくて、人生が短く終わってしまう場合、ごく基本的な伝統を伝達すること以外は不可能に近い。この筋書きによれば、ネアンデルタール人は何千年もの間、人口の減少と闘い続けた。そして最終的には絶滅が唯一可能な成り行きになるのだった。

＊

ネアンデルタール人の絶滅に関する最後のひとつの説は特に興味をそそられる。私たちは善意を武器にして彼らを絶滅させたというのだ。私たちは彼らを殺したり打ち負かしたりしなかった。私たちは彼らと交雑して、そのうちに彼らを私たちの種に取り込み、彼らは姿を消してしまった。つまり二五万年前のアフリカで別の道を歩むようになった人類のふたつの枝、落ち着きのないホモ・ハイデルベルゲンシスの小さな群れが北アフリカを横切りヨーロッパに移動したときに再び一緒になったのだ。

私たちと別種の人類が一緒になって新たな種を作り出したと考えるのは大変興味深いことだ。これが起きたかどうかは、数年前の古人類学における最大の議論のひとつだった。だが今ではこれに似たことが起きたことを示す説得力のある証拠がある。

＊

一九五二年にルーマニアのムイエリイ洞窟の床に横たわっている成人女性の遺骸が発見された——そ

れは脚の骨、頭蓋、肩甲骨、その他の小片だった。これを発見した人々はたいしたものではないと考えた。誰でも触れる状態で地面の上に転がっているような骨がいったいいつ頃のものなのかもわからなかった。そしてその骨は、発見されてすぐに研究者の引き出しの中にしまい込まれて、そのまま半世紀以上放置されて忘れ去られていた。だが、そのうちにアメリカ合衆国にあるワシントン大学のエリック・トリンカウスとルーマニアの二人の人類学者、アンドレイ・ソフィカルとアドリアン・ドボスが骨を再発見してよく調べたところ、彼らは愕然とした。放射性炭素年代測定法は、この女性が生きていたのが最近のことなどではなく、最後に地球上を歩いたのが三万年前だったことを明らかにした。もうひとつの驚くべき発見は、化石が明らかにクロマニョン人の特徴を持っていたが、明らかにネアンデルタール人でもあったことだった。たとえば女性の後頭部には、ネアンデルタール人に特徴的なふくらみがあった。現代人と比べると彼女の顎は大きく、眉の傾斜が大きかった。彼女の肩甲骨は細く、現代人ほど広くなかった。彼女はいかつい容貌の現代人にすぎなかったのだろうか。あるいはある科学者が苦笑しながら述べたように、現代人が「ツンドラの岩陰でネアンデルタールの女性と良からぬことをしていた」証拠だったのだろうか。

最近ヨーロッパのあらゆる場所で同様な発見がなされて、この問題に取り組む科学者たちは驚かされている。フランスの別の洞穴で研究者たちが発掘したのは骨ではなく三万五〇〇〇年前の道具だった。発掘された場所はクロマニョン人とネアンデルタール人が少なくとも丸々一〇〇〇年間ここで共存していたことを示している。もしも彼らが一緒に生きることができて、そしてもしも彼らがコミュニケーションを取り協力できたとしたら、少なくともいくらかのものは種の一線を越えて有史前のロミオとジュリエットになっただろうか。

　また、ポルトガルで発掘された二万四五〇〇年前の謎に包まれた少年の骸骨がある。一般通例では最後のネアンデルタール人が三万年前に死に絶えたということになっているが、この少年の大きな顎と前歯、短い脚、広い胸を見たトリンカウスらは彼も雑種ではないかと考えた。彼の顎の大きさはネアンデルタール人のものだったが、それは私たちのものに似て角張っていた。また、彼の前腕は彼がホモ・サピエンスだとしたら短く小さすぎた。

　不思議な話だが、ポルトガルのこの箇所はネアンデルタール人が化石記録から姿を消す前にヨーロッパで住んでいた最後の場所のひとつなのだ。この少年は最後のネアンデルタールの一人にすぎなかったのだろうか。彼らが遂にそして必然的に遺伝的または別の方法で地球上に勢力を広めていた現代人の台頭に飲み込まれたことを示す証拠だったのだろうか。

　最近になるまで、異種交配を示す証拠、私たちとネアンデルタール人が交配したことを示す決定的な証拠はこのような解釈の難しい発見だけだったが、否定できないものはなかった。それから二〇一〇年にマックス・プランク進化人類学研究所がネアンデルタール人の歴史的なゲノム分析を完了した。私たちが七年前に自分のために行ったことを、頑丈ないとこのためにも行ったのだ。分析に用いたＤＮＡは、アドリア海沿岸からそう遠くないクロアチアのヴィンディア洞窟で発見された三個の骨から抽出された。私たちとネアンデルタール人が遠い過去に共通の子孫を作ったかもしれないという興味深い可能性を解読するために、研究チームはネアンデルタール人のＤＮＡを世界中の異なる系統の人々――フランス人、漢民族、ニューギニアのパプア人、アフリカのヨルバ人とサン人――のゲノムと比較した。サン人はアフリカで出現した最初の現代人と遺伝的に非常に近い。

このプロジェクトの研究者たち、そして科学界を驚かせたのは、アフリカのヨルバ人とサン人から採ったサンプル以外の全てのものに一〜四パーセントのネアンデルタールのDNAが含まれていたことだった。言い換えると、ヨーロッパから東南アジアの島々に至る地域（おそらくさらに広い地域）の人類の大部分は部分的にネアンデルタール人なのだ。アフリカ人がネアンデルタール人の血を全く共有しないと思われることによって示されるのは、ホモ・サピエンスの波がアフリカを離れた後に、そしてしかし子孫がヨーロッパやアジアに入る前にこの二種の人類が交雑したということだ。研究者たちによると、これは八万年前から五万年前までの間のどこかだということだ。

現代人とネアンデルタール人が交雑したのはその時だけだったのだろうか。研究チームは明言しないが、今のところ、彼らは手元の研究にもとづいて結論を出すしかないのだ。このことはヨーロッパで共存した二万五〇〇〇年の間に混ざり合ってひとつの種になり、組み替えられた遺伝子が別の進化的圧力によって形作られて新種の人類が創り出されたと信じる人々をがっかりさせるだろう。だが、その可能性が除外されるわけではない。検討するだけの十分な情報がないというだけのことだ。

＊

私たちが交雑したということだけでは、北に住むあの頑丈で寡黙な人々が絶滅した謎をはっきりと解決できない。殺人だったのだろうか。競争だったのだろうか。愛だったのだろうか。どれかひとつでなければいけないのだろうか。私たちの望みに反して、自然も、進化も、人間関係も、どれも混沌（こんとん）としていて予測不能だ。ヨーロッパ人が南北アメリカを植民地化したとき、彼らは先住民に対して友好的に接することも、残忍に絶滅させることも、女性をレイプすることも、恋に落ちて家族を持つようになることもあった。セックスが問題外になるほどネアンデルタール人はクロマニョン人と異なっていたのだろうか。もしもマックス・プランク研究所の発見が正確ならば、それは明らかに違っている。どちらの種も人間であり、子孫をもうける欲求は強く原始的だ。なにしろ人間は他の霊長類や、その他の動物とさえセックスをすることが知られているのだから。二万五〇〇〇年の間には両者があの冷たいヨーロッパの冬を一緒に寝て過ごす何らかの共通点を見つけたことだろう。進化における必然的な教訓のひとつは、何か起こる可能性があるときには多分起きるということだ。

結局、両者の間に何が起きたにせよ、いろいろな成り行きでネアンデルタール人はまず絶滅の危機に瀕(ひん)して、遂に絶滅してしまった。彼らは二万年の間、寒冷な気候によって痛めつけられた。その結果彼らは少数の状態を保つことになり、安定した取引を発達させることが、そして分散した集団の文化の発展を共有して展開することが難しかった。複雑な形のコミュニケーション手段を持ち、そしてそれがどれくらい私たちのものと異なろうとも、彼らが広くさらに洗練された文化を創ることは相当厳しかったと思われる。彼らは現状を維持するために大変な努力をしなければならなかった。そのため彼らは一集団ずつ姿を消していったのだろう。互いの手にかかってそうなることもあったようだ。病気や飢餓による場合もあった。気候の変化による場合もあり、これは特に現代人が彼らの気に入っていた住処を奪い、彼らの前に獲物を殺し、限られた資源を枯渇させるようになり、彼らの技術がついて行けなくなったときには特に破壊的な原因になった。

好ましい場所を得ようとして戦って敗れ、移動を続けることもあったかもしれない。非常にやせた土地で何とかやっていくしかなくなるまで移動を続けたアメリカ先住民のように。あるいは妥協して、ほっそりした賢い競争相手と協力して仲良くなり、やがて両者に違いがなくなり、親戚の遺伝子プールの中に消えていったこともあったかもしれない。そして彼らが繁栄していた頃の遺産として、わずかな骨と道具、そして私たちの中にDNAを残していったのかもしれない。

終わりがどのようにしてやって来たのか、正確なことを知るのは不可能だが、いつかどこかで最後のネアンデルタール人がこの地球から姿を消した。現在の説によると、最終氷河期の間に生き残った群れが南のイベリア半島に後退して、西ヨーロッパの先端の最後の拠点であるジブラルタルで持ちこたえていた可能性が示されている。

ジブラルタルはスペインの南端から大きな乱杭歯のように突き出し、アフリカの北向きの海岸からわずか約二〇キロメートルのところに位置している。ネアンデルタール人は一〇万年の間、鷹のように地中海を見下ろす岬の巨大な岩の麓に位置する、今日ゴーラムの洞窟と呼ばれる大きな洞窟に住んでいた。洞窟の中で発見された炭のかけらの放射性炭素年代測定法が正確ならば、ネアンデルタール人は二万四〇〇〇年前にそこで最後のたき火をしたと思われる。これは科学者たちが以前考えていたよりもはるかに新しい年代だった。

最終氷河期のジブラルタルは今日とは違っていた。洞窟の天井の上にある岩だらけの丘にはシカやアイベックス〔大型の角を持つヤギの仲間〕やウサギが生息していたため、ここは消えゆく種にとって絶好の隠れ家だった。当時の海面は今日よりも七〇〜一一〇メートル低かったため、洞窟は今日大きな湾を取り巻いている青い海の代わりに広がる平原や沼地を一つ目のように眺めていたのだろう。

残された骨は洞窟の住人がウミガメ、魚、その他の海洋生物を贅沢に食べていたことを教えてくれる。それは長い間住み良い場所であり、今になってみると、最後の場所にもなったようだ。ネアンデルタール人がさらに南に行くためにはアフリカしかなかった。北側には彼らの領域に何千年もの間侵入し続けてきたクロマニョン人がいた。さらにその六〇〇〇年前から気候が猛烈に寒くなり始めていて、群れは南に追いやられて、大陸の下部にあるこの最後の居住地だけが残った。

海に囲まれてこれほど南に位置するジブラルタルは、氷河が南下してもある程度まで温暖な状態を保っただろう。氷河期が厳しさを増した二万四〇〇〇年前にはジブラルタルも乾燥が進み、湿地は干上がり、それとともに獲物も姿を消した。日一日と厳しさが増して、遂にどうしようもなくなった。

誰かが、あなたや私のような個人が、最後のネアンデルタール人になったはずだ。彼あるいは彼女はそのことを知らなかったが、だんだんと人数が減り、遂には一人になったその人の終わりは単なるひとつの死亡例ではなかった。それは何十万年もの間、進化の苦しいるつぼの中で形作られ、打たれてきたひとつの種全体の死だった。その最後の時はどうだったのだろうか。

私は、彼らが浅い地中海の上にそびえるジブラルタルの断崖に腰をかけて、西にあるスペインの山々に沈んでいく夕日を眺めていたと考えたい。その最後の瞬間にネアンデルタール人の傾斜して突き出た眉を弱々しい光が照らし、あの不思議なオレンジ色の火の玉が静かに姿を隠すときに最後のネアンデルタール人も、その心と、最後のユニークなネアンデルタール人風の考えとともに姿を消すのだ。二〇万年という私たちの理解の及ばない圧倒されるような時間の後に、絶滅は遂にやって来たのだ。

＊

だがなぜネアンデルタール人であって、私たちではなかったのだろう。何らかの理由で私たちの方が賢かったから、あるいはコミュニケーションが上手だったから、あるいはより社会的、戦略的、あるいは創造的だったからと言うことはさらに深い問題を引き起こす。それは、何が起きて彼らではなくて私たちがそうした能力を発達させたのかということだ。何が違いをもたらしたのだろうか。例によってその答えは単純ではないが、興味深く、これも私たちの幼少時代と関係がある。

歯は形成されるときに、エナメル層が一層ずつ作られて、ひとつの層の上に次の層が沈着する。これによって注意深く観察すると樹木の年輪に似たパターンを見ることができる。沈着するエナメルの量が多いほど間隔、つまり周波条が広くなるのだ。

古代の歯が人類の進化について教えてくれることはあまりないと思うかもしれないが、それは多くのことを語り、私たちの親戚を含む異なる霊長類が成長する速さを測定する非常に便利な方法を提供する。たった一本の臼歯や小臼歯しかなくても――古人類学ではよくあることだが――そのたった一本の歯が問題の解明に非常に役立つことは驚異的だ。非常に異なる霊長類でも、周波条が沈着する速度を調べることで大人あるいは思春期になった、あるいは離乳した「歳」を互いに比較することができる。これはどれも歯の形成が止まった時で決めることができる。こうして一本の歯は、他の生物学的なライフイベントと比較するのに信頼できる生物時計の役割を果たすことができる。そしてそれは私たちの先祖が私たちよりも早くあるいは遅く成熟したことを知る手がかりになる。

私たちが身体的に大人になるには一八〜二〇年かかることがわかっているが、チンパンジーやゴリラは一一、一二歳、半分の年月で大人になる。これに関する主な理由は私たちの延長された幼少時代だ。重要な点は、私たちの一生の成長速度が他の霊長類と違うということだ。私たちは六歳頃に最初の永久歯が生えるが、チンパンジーは三歳半頃に乳歯を失う。アファレンシスのようなごく初期の人類はチンパンジーと同じ速度で発達した。彼らの歯もそうだった。だが後にホモ・ハビリスやホモ・エレクトスが出現すると幼少時代が長くなり、成長が遅くなった。ホモ・エレクトスの子供は最初の永久歯が四歳あるいは四歳半頃に生え始めた。

世界各地の先駆者たちの歯の研究から集めたこうした全ての発見によって、人類学で最も有名な若者、ナリオコトメ（あるいはトゥルカナ）・ボーイ（第2章「幼少期という発明」を参照のこと）の年齢が見直されることになった。最初科学者たちは彼が死亡した時の年齢を一二歳と判定したが、身長がすでに一六〇センチメートルに達していたにもかかわらず彼は八歳に近かったというのが現在のコンセンサスだ。彼は思春期で急速に身長が伸びる時期（まともな大きさの服を着せようと親が必死になる時期）だったが、私たちの認識によると彼はまだ小さな少年と言うべきだった。（したがって、彼は成長速度でチンパンジーと私たちのほぼ中間だったことになる）。こうした全てのことから、進化の早い時期に私たちの先祖は速く成長した、つまり彼らの幼少時代は短かったことがわかる。それはさらに、彼らが大人のやり方を始める前に学ぶ時間があまりなかったことを意味する。

ネアンデルタール人が登場する頃にはナリオコトメ・ボーイの早い成長速度が今日の私たちに近い速度に追い付いたと考えるかもしれない。なにしろ私たちとネアンデルタール人は同じ共通した先祖から進化して同じ頃に登場したからだ。私たちの体の大きさは同じくらいで、脳の大きさも同じくらいだった。

しばらくの間はまさにそのように考えられていたのだが、ナリオコトメ・ボーイを最初に発見したチームの一員だったアラン・ウォーカーが、ネアンデルタール人がホモ・サピエンスのような現代の成長速度になったのは約一二万年前、つまり彼らが最初に登場してから八万年後になってからだったことを二〇〇一年に発見した。そのように彼は考えたのだが、彼の結論が間違っていることが間もなく証明された。ハーバードの研究者ターニャ・スミスらはたくさんの歯を念入りに調査した後に、ウォーカーが考えたほどネアンデルタール人が寿命や幼少期を延ばさず、実はそれを短縮させて、少なくとも七〇〇万年逆行させたという結論に達した。スミスによるとネアンデルタール人は私たちよりも三〜五年早く一五歳で完全に成熟して、そのペースは一五〇万年近く前のナリオコトメ・ボーイとそれほど変わらなかった。一方、モロッコで発掘された人類の化石は、私たちホモ・サピエンスが現在の成長速度になったのが一六万年も前だったことを示している。

だが長い間続いてきた幼少期を長くする傾向がなぜネアンデルタール人で逆行することになったのだろうか。それは全ての進化的傾向を曲がりくねらせるのと同じ力――生き残る必要性――だった。

ネアンデルタール人が特に寒い気候と闘い、巨大な動物を至近距離で狩るなど辛い目に遭ってきたことを覚えていることと思う。彼らの人口は、気候が温暖になってきても急増しなかった。それは彼らが出現したその瞬間から絶滅危惧種だったことを意味する。彼らが地球上で最も強く頑健な生物であったことは真実だが、長く生きることはなかった。彼らが非常に早く消滅して、小さな集団になっていたため、進化は明らかに、あまりにも早く死んでしまう年長のメンバーを補うために、できるだけ早く成長して、子供を産み、サイズと力のうえで大人になる子供を好むようになった。

このことはふたつの大きな影響をもたらしたが、それはあまり好ましいものではなかった。第一に、ネアンデルタール人の子供たちは、早い時期に遊びや学習、社会性や創造性を習得する時間が少なくなった。その結果は個人的適応性と創造性の減少をもたらした。独自の人間性や才能を発達させる時間が減ってしまったのだ。第二に、それは集団内の若いメンバーに貴重な知識を伝達できる者の数が減少することを意味した。ネアンデルタール人は生き残るための短期的な必要に迫られていたため、長期的に見て私たちホモ・サピエンスを救うことになった一層複雑なスキルを向上させることができなかったのだ。

しかし進化の観点から見た場合、彼らにはほかにいったいどのような手段があっただろうか。ネアンデルタール人の母親は高い死亡率を補うために突然ネコやブタのように一回に何人もの子孫を産めるようにはなれない。そして彼らは少数、小集団であり大きな集団のような豊富な人材を持たなかった。彼らは進化のうえでどうしようもない状態に陥ってしまったため、幼少時代を早めることが最も手近なダーウィン的解決法だった。それは二〇万年間うまくいった後にだめになってしまった。

私たちホモ・サピエンスの方が幸運だった。私たちもその五万年前に絶滅に近いところまでいったが、私たちの絶滅の背後にあった気候の力は素早く襲いかかってから逆転したのだ。死にそうな経験をしたにもかかわらず、私たちにはネアンデルタール風の遺伝的解決法を採る十分な時間がなかったため、気候が回復したときに私たちも急いで回復した。私たちが急速にヨーロッパとアジア、そしてさらに広域に広がったことをＤＮＡ解析は示している。それができた主な理由は私たちがすでに幼少時代を最大限に延長していたためで、それによって若々しい外見、大きな脳、そして個人的多様性を持つこの奇妙でほっそりしたサバンナの類人猿は世界を驚くべき方法で変える用意が整った。

というところで、次の部分に話を進めることにしよう。

クロマニョン人とは誰か

「クロマニョン」は少し混乱を招く言葉かもしれない。その言葉は最初の化石が見つかったフランス南西部のアブリ・ドゥ・クロ゠マニョン洞窟が元になっているが、実際には約五万年前にアフリカから移動を始めた先祖を持つ浅黒い肌の人々のことを表すからだ。彼らは西ヨーロッパに到達した最も初期のホモ・サピエンスで、ネアンデルタール人と最初に出会い、後に四万年前頃から現在のフランスやスペインで共存するようになった。

想像できるかと思うが、クロマニョン人は頑健な集団だった。強く、発達した筋肉を持ち、今日の私たちよりも大きな一六〇〇ccの脳を持ち、賢かった。広い額と四角い顎を持つ彼らは、そのようなネオテニー的特徴を大人になるまで持ち続けた最初の人間（私たちの知る限りでは）になった。これは現代のホモ・サピエンスの身体的特徴だ。

彼らは明らかに大きな成功を収めた。彼らの遺伝子は今日ヨーロッパ、中央アジア、アフリカ、ポリネシア、南北アメリカ大陸に住む人々に見られる。要するにほとんどの人に見られるのだ。彼らの武器類は進んでいた。その中には骨製の投槍器（とうそうき）の発明も含まれていた。これは獲物をめがけて（そして時には互いを狙って）槍を投げるときに槍を支えるもので、力と正確さを与えたため、彼らは地球上で最も恐ろしい狩人になった。彼らはまたフリント〔燧石（ひうちいし）〕で非常に鋭い刃や槍の穂先を作るのが上手かった。彼らは槍が正確に飛ぶように槍を真っ直ぐにする技術も開発した。彼らは武器に装飾を施すのも好きだったが、彼らの美術の才能を表すこのような小さな例の発見は彼らの創造力のごく一部分にすぎなかった。世界が彼らの真の創造的才能を知ることになったのは一九四〇年のことだった。好奇心旺盛な四人の一〇代の少年とロボットという名の飼いイヌがフランスのドルドーニュ地方のラスコー洞窟の壁にたくさんの不思議な絵画が描かれているのを見つけたのだ。

それは開いた口が塞がらないほどすごい、現代の芸術家が生み出すことができるいかなるものよりも美しく心に残る図柄だった。そして現代人の行動がこの人々によって世界にもたらされたことを示していた。それは宗教的なもの、あるいは霊的世界に入るためのもの、あるいは何世代にも及ぶ古代の並外れた人間が今まで誰もしたことがなかった方法で自己表現をするために描いたいたずら書きや図柄にすぎなかったのかもしれない。今では世界各地でこのような洞窟が何百も発見されている。その中にはこの、あるいは他の古代人類が想像したこと、私たちの種を特徴付ける遊び心や創造性、私たちの中の子供の部分が力強く描かれている。

第7章　野獣の中の美女たち

原始時代においてさえ、洞窟に絵を描く才能のある画家だけが出現して、歌を作る方でも同じように創造的な人々がいなかったと私には想像できない。言語能力と同様に、これは生物としての人間の顕著な側面の一つである。
——ルイス・トマス『細胞から大宇宙へ』〔訳文は邦訳（橋口稔、石川統訳、平凡社、一九七六年）による〕。

上唇に穴を開けて金属と竹でできたペレレという大きな環をはめて唇が鼻より数センチ突き出ていたら、とても魅力的とは思えないが、アフリカ中南部のマコロロ族の女性は一九世紀にこのようなことを行っていた。女性が笑みを浮かべると環をはめた唇はひっくり返って女性の目を覆ってしまうが、それでも男性はこれを好ましく思った。

一八六〇年に英国の探検家がマコロロ族の首長に「なぜ女性たちはこのようなものを身に付けるのか」と尋ねると、信じられないという表情を顔に浮かべた首長は「美しいからだ」と答えた。「それは女にとって唯一の美しいものなのだ。男にはひげがあるが女にはない。ペレレのない女はいったい何者だ。男のような口でひげがなければ女でもない」。*1

人間の行動を引き起こす視覚的合図の力を過小評価するのは難しい。それは誘惑する場合も含まれている。「今日、野蛮人たちは羽根飾り、首飾り、腕輪、耳飾りなどで身を飾る。彼らは非常に多様な方法で体に図柄を描く」とダーウィンは一八六〇年に記述している。彼は『人間の進化と性淘汰』の一章を丸々これに当てて、世界各地の人々が異性を引きつけるために自分を飾り立てる熱狂的で異質な方法について詳しく説明している。マレーシアの原住民は歯を黒く染める。「イヌのような白い歯」は恥ずかしいからだった。アラブ人の中には頬（ほお）やこめかみに「傷がなければ」完成された美しさにはならないと考える者もいた。ブラジルのボトクド族は下唇に一〇センチの円盤状の木をはめる。そしてチベットの女性は金属製の環を首にひとつずつはめていって、頭が肩の上に浮かんでいるかのように見えるまで首を伸ばす。

ダーウィンの観察によると、ほとんどの場合、女性の装飾品は美しさを強調することを目的にしていた。男性も自分の肉体を魅力的にすることに専心したが、戦いの時に敵に恐怖を与えるような装飾品を好む場合がほとんどだった。獰猛（どうもう）な戦士は異性にとって魅力的な場合が多いからだ。そのため彼らはあらゆる種類の絵の具で体を飾ったり、ニュージーランドのマオリのように驚くほど細かい入れ墨を施したりした。アフリカの部族の中には男性の額や顎に印された星印に抗しがたい魅力を感じる女性もいた。

私たちが自分の外見を重要に思うことを表す証拠はダーウィンの逸話だけではない。人間はいつでもどこでも外見に注意を払う。二〇一一年に化粧品会社は世界中の男女に一二五億ドルの出費をさせた。そして二〇一〇年には他国の誰の力も借りずに、アメリカ人だけで宝石に五〇〇億ドル出費した。

ダーウィンは人間の行動のこのような側面を表す興味深い例を列挙している。それは彼が『人間の進化と性淘汰』の重要な点――種はふたつの方法で存続を保証しようとすること――を強調するためだった。第一に、病気、寄生虫、捕食者、悪天候、その他環境の中に無数にある全ての危険を出し抜くことによって、そして第二にセックスをすることによってだった。どのような種でも新たな子孫を世の中に生み出す仕事に協力する相手を見つけることによってのみ、生き残ることができると彼は指摘した。このプロセスのことを彼は「性選択」（性淘汰）と呼んだ。ふたつの戦略は密接なつながりを持っている。セックスがなければ生き残る目的がなくなり、もちろん生き残らなければセックスも不可能になる。当然ながら性的に選択される第一段階は、まず異性の注意を引くことだ。抗しがたい魅力がなければ交合することはできない。少なくともあなたにとって、そして遺伝子プールを提供するためのDNAにとって、気付かれないことは愛されないことであり、自然界における報われぬ恋は確実に絶滅につながる。

このことは進化的観点から見ると、人生において少なくとも一人のセックスパートナーをうまく獲得することよりも重要な目標は少ないことを意味する。自然選択が生き残りのために共同で遺伝的に奇妙なことをしでかす才覚を持つことを考えると、その力がさまざまな種のメンバーに互いの魅力を宣伝する大層な方法を考え出させることになった。クジャクの羽が最も有名だが、（絶滅した）オオツノシカの巨大な角、アカメモズモドキが雌を魅了するために歌う複雑な歌、ライオンの立派なたてがみ、雄のマンドリルの色彩鮮やかな尻と顔などもある。花の鮮やかな色彩や香りもハチを引き寄せて他の花を「受精させる」代理にするので性的魅力の一種だ。

こうした進化的特徴の多くがおもしろいのは、それが度を超えているからだ。一見したところでは、実用的な目的は持たないように見える。実際、時には生き残りの妨げになる場合もある。大変な力や余分な養分が必要だったり、捕食者に注目されたりすることがあるからだ。このように高価につく人目を引くもののことを生物学者は「適合性の指標（fitness indicator）」と呼ぶ。雄の動物の大部分が自分の持ち歩く遺伝子の素晴らしさを雌に宣伝するために用いる広告板だからだ。大げさなダンス、他の雄との戦い、素晴らしくよく調整されたさえずり、巨大な角、光る尻、りっぱなたてがみ——これらはどれも異性に向けた強力だがコストの高い信号だ。彼らの唯一の目的は「私こそふさわしい男だ」と証明することなのだ。

他の動物同様、私たち人間も印象的な適合性の指標をいろいろ進化させてきた。たとえば現代人の女性は他のいかなる霊長類よりも大きな胸を持つが、その拡張されたサイズには明確な実用目的がない。雌のゴリラやチンパンジーの胸は小さいが、それでもとても具合良く子供に哺乳する。だが人間にとって、豊かな丸い胸は無意識のうちに健康と生殖能力を示唆するようになった。（buxom〔巨乳〕という言葉の本来の意味は健康で快活なことを表した）。*2

丸い尻や、砂時計のようなくびれがある体型についても同じことが言える。ほとんどどの文化に属する男性でもヒップの七〇パーセントのウェストを持つ女性に惹かれることがいくつかの研究で明らかになっている。他の研究では女性の背中と尻に付いたある程度の脂肪が繁殖力を表す共通の信号であることも明らかになっている。それが送る微細なメッセージのおかげで、そのうちに進化はこうした特徴を持つ女性に有利に働くようになった。その形質が健康を表す非常に正確な指標になるという単純な理由からだ。彼らの子孫が生き残って交合して健康を促進させる遺伝子を伝える傾向が次に見られた。

女性も男性の中に健康の指標を追求する。女性は細い腰と広い肩に魅力を感じる。それは肉体的な力はその男性が繁殖力のある極上のＤＮＡの持ち主であることばかりでなく世界中の危険から逃れて、家にベーコンを持ち帰ることができる十分な運動能力の持ち主であるという無意識の信号を送るからだ。

適合性の指標の重要性は私たちの容姿もあやつってきた。人間の顔は自然界において健康状態を表す最高の宣伝のひとつだ。だから私たちは美しさやハンサムであることにこれほど関心を示すのだ。私たちは他人の顔を見るときに晴れやかな笑み、白い歯、なめらかな肌、ふさふさした髪は言うまでもないが、対称性を求める。このような特徴に魅力を感じるようになるのはそれを学習するからだと多くの人は考える。それは部分的には正しい。ダーウィンの研究が示したように、ファッションの傾向やヘアスタイルは私たちが美しく思うものに影響を与えるが、肉体美に対する好みはほぼ完全に原始的で無意識、つまりそれは学習したものではないということだ。

テキサス大学オースティン校の心理学者、ジュディス・ラングロイスは、これが非常に深く根ざした傾向で、幼児も魅力的でない養育者よりも魅力的な養育者を好むことを発見した。彼女は研究チームとともに六〇人の赤ん坊、一人の女性、腕の良いマスク制作者という奇妙な組み合わせを用いてこの傾向を解明した。この実験のためにチームは女性養育者がつけるふたつのマスクを制作者に依頼した――ひとつは彼女がかわいらしく見えるもの、もうひとつは彼女がそれほどかわいく見えないものだった。赤ん坊はこの女性のことを全く知らなかった。マスクは非常にリアルで、養育者の本物の皮膚を覆う皮膚のようで、彼女がどのような表情で笑ったり顔をしかめたりしても滑らかに動いた。被っているマスクによって違う行動を取らないように——赤ん坊の行動に微妙に影響を与える可能性のある何らかの行動——養育者は自分が被っているマスクが顔を美しくしているか見苦しくしているかを知ることができなかった。赤ん坊にだけそれがわかっていた。

変装した女性は六〇人の赤ん坊と一人ずつ順番に遊び始めた。遊びはそれぞれの幼児の経験に一貫性を持たせるために厳密に筋書き通りに行われた。全ての遊びの日付がビデオテープに記録されたのだが、驚くなかれ、ラングロイスによると幼児たちは「女性が魅力的なときよりも魅力的でなかったときに彼女を避けることが多く、魅力的な状態よりも魅力的でないときの方が否定的情動や苦痛を表すことが多かった。さらに男の子の場合には（女の子の場合は違った）魅力的ではないときよりも魅力的なときに女性に近付くことが多かった。これは後に男の子が成長したときにパーティーや他の社会的状況で起きる可能性があるやりとりを予示しているのかもしれない」。

他の研究は私たちが相手の美しさを好む傾向は根本的に深いものだという認識を強化する。大学生の場合、全ての赤ん坊が同じように見えると言いながら可愛い子を好むことが証明されている。そして母親でさえ魅力を感じなかった長子よりも魅力を感じた長子に対して注意深くそして愛情深く接した。顔立ちの良い小学生はそれほどでもない子供よりも仲間たちから良い扱いをうける。そしてラングロイスの別の実験は、人種や民族的背景に関わりなく、六か月以下の赤ん坊が魅力的な大人の写真の方を長く眺めていたことを示した。*3

これらの実験はどれもその行動が理にかなっていることを意味するわけではない。実のところ、そうではないことを示す証拠なのだ。なぜなら、残念ながら、世界は魅力的ではあるが親切でも信頼できるわけでも、特に知性があるわけでもない人がいっぱいいるからだ。親切、信頼、知性などは人間にとってどれも役に立つ特徴なのだが、美しさは本質的に善悪とは全く関係がない。そして、幸いなことに、私たちにはそれを理解する知的能力が発達している。にもかかわらず、私たちは肉体的な魅力を好む原始的な衝動を拒絶するのに苦労する。それは肉体が毎日をうまくやっていく可能性を高める遺伝子プールを持つことを示す強力な指標になることが長い間に証明されてきたからだ。それは以前に比べて有用な指標ではないかもしれないが、何百万年の時間、あるいは進化は非常に止めにくい習慣を作り出す。

*

こうしたことがなぜ問題になるのだろう。それは一見してわかるわけではないが、私たちがネオテニーと呼ぶ幼少期を延長する現象と美に対する私たちの普遍的な好みが明らかに結びついているからだ。その両者を合わせたものが、毎朝あなたが鏡の中に見る表情が大人ではなく幼い類人猿のように見える理由を教えてくれる。コンラート・ローレンツの「生得的解発機構」を覚えているだろうか。その見解に加えて他の多くの研究は幼児の顔、特に笑みを浮かべている顔が大人に「快反応（pleasure response）」を引き起こすことを明らかにしている。

もしもそれが本当なら、今の私たちよりもサルに似ていた私たちの先祖が若い特徴――広い額、大きな頭蓋骨と目、平らな顔、前に出た顎――を大人になるまで持ち続けた相手を好むようになったのかもしれない。遺伝的偶然で子供のように見える特徴を持ちながら大人になった女性は、それほどでもない女性に比べて熱狂的な求婚者が多かったのかもしれない。それによって赤ん坊のような顔を持つ特徴が男の子や女の子たちに伝えられる可能性が増して、私たちみんなにネオテニー的容貌が増していくことになった。

だが、面倒を見てもらったり快反応を引き起こしたりすることに加えて、若さが健康の指標であることは知っての通りだ。それは健康、体力、繁殖力と同調して異性が幼少期を過ぎても若く見える相手を好むさらなる理由になる。このプロセスは長くてゆっくり進行したかもしれないが、無数の世代の間に私たちの人類の先祖の特徴だった額が傾斜して、口や鼻の部分が突き出して、顎が引っ込んでいるサルのような顔が子供っぽい顔つきに変化した。遠い過去から現在に向かって進んでいく間に種ごとに変化してきた要素を先祖の顔に見ることができる。二〇万年前にホモ・サピエンスが出現した頃には、私たちの若い外見は現在の状態にかなり近くなった。

私たちの外見は何百万年もの間にゆっくりと変わってだんだん子供のようになったかもしれないが、進化が進んで自己を認識するようになると、どうやらこれでも十分に魅力的ではなくなったようだ。それは、少なくともこの五万年の間に私たちが創造的に、そして熱狂的に自分の手でこの問題に対処し始めて、遺伝子や進化が仕事にとりかかる前に自分の外見を変えるようになったからだ。遺伝的な偶然で両親が私たちに伝えた青い目や金髪、細長い体や丸くずんぐりした体を自分の手柄にするわけにはいかない。だが、ダーウィンがあれほど徹底的に研究した見た目を良くする大げさな方法は、私たちが他の動物、他の霊長類でさえしないことをするのを示している。私たちは創造力を使って念入りに外見を作る。それが私たちを他の動物界と分ける重要な行動のひとつかもしれない。だが、さらに興味深いのは、私たちは外見をいじくり回すだけではないということだ。私たちは行動も変えるのだ。私たちはセクシーに見せるばかりでなく、セクシーに振る舞おうとする。そしてそれは種としての私たちを全く新しい領域に連れて行った。

　このような変化の中には他の動物に類似例が見られるものもあるが、そこにもはっきりとした人間的な工夫がある。たとえば、デートの時にポルシェのカレラやハーレーダビッドソンのナイトロッドスペシャルで現れてライオンのように吠えることができる。私たちは天候から身を守るためばかりでなく、外見を良く見せるため、そして地位、力、自信を表明するためにも服を利用する。行動に見られるこうした綿密さは社会学者で経済学者でもあるソースティン・ヴェブレンが一八九九年に出版した画期的な書物『有閑階級の理論』の中で示した「衒示的消費」に対する私たちの愛着を説明することもできる。所有物――最新のスマートフォン、最高級の家、最大のダイアモンド、最も人気のあるドレス、最も贅沢な生地――はどれも人間が作り出した適合性の指標なのだ。

　異性に対して自分を魅力的に見せる方法として、これはどれもありふれたことではないかとあなたは考えるかもしれない。私も確かに同意する。だが、セックスパートナーになる可能性のある相手に自分を印象付けるために自分をよく見せようとすることが、さらに創造的努力の基礎になって、現代人の文化――歌、芸術、発明、ウィット、物語、ユーモア――の大部分を可能にしたという説得力のある議論を展開することもできる。人間の創造力と文化のルーツを自分を魅力的に見せようとする初期の意識的な努力にまでたどれると論じることができるのだ。

心理学者のジェフリー・ミラーは格好の良い体型や均整の取れた若い顔が身体的な健康を表すのと同じように、創造力自体も精神的な健康を表し、相手にとって非常に大きな価値があるため進化が「促進させる」形質になると論じている。

*

こうした創造力のエンジンになる器官はもちろん脳だ。それは住んでいる世界を理解するために進化したのかもしれないが、ホモ・サピエンスの場合には自分をよりセクシーに、そして徹底的に魅力的にするあらゆる種類の行動や数え切れないほどの個人的意思決定を生み出す上で非常に効果的になった。脳はあなたを機知に富ませ、びっくりするようなアイディアを思いつかせ、ピアノを極めさせ、ダンスをうまく踊ったり美しく歌ったりするのを手伝い、安定して忠実なパートナーにする。それは万能マシンのようなもので、異性の性的な降伏を含めてほとんどどのようなゴールでも目指すことができる。脳が自己認識できることに気付いたときに、それは自然における究極の適合性の指標になったとミラーは論じる。遺伝子が鮮やかな羽や鮮やかな色をもたらすように、脳は一〇〇万の異なる方法で私たちに欠ける能力を増加させる仕事に熱心に取り組む。彼はこのことを「健康な脳の理論（healthy brain theory）」と呼ぶ。

創造的な行動が私たちをセクシーにするという考えは真新しいアイディアではない。大御所ダーウィンは、跳びはねたりさえずったりする鳥の変わった仕草を念頭に置いて『人間の進化と性淘汰』の中で、人間は配偶者になる可能性のある相手の心を勝ち取るために踊りと歌を利用すると推測した。「音楽やリズムは人類の先祖が異性の気を引くために最初に手に入れたと私は結論する。こうして音楽は動物が感じることができる最も強い情熱と関わるようになった……こうして私たちは音楽、踊り、歌、詩が非常に古くからある芸術だということがわかるのだ」[*4]。同じ本の別の部分では「音楽を作り出す楽しみや能力は日々の生活習慣ではほとんど役に立たないが、それは与えられている才能の中でも最も不思議なもののひとつに違いない……人間の半人類の先祖が音楽を作り出す、したがってそれを間違いなく認識する能力を……持っていたかどうかについて、私たちは人間がずっと以前からこの能力を持っていたことを知っている」[*5]。

換言すると、音楽、踊り、その他の芸術の才能が進化した実際的な理由はあまりないように見えるが、確かに進化したのだから、それが存在するようになるためには何らかの強力な選択圧、たとえば異性を口説き落とすことなどが働いたに違いなかった。

動物が交合する可能性がある相手の注意を引くために歌ったりダンスをしたり戦ったりすることを表すために動物学には変に魅力的な言葉がある。彼らはその行動のことをレッキング（lekking）というのだ。それは良いところを見せて、求愛する相手――たまたま近くにいる競争相手ももちろんのこと――に自分がどれだけ能力があり素晴らしいか知らせる方法だ。パーティーに参加して人と立ち話をするときには、あたり一帯で複雑なレッキングが行われている。私たちは見た目と服装を見せびらかして身に着けた服や手元にある小物などをそれとなく（あるいはそうでもなく）見せる。だが、真の行動は、どのような態度を取るかということにある。私たちは可笑しいのだろうか、洞察力があるのだろうか、魅力的なのだろうか、雄弁なのだろうか、機知に富むのだろうか。もしもそうだったら、一流の知性を宣伝していることになるのだ。より多くの才能と創造性を持つほど注目を集めやすい。他人の注目を奪い合うときに目立つのは良いことだ。

こうした行動は自分でも気付かないような、捉え難く複雑な方法で培われる。たとえば女性は男性がいるときの方がよく笑うことが研究で明らかになった。これは男性のことが特に可笑しいからではなく、女性は（無意識のうちに）男性にレッキングをさせて、その情報を集めて、男性が何を提供できるか観察しているのだ。彼女が笑うほど彼は多くを共有して明らかにする。そして彼が多くを明らかにするほど、彼女はアイディア、価値、才能、人格に関して彼が提供するものについて良い判断を下せる。彼女が見たものを気に入れば、そのうちに彼女は一緒にいる恩恵を提供するかもしれない。そうでなければ、彼女は笑うのを止めて行ってしまう。これはおそらく二〇〇五年に行われた研究結果の説明にもなるだろう。その研究で女性は自分を笑わせてくれる男性に惹かれ、男性は自分のジョークが可笑しいと思ってくれる女性に惹かれることが明らかになったのだ。

四二五名のイギリス人を対象に行った最近の研究によると、芸術家、詩人、その他の創造的な「タイプ」の人は研究に参加した平均的なイギリス人よりも二、三人多くのセックスパートナーを持っていることが明らかになった。自由奔放なライフスタイルについてほかにどのような結論を出そうとも、創造力には魅了する力があるようだ。別の研究ではプロのダンサー（そしてその両親）が優れた社会的コミュニケーション能力の要素と関連のあるふたつの特定遺伝子を共有することが明らかになった。つまりダンスと歌は私たちの先祖が団結したり、戦いの準備をしたり、祝うときの原始的な方法であったこと、そして創造的なダンサーは優れたリズム感を持つばかりでなく優れた社会的スキルを持ち、その両者が合わさるので彼らが特に魅力的になったという理論だ。したがってダンスは肉体と脳の健康の両方を見せびらかす方法、進化における一石二鳥のようなものだ。魅力、創造性、リズムはどれも密接な関係があるのだろうか。

私たちは推測することはできるが、実のところ、芸術、彫刻、物語、音楽のような行動を真剣に受け止めることは科学者にとって闘いなのだ。それは各々が、進化的観点から見ると非常に非実用的に見えるからだ。また、それはどうしようもなく主観的であるため客観的な分析を拒む。一般に進化心理学の分野では素晴らしい人間の脳を作り出した他の力の偶然の副産物として音楽、歌、ダンス、芸術を説明するのが最善だと結論されている。進化的フィリグリー〔繊細な金線細工〕にすぎないというのだ。

だがジェフリー・ミラーはここでも意見が異なる。私たちの複雑な行動が進化したのはクジャクの羽やマンドリルの顔の虹のような配色と同じ理由によると彼は論じる。それは強力な個人的マーケティングで、異性に自分の脳がとびっきり優れていることを知らせて、彼らが将来の良い交合相手になることを知らせるのだ。「健康な脳の理論」は「心は適合性の指標の集まり、つまり芸術、音楽、ユーモアのような説得力のあるセールスマンで、最も重要な取引が行われる求愛の場で最高の仕事を行う」ことを提案すると彼は述べる。

私はミラーが正しいと思うが、脳の健康を宣伝することは相手を手に入れること以上のことにも有効で、これもきわめて重要だと思う。実のところ、あらゆる種類の創造性は人間関係の中で最も中心的な力として性を切り札にするが、存続は性と性選択を超えて、最終的には環境を支配することになるからだ。そして適切な脳は力を表すばかりでなく、それを作り出す。

＊

一九七五年にテルアビブ大学の生物学者アモツ・ザハヴィが直感に反したとてもおもしろい理論を思いついた。彼はそれによって自然界で見ることができる動物の行動で、動物の助けにならず、かえって邪魔になっているようなきわめて非実用的なものについていくらか説明できるのではないかと考えた。クジャクの羽があれだけ重くて色も捕食者の注意を引くことを考えると、なぜそのようなものが進化したのだろうかと彼は疑問に思った。あるいはなぜ、ライオンに気付いたインパラは垂直に空中に跳ね上がるような行動をとって（ストッティング（stotting）と呼ばれることもある）、反対側に全力疾走する前の貴重な時間を無駄にするのだろうか。草の束を編んだ巣でも十分役に立つのに、なぜニワシドリは複雑で仰々しい巣を相手のために作り、貝殻やライフル銃の薬莢まで使って飾り立てるのだろうか。このような疑問に答えるために、彼は「ハンディキャップ原理」を考え出した。

ザハヴィはこれらの行動の中には交合する相手を勝ち取る方法として説明できるものもあることをすでに知っていた。だが、彼はそれがステータスを確立するために役立つことも知っていた。クジャクは「僕の素晴らしい羽を見てごらん」と言っているだけではない。彼は「このような巨大な羽が重しになっていても空中に飛び上がることができる僕がどれほど強いか気がついたかい？」とも言っているのだ。相手に伝えている重要な点は明らかだ――「僕」はハンサムで力があるということだ。だが同じメッセージが捕食者や競争相手のクジャクにも送られる――「僕の邪魔をするな。僕は勝者だ。僕はそれを知っているし、おまえも知っている。だからこのまま序列に従って行動しよう」。

同様に、インパラが捕食者から逃げ出す前に跳び上がる行動は時間とエネルギーを無駄にするかもしれないが、次のようなことをライオンに伝えているのだ。「ご覧の通り、僕は健康でかなり素早い。追いかけるまでに考え直したらどうだい?」ライオンはしばしば原始的なコスト分析を素早く行ってから、それほど難しくない獲物を探しに行く。これは純然たる生き残り戦略だ。

これはつまり、役に立たないように見える特徴や行動にもすぐにはわからない目的があるということだ。それは必ずしも性選択に関することばかりではない。その特徴があなたを魅力的にすることもあり、生き残るための洗練された方法であることも、地位を強固な者にするためであることも、上記全てのこともある。

高価だが見返りが非常に大きい器官の例があるとすれば、それは脳だろう――究極のクジャクの羽だ。それは莫大なエネルギーを消費して(体中のどの器官よりもはるかに多い)、非常に複雑で、壊れやすい(そして悲惨な結果をもたらす)。だが、その持ち主に関して、そして持ち主の適合性に関してどれほど強力なメッセージを送り出すことができることだろう。このことが人間の脳を全自然界におけるハンディキャップ原理の最も精巧な例にしている。莫大な量のエネルギーを消費して、それが思いついたきわめて驚くべき創造的な物事を作り出すことによってその脳の持ち主が特別な存在であることを表すのだ。

それ以外の方法でどうやってベートーベンの第九、ピカソのゲルニカ、ミケランジェロのモーゼ像や日本の鎌倉にある大仏、フレッド・アステア、歌舞伎、ジェイムズ・ジョイス、シルク・ドゥ・ソレイユ、スティーヴ・ジョブズ、グレゴリア聖歌、映画『アバター』を説明できるだろうか。要するに、非実用的に見えながら遍在するあれだけの人間の創造力と創作力をどのように説明するのだろうか。

クジャクの羽とは違って脳は見ることができないため、非凡で、驚異的で、印象的な行動を生み出してその適合性を表す。驚異的であるということは異なっていて意外なこと、また傑出していることを意味する。印象的であるためにそれは他人には難しい行動でなければならない。そのふたつが一緒になって創造力を定義する。人間の発明のスケールは広くて深い。それは単に満足できる程度のものから、ものすごく天才的なものまで全てを網羅している。

考えてみると、人の心を捕らえる洞察や行動を生じる脳の能力が、私たち一人ひとりをユニークな存在にしている。私たちはそれを利用して自分を特徴付けるもの——機知、魅力、衝動、洞察、ユーモア、知性、才能、関心——を組み合わせている。なかには真に非凡な才能に恵まれた者——究極の作家シェイクスピア、究極の創造力を持つレオナルド、究極の解決能力を持つアインシュタイン——もいる。残りの者は明らかな天才とちょっとした冗談の間のどこかに属することになる。

この創造性の必要性と認識はなぜこれほど深く私たちの中に編み込まれているのだろうか。驚異的で、素晴らしい、あるいはとんでもなく好ましいことができる脳の利点は、注目を集めること、いやその持ち主に注目を集めることで、その注目は名声、影響、善意、リーダーシップ、セックス、そして現代社会では金に変換される。私たちがあらゆる文化を超えて称賛あるいは報酬を与える人々を見てみよう。ダンサー、歌手、思想家、コメディアン、俳優、政治指導者、起業家、実業家、そして時に科学者やジャーナリストも含まれる。（私はここで運動選手を挙げていない。彼らの知能に報酬を与えるわけではないからだが、彼らの成功には確かに知能が寄与する可能性がある）。これら全ての人々は並外れて適合した脳の力を発揮する。彼らは独創的で、それを効果的に表現できるからだ。どのように考えようとも、彼らが少なくとも退屈であったりあるいは予測可能であったりはしない点では同意しなければならないだろう。彼らは卓越していて、それによって人間にとって最も重要で役に立つもの——力——を集めるのだ。

私たちはしばしば力を悪いものとして考える。それはおそらく乱用されて抑圧的な効果をもたらすからだろう。だが自然界で力を手に入れることは生き残るためにきわめて重要だ。全ての生物は力がなければ死んでしまうため、それを求める。植物は土壌や太陽から養分の形でそれを得ることもある。シルバーバックゴリラやオオツノヒツジは力そのものでそれを手に入れることもある。ほとんどの動物の場合、力はその動物が遺伝的に受け継いだ遺伝子が環境に適合する程度に正比例して彼らに流れ込む。ペンギンは熱帯地方では無力になり、コモドドラゴンも北極圏ではどうすることもできない。チータはスピード、ウィルデビースト（ヌー）は数、コンドルは飛行で力を保つ。

だが私たち人間は自分の遺伝子ばかりでなく脳を用いて力を獲得する。また人間は非常に穏和であるため、物理的な環境だけでなく社会的な環境の中で生き残るためにも力を求める。社会的背景の中で生き残ることは物理的な環境の場合ほど文字通りの意味ではない。物理的な環境の中で生き残れなければ死んでしまう。社会的に生き残れなければ、それはあなたがどうでもいい存在であることを意味し、それはそれで命取りになる。

重要であるということ自体は相対的だ。今日の世界で私たちはさまざまな社会的集団の中に住む場合があるからだ。私たちは先述したアリストテレス、孔子、あるいはアインシュタイン、レオナルド・ダ・ヴィンチやシェイクスピア——創造力が人類の歴史に消せない印を残した人々——ほど重要とは言い切れない。だが私たちは自分の住む都市、会社の同僚、家族、フェイスブックの友人たち——部族の現代版――にとっては重要であり、自分の部族との関係は自身のことをどのように感じるかということに大きな影響を与えるから重要なのだ。今日私たちは複数の集団の中から選択することもできる。そしてワールドワイドウェブで私たちは即座に新しい集団を作って脳の適合性を披露することができる。大切なのは、私たちが誰かにとって重要であることなのだ。もしもそうでなかったら、その代わりに生じるのは慢性うつ病、あるいはさらに悪い結果だろう。

＊

創造力は私たちが重要であること、力を得ることを目指す唯一の方法ではないが、最も機能的で理にかなった方法だ。それは破壊的だが非常に効果的なものである欲や嫉妬、ねたみや明らかな暴力行為を必要としない。そのようなことは適合した脳の働きを表す行動ではない。適合した脳の働きは創造力が表すのだ。それは他の人々の注目を集める最も印象的な方法だ。そして幸いなことに、長い目で見ると、その方法がうまくいくのだ。そうでなければ遠い昔に私たちの行動の索引から一掃されていただろう。そうなっていたら私たちに芸術、音楽、ダンスはなかっただろう。ギザのピラミッドも、タージマハール、ブラームス、ヴォルテール、ゲーテ、イェーツもない。残虐行為と暴力しかないのだ。したがって、人間はいなくなった可能性が非常に高いだろう。

人間の文明の基礎の大部分は、複雑な脳がその持ち主に注意を引き付けるために配線されたときに生じた意図しない結果だという考えは逆説的でもあるし驚異的でもある。脳は創造的になるために進化したのではない。脳が創造的なのは進化の偶然によるのだ。そしてそうなるにあたって、異性、競争相手、愛する者、そして部族の中の誰からも重要に思われる根本的な必要性から湧き出たわくわくする革新的で副次的なことがそのうちに注目を集めるようになった。そして脳が何千年間も目立とうとし続けていくうちに、私たちは人類文化というこの非常に複雑で、豊かで、素晴らしいものに巻き込まれて、それは時に私たちの中の悪を、時には神々しさを表すが、常に意外で革新的な面を表している。それは私たちがオリジナリティー無しでは生きることができないようになってしまったからだ。かつては進化的フィリグリーであったかもしれない創造性が私たちの種を特徴付ける力、そしてその他全ての生物と私たちを区別する行動になったという結論は避けて通ることができない。

＊

私たちは創造的かもしれないが、このようになった時期と方法に関する理解しにくい問題をまだ解決していない。ある日、進化が指をパチッと鳴らして私たちがそれに操られたわけではない。そのようなことを可能にする脳の基盤はずっと発達を続けている。それにもかかわらず、私たちが話すような意味での人間の創造力の証拠はごく最近になるまで非常に少なかった。過去七万年以内を最近と言えるならば、の話だが。確かに道具や他の技術は何百万年間も存在してきて、それには創造力が必要だったが、それは彫刻、絵画、言語、あるいは歌のようなものに表される自己表現や象徴的思考の例ではない。この種の創造的な自己表現は私たちの脳がある臨界的な、まだ解明されていないレベルに達したときに初めて可能になるため、タイミングが重要になる。その出現は人類の進化において、ほぼ間違いなく一大転機になった。

大部分の古人類学者は、少なくとも今のところ、ホモ・サピエンスが一九万五〇〇〇年前に出現したことで同意している。これはつまり解剖学的に現代的な生物――私たちのように見える生物――であることを意味している。ホモ・サピエンスの最古の化石が一九六一年にエチオピアで発見されたが、残念なことに象徴的思考の痕跡、脳の適合性の具体的な証拠を示すものは一緒に見つからなかった。これは、これらの人々が私たちのような外見をしていながら全く私たちのようには行動していなかったのではないかという根本的な疑いを科学者たちの間に引き起こした。彼らはその前の人々よりも優れた道具を作った。彼らは確かに豊かで複雑な社会生活を送った。だが全ての化石あるいは遺伝的証拠は彼らが大部分においてその前の多くの先祖たちと同じように、依然として東アフリカの草原を放浪して狩りを行い、必死で生き残ろうとしていたことを示している。

一〇万年以上の間、私たちの同類の最初の人々は、このように生き、身体的に、そしてことによると感情的にも多くの点で私たちに似ていたが、精神的には明らかに異なっていた。脳は規定サイズに到達したが、私たちと同じように世界を見る心を呼び起こす配線や生物学的魔術をまだ完成させていないようだった。これは科学者たちにとって難しい問題だった。腰を落ち着けて話をする余裕がない生物の心を探ることはできないからだ。

七万二〇〇〇年前、人類の進化のカレンダーで一二月二七日頃に、人間の急速な知的発達に理想的な場所――南アフリカ沿岸のあの洞窟の社会、カーティス・マリアンによるとホモ・サピエンスの小社会はそこで絶滅寸前の状態にあった――において変化の証拠が私たちの前に現われ始める。

ブロンボス洞窟では一握りのホモ・サピエンスがヘマタイト（赤鉄鉱）という鉄分を含む石の小塊を

幾何学模様で飾っていたことを証拠が物語っている。その模様は平行線模様で、何らかのシンボルを表した可能性もあるが、まだ判読されていない。時代的にはそれよりも後のことだが、科学者たちは同じ洞窟の中で貝殻に穴を開けた装飾品のビーズを発掘した。これはほぼ間違いなく人間が作った宝飾品の証拠と思われる。これらは一九九〇年代と二〇〇〇年代初期に発見されたが、二〇一〇年に南アフリカの別の複雑に込みいった洞窟、ディープクルーフ・ロック・シェルターで、古人類学者たちの研究チームが装飾を施した三〇〇片近いダチョウの卵を発見した。それぞれの殻は六万年前のもので、正確な平行線模様が慎重に刻まれていた。これはこの印を刻んだ人々がそれを重要なシンボルと考えていた証拠だと研究チームは考えている。それよりも一万二〇〇〇年前に石に刻まれた平行線模様は、最初に発見されたときにそれを無意味な落書きと考えた科学者もいたが、もしもこの説が正しければ、それ以上のものかもしれない。そこには何か秘密のメッセージが隠されているのだろうか。言葉だろうか。あるいは計算だろうか。初期の楽譜かもしれない。あるいは誰かの買い物メモかもしれない。その重要性は捉えどころがないが、魅力的だ。

こうした手がかりがあるにもかかわらず、そしてヨーロッパのネアンデルタール人が象徴的思考に似たものを手に入れていたという証拠が散在しているにもかかわらず、紛れもない現代人の創造性の証拠は約四万年前になるまで現れ始めなかった。そしてそれからは証拠は驚くほど素晴らしく広範囲に見られるようになった。この頃になるとホモ・サピエンスはアフリカを永遠に後にして、ヨーロッパ、アジアの東部と南部、そしてインドネシアを通ってはるかオーストラリア北部にまで進んでいった。オーストラリアの洞窟の壁に古代の人間は象徴的な形や動物を描き始めた。彼らは、黄土を発見してダチョウの卵の殻に気持ちや洞察を密かに記号で表すためにそれを用いたアフリカの先祖の創造的な習慣を改良していったのかもしれない。

その後、象徴的思考のさらに多くの証拠が出現し始めた。考古学者たちは小さいが素晴らしい彫刻を発見した。それは三万五〇〇〇年前から始まり、ペニスの像もあったが、有能な芸術家が彫った胸の大きな妊婦の小像が多かった。彼らはこれをヴィーナス像と呼んだ。この像はおそらく多産のお守りで、数が力になるが寿命が三〇代を超えることが稀だったこの時代の人間にとって間違いなく重要な特徴だった。ほとんどの物体は小さくて持ち運びができるもの、ことによるとカスタムメイドと思われ、自然の不思議な力と魔法のようにつながりを持つために作られたものだった。考古学者たちは西ヨーロッパからシベリアに到る各地でこうした小さな彫像を見つけた。そしてそれと一緒にキメラ像――半身が人間で半身が動物――も見つけた。これは三八億年の長い期間にどの生命も未だかつてつくり出したことがなかった心があったことを示す驚くべき発見だった。彼らは他の世界、存在、そして力を想像できるばかりでなく、そこにある謎に潜む力を何らかの方法で利用することを望み、想像したことを表現することができる生物だった。

息をのむように素晴らしい芸術の中には、その時代のレオナルドやミケランジェロに匹敵する者がフランスのラスコーとショーヴェの洞窟やスペインのアルタミラの洞窟に描いたものがある。それは最終氷河期がその冷たい手をヨーロッパから引こうとしている頃のことだった。これらの像は今日、世界中のアート・ギャラリーやマディソン・アヴェニューの美術商の羨望の的になるようなもの――鮮やかで、力強く、独創的――だった。洞窟の壁を照らすチラチラ輝く火明かりの中でクロマニョンの画家が原始時代の絵の具や染料で壁を叩（たた）くように塗りながら彼らの頭の中にある獣たちを呼び出してそのイメージを岩の上に描いたときに、その絵は今にも動き出しそうに見えた。これは描く人にもその仕事ぶりを目撃した人にもどれほど強力な魔力を感じさせたことだろう。いったいどのような動物がこのようなことを想像してからそれを目の前に出現させることができたのだろうか。頭の中のシナプスを破裂させるだけのことで意識的、意図的に美を作り出す能力を生物に与えることができたのはどのような隠れた力なのだろうか。

今のところ一五〇か所以上の洞窟が西ヨーロッパで発見されている。原始の大聖堂の壁には脳の驚くべき適合性を見せびらかす芸術家の魔法で呼び出された像が溢れている。このような絵を描いた人々がいかに崇拝されていたのかは想像するしかない。食糧や衣服をもたらし、時に彼らを殺した獣たちの象徴がその指先から流れ出たため、彼らは力を得ることができたのだ。彼らは非常に傑出していたに違いない。

この絵画の目的は、いまだ謎のままだ。洞窟のあるものには子供や大人の色とりどりの足跡が登場するが、少年が大人になり、少女が子供を産めるようになった時に通過儀礼がここで行われたことを表すものもあるようだ。また、古代の保育園で子供たちが遊びで絵を描いたと思われるものもあった。

動物の絵が、描いたその動物を支配する方法、あるいはその動物の肉食性の力を引き出して吸収する方法になったのではないかと考える者もいる。もしかしたらこれは当時の人々の劇場で、英雄とその偉業の素晴らしい話が聞ける場所なのかもしれない、あるいは原始的なテレビゲームのように仮想の狩りをして、長い冬が終わったときに実際の獲物を倒す方法を想像するのかもしれない。不思議なことに洞窟に描かれた絵にはほとんど人間は描かれていない。そして描かれている人間は大きなドラマの脇役であるかのように、その姿は棒のように描かれている。これは忍び寄って流行する人間の創造性、孤立して突発的に発生した美しさの残り物なのだろうか。それは自己を認識して、好奇心があり、アイディアや感情で溢れそうになり、クレヨンで遊んでいる子供たちや「私はここだ、私は重要なのだ」と主張するグラフィティ・アーティストのように純粋な喜びのために自身を表現するしかない新しい種類の心を表す例なのだろうか。

岩に囲まれて幽霊のような作品がたくさんあるこうした背景は、神聖で不思議な感じがするかもしれない。何らかの儀式が地球の内部で行われて、そこに詠唱や原始の音楽が伴ったことは想像に難くない。考古学者たちは打楽器のばち、横笛、うなり板（bull-roarer）という先史時代の楽器をラスコーの洞窟の近くで見つけた。岩に囲まれた音響効果で詠唱や音楽が増幅される。ばちが一定のリズムを叩き、うなり板の不気味なつまびき、大きな獣の寝息のような音がそれに伴い、全てが合わさって強力なシンフォニーを作り出しているのを聞くことができる。それは耳を傾ける新しい種類の霊長類を感動させて結束させた。

音楽は人間の芸術の中で最も古いものかもしれない。詠唱とダンスはほぼ間違いなく一五〇万年前にホモ・エレクトスの集団によって、そして後にホモ・サピエンスとネアンデルタール人の共通の先祖にあたるホモ・ハイデルベルゲンシスによって七〇万年前に行われていた。三万五〇〇〇年前には、ダンスと音楽がそれ以前のものよりも複雑になり、楽しみや個人的な気持ちを表すため、さらに結束して祝うために行われた。

人間の精神におけるダンスと音楽の重要性は、おそらくひとつの驚異的な事実によって最もうまく説明できるだろう。私たちは足で拍子を取り特定のリズムに合わせて体を動かすことができる唯一の霊長類なのだ。それは私たちの中に組み込まれているが、いとこのチンパンジーやゴリラには組み込まれていない。そのことは、これが言語、足の親指、道具を作ることのような、この七〇〇万年の間に進化した特徴であると教えてくれるのだ。

＊

あなたや私の共通の先祖が本当に登場したことを確実に示す証拠として存在する創造性をホモ・サピエンスが見せびらかすようになるまでに一〇万年以上かかった理由を説明するのは難しい。だからといってそのことが議論されなくなったわけではない。古人類学者の中には七万年前にホモ・サピエンスの人口が爆発的に増加して、それが競争を生み出し、次に革新を促進したと議論する者がいる。「ビッグバン」、つまり人間の創造性や象徴的思考が突然爆発的に進歩することはなかったと考える人々もいる。その代わりに緩やかな進歩の結果が徐々に集まって、最終的にその存在を示す十分な化石記録が残されることになったと論じる者もいる。人類が増加するに従って一度思いつき、後に失われた創造的なアイディアが今再び取り上げられて、今度は容易に伝達されるようになったと考える者もいる。革新者が死んでしまっても素晴らしいアイディアが一掃されることなく、再利用され、それにもとづいたものを創り出せるだけの十分な数の人間がいたということだ。

別の可能性もある。スタンフォード大学の古人類学者リチャード・クラインは、人間の創造性を促進させる働きが外の実世界ではなくて私たちの頭の中で起きたと考える。それはひとつの、あるいは一連の遺伝子の突然変異が私たちの脳の機能方法を変えて象徴的思考や、それによって可能になる創造力がゼウスの頭部から出現したアテナのように先祖の心から湧き出したという考えだ。脳の配線か化学的な性質がどこかで何らかの方法で変わり、見えない閾値を超して意味のない絵や物体や音に複雑な意味を与えられるようになったのかもしれないと彼は考えた。イメージが神を表すこともある。ビーズや貝殻が価値を表すこともある。アイディアが形で表されて、それを見た人が互いに、そして即座にその考えを理解できるようになることもある。音が言葉を表す記号になることもあり、記号は文法や構文に組み込まれて言語をこのように素晴らしいものにする。

ひとたびこのようなことが起きると、「人間は比較的希少で取るに足りない大型哺乳類から地質学的な力のようなものに変化した」とクラインは述べる。この変化のメカニズムはわからない。それはランダムな遺伝子突然変異かもしれない。あるいはケープタウン大学の考古学者ジョン・パーキントンが推論するように、新しい種類の食物かもしれない。南アフリカで貝殻から宝飾品を作っていた初期の人間がその貝殻の中の海産物を大量に食べていたこと、そしてその食物が脳の健康と機能に重要であることが今日明らかにされている脂肪酸を彼らに与えたことは偶然ではないと彼は考えている。新しい食糧資源と初期の人間に比べて新しくなった脳の構造が組み合わさってホモ・サピエンスはこのように「認識力があり、より高速な配線を持ち、脳の働きが速く、賢くなり」、貝殻の宝飾品、芸術、技術の進歩がその証拠になると彼は考える。*6

現代人の脳の化学、特に私たちの脳で最近進化した部分である前頭全皮質が他の霊長類と比べて異なる働きをする証拠が得られている。中国上海の科学者たちが人間、チンパンジー、アカゲザルの脳にある一〇〇種類の化学物質を比較したところ、そのうちの二四の成分が人間において群を抜いて多かった。この量をネアンデルタール人、ホモ・エルガステル、あるいは七万五〇〇〇年前のホモ・サピエンスの脳と比べることができたらおもしろいのだが、もちろんどの標本も存在しない。脳が何らかの方法で化学的に躍進して私たちが未知のホルモン的ルビコンを渡ったことはわかるのだろうか。脳の中の主要な興奮性神経伝達物質であるグルタミンに関して言えば、私たち現代人は他の霊長類と比べると、独自のグループに属し、絶え間なくこの物質を大量に燃焼していることが結果で示されている。このことは何かが私たちを「脳の働きが速い者」にしているというパーキントンの説を強固にするかもしれない。

＊

実のところ創作力に対する私たちの傾向も、種に行き渡る若さに対する好みに関係している。それは驚くほどのことではない。創造力が働いているのを見ると、それは子供が遊んでいるのによく似ている。その特徴のひとつはふつうは関係のない概念、考え、言葉、あるいは物体が新しい方法で一緒になり、結果として有用、あるいは際だった注意を引く、あるいは開いた口が塞がらないほど美しいものが生じる。この結合が一緒になって発見の喜びが訪れた瞬間に、ありそうもなかったものがそこに、現実にそして完全な形で出現するのだ。

子供にとって、世界中のほとんど全てのものは新しい。そのためほとんどどのようなものでも馴染みのない経験の組み合わせは発見の瞬間をもたらす可能性がある。子供の経験には知らないことが多いため、学習する余地は非常に大きい。だが成長して経験を重ねるにつれて、真に新しいことを取り込む余地が狭まり、ハードルが高くなる。創造性のバーにだんだん届き難くなる。驚くようなことに出会うことも少なくなる。それでも私たち人間は来る日も来る日も新しいものとの出会いを求める。私たちがそうする理由は、全ての類人猿の中で私たちが最も子供っぽいからだ。

遺伝子が発現する時間を変えることによって、そして脳とホルモンの化学を再編成することによって、ネオテニーは私たちの外見ばかりでなく行動も変えた。認知科学者のエリザベス・ベイツは一九七九年にネオテニーの力と強力な変化をもたらすその能力について書いたが、当時、彼女はそれを創造性と関連付けることはしなかった。彼女はそれを人間の進化におけるもうひとつの標準的出来事である言語と関連付けた。彼女(そして他の人々)は、人間の「言語獲得装置(language acquisition device)」が人生のその他ほとんど全てのもののように既存の能力を新しい構造に組み替えながら進化したと考えた。人間の言語は「最初は全く異なる機能のために進化したさまざまな知識的社会的構成要素」をもとにして作られ、「……[そして]歴史のある時点でこの「古い部品」が新しい量的レベルに達して質的に新しい相互作用が可能になり、その中には象徴の出現も含まれていた」。と彼女は論じた。言い換えると、ネオテニーは私たちの先祖が互いに交流するためにすでに所有していたひとつ以上の能力の成長パターンを変えてそれを新しい用途のために勝手に利用したのだ。[*7]

もしもネオテニーが言語の出現に中心的な役割を果たしたのならば、象徴的思考が必要とする創意に早期の役割を果たした可能性はあっただろうか。それは可能だ。ある種の遺伝子が発現するタイミングが私たちの長い幼少時代を作った、そして今も作っているのだが、その中には脳の成長を支配する遺伝子も含まれている。それによって私たちの脳の柔軟で個人の経験に従うことができる時間が延長される。だが人間のネオテニーは極端なので、それ以上のこともしてきた。それは幼少時代に最も強力に働いて幼少時代を作り出しているのだが、人生の長期にわたって子供のような行動を延長することもしている。私たちは歳を取っても、他の霊長類の若い頃よりも子供っぽい。脳は最後の最後まで柔軟で熟考して創造する。「歳を取ったから遊ぶのを止めるわけではない。私たちは遊ぶのを止めるから歳を取るのだ」と老齢の劇作家、ジョージ・バーナード・ショーは思いをめぐらせた。

これは私たちが長い間子供でいることを意味するばかりでなく、私たちが長い間子供っぽいことを意味する。そしてそれによって最も創造的で適応性の高い生物になったのだ。「私たちは生まれたときに定められた手順に従うコンピュータではない」とジェイコブ・ブロノフスキーが述べたことがあった。「もしも私たちが何らかの機械だったとしたら、私たちは学習機械だ」。

このようなわけで子供の遊びと創造性には深いつながりがあるのだ。遊びには複数の意味があり、それはあなたが人類学者、心理学者、親、あるいは子供であるかによって変わるが、その特質の中には限界を押し上げたり押し広げたり、何か起こらないかとおもしろ半分に歩き回る単純な喜びがある。浮かない顔の哲学者マルティン・ブーバーでさえ「遊びは可能性の喜びだ」と認めざるを得なかった。

遊びの中心には好奇心の不思議な現象がある。両者は一体なのだ。好奇心に関するある説によると、私たちは皆生まれながらの「情報食動物」、つまり何かの中の新しい知識や経験を、食物を食べたいと思うように求めるというのだ。それは一種の精神的そして感情的な飢えで絶え間ない供給と満足を必要とする。古い知識は私たちの好奇心を満足させない。それは馴染みがあるものだからだ。前にそれを

「食べたことがある」からだ。ならば、新しいことはどうしてわかるのだろう。それは私たちを驚かせるから、慣れたものとは違うから、新鮮だからだ。

全ての生物が驚かされるものやふつうではないものを識別する才能を持つ簡単な理由がひとつある。それは生き残るために重要なのだ。自分の周りの変化に気付くことができない者、驚きに対して無関心な者は、もはや私たちとは一緒にいないたくさんの種と運命をともにすることになるだろう。それは何億年も前からある才能なのだ。

あなたや私のような現代人の場合、このことは好奇心を、生存利益のある新しい情報を集める手段にしているが、全く新しい経験と新しい形の知識を組み立てる構成要素を集めるプロセスにもしている。私たちを他と違うものにしている行動のひとつは、ランダムに遊び回ることに対する愛着だ。好奇心を満足させる驚きをさらに生み出すことの他には取り立てた理由もないまま、これをあれと一緒にしてみたり、それを別のものと一緒にしてみたりする。その結果、より新しい経験、新しい発明や洞察が生じる。革新と独創性は何もせずに過ごすことを好む一生続く子供っぽさの副産物だ。

ある意味遊びは進化自体に似ていることもある。ランダムな突然変異がＤＮＡの形を再形成するように、予想できなかった、そしてこれからも予測不能な革新を遊びはランダムに導入する。考えてみると、自然界における適応は一種の学習だ。何か違うものが世界にやって来ると、生物は遺伝的に適応する。この適応は意識的ではなくて偶然だが、それは確かに起きるのだ。

遊びも同じようなことを行う。それは新しい経験をランダムに繰り返し頭の中に導入する。私たちは目新しいものに出会い、それが有用あるいは魅力的だと思うと、それを自分のものにする。それはまさに私たちの心、したがって私たち自身を変える。そして同じことを学ぶ人は一人もいないので、一人ひとりが異なる方法で遊び、異なる方法で驚かされる。あなたの心の変化は私とは異なるため、私たちはみなユニークな存在になる。私たちの世界観は全く違うわけではないが、私たち自身が他者に驚きをもたらすような存在になるくらいの違いはある。これはあなたや私がそれぞれの違いを共有することで互いに学び合えることも意味する。それぞれの親の異なる染色体が合わさって遺伝的にユニークな子供が作り出されるのに少し似ている。新しい経験を獲得してそれを共有することで、アイディアや独創性は定着して心から心へと広がる。

どれだけ長生きしようと，私たちは自分の中の子供を完全に一掃することはできないようだ。そして実験することに喜びを感じ、決して満足することなく、知識に飢え、見せびらかしたがる。自分たちをこのように――一生子供で、遊びたくてウズウズして、驚きを切望する者であると――見ると、ランダムな経験から独創性を作り出すためのパワー、そしてその経験を共有する能力が、どのようにして七万五〇〇〇年前にはたった一万ほどだった私たちを絶滅の淵から七〇億まで引き戻して、地球の隅々まで行き渡らせたばかりか、そこから数回ロケットで飛び立たせて太陽系のどこかに着陸させるまでになったのかがわかるだろう。私たちは、生み出したり出会ったりする驚くような経験やアイディアを関連付けて、それを互いに共有することによって、新しい知識の偉大な体系を作り出すことができた――ピタゴラスの幾何学、ニュートンやライプニッツの微積分法、車輪、時計や大弓、サターンV型ロケットとシリコンチップとバラライカ、絹絵、望遠鏡、金、帆船や蒸気機関、キスや言語、あらゆる種類の音楽や想像できる限りのあらゆる種類の玩具、チェス、野球、彫刻やゴッホの《星月夜》。これら全てのものが、何百万もの心が組み合わせられ連動したユニークな想像から生じる。そしてそれは私たちが人類文化と呼ぶ混沌（こんとん）として驚異的で騒然とした混乱を作り出す数兆の情報交換で共有される数億の驚きによって形作られるのだ。そのような意味で、私たちは継続的に驚かされている驚くべき生物の集団なのだ。

そのような柔軟な人間の脳の適応的特徴が十分に磨き上げられ配線されて、「新しいもの」をさらに新しい創造的な行動に関連付ける、ありそうにないあらゆる内部結合を作るようになると、人類の文化は飛躍的な速度で進化することが保証された。*8

それが正確にどのように起こったにせよ、明らかに何か根本的に違うものがヨーロッパからアフリカ、オーストラリアに至るホモ・サピエンスの脳と心の中に七万五〇〇〇～四万五〇〇〇年前に出現した。ある種の臨界量に達した脳が沸き立っていた。ネオテニーは一生を通して柔軟性のある回転の速いしなやかな脳を作り出して、ユニークな人々とユニークなアイディアを作り出した。私たちは生まれながらの学習者で、何らかの不思議な神経的錬金術で、驚きを探し出してむさぼり食い、それを知識に変えるように遺伝的に促されている。

これが今日まだここにいて、その存在理由を疑問に思っているのがネアンデルタール人でなく私たちである理由かもしれない。私がタイプした記号（シンボル）が印されたページを眺めているこの瞬間に、あなたの心がそれほど努力せずにそれを理解可能な考えに翻訳している理由も説明できるかもしれない。

ネアンデルタール人は私たちよりも速く生きて若く死んだ。おそらくそこに私たちが残って、彼らが残らなかった理由があるのだろう。彼らもネオテニー的で、今日のチンパンジーやゴリラやオランウータンよりも早く生まれて若さを保つように遺伝的に再調整されていたが、彼らの幼少時代は私たちほど長くなかった。そのため脳が柔軟性を失う前に個人的な経験、アイディア、人格を形作る時間が少なくなった。そして柔軟性を失うに従って、彼らは子供らしさを失い、実験を行う傾向も減少した。それに従って彼らの適応性も減少したことだろう。もしかしたら、これはデニソワ人や中国南部のレッド・ディア・ケーヴ・ピープル、あるいはインドネシアの「ホビット」〔ホモ・フローレシエンシス〕にも当てはまるかもしれない。彼らの知性も同じくらい鋭かったかもしれないが、それから少し後にアフリカから出て行ったホモ・サピエンスほど柔軟性がなかった。彼らはみな自分たちのやり方に早くから固執するようになった、つまり早く大人になったと言えるかもしれない。

ネアンデルタール人の道具、そしてほとんど知られていない彼らの儀式は、彼らが私たちの象徴的思考の入り口にいたことを示すが、今日私たちとともにいるために必要ないくつかの――いくつなのかはわからないが――ピースが正しい場所に収まらなかった。もしも彼らの言語がミズンの考えのように歌のようなものだったら、彼らが何らかの感情を持ったときには、その説明よりも感情そのものを表現していたかもしれない。情熱が多く、理屈は少なく、両者間のバランスも少なかったかもしれない。

私たちは彼らが聡明で叙情的でほとんど神秘的とも言える種だったことを想像できるが、彼らは十分に象徴的ではなかった。もしかしたら彼らはシュルレアリスム的でダリ風の世界に住み、それほど自己認識がなく、彼らの心が呼び起こした一時的な新しい考えを全て要約して彫刻、彫像、パターン、あるいは絵の具と筆でイメージを作り出すことができなかったのかもしれない。象徴が行うのはそのようなこと、つまり考えやアイディアをきっちりと小さな意味の包みに翻訳して、ひとつの心から別の心に届けることなのだ。それは本当に奇跡的だ。

もしかしたらネアンデルタール人は私たちとそれほど大きな違いがなかった、あるいは知的に劣ることもなかったかもしれない。私たちのようには複雑な象徴を作ることに関わらなかっただけなのかもしれない。特に、最も衝撃的な才能に関わらなかったかもしれない。それは今日で言うところの話し言葉で、文法や構文などが完備されたものだ。たぶんそうだったのだろう。

私たちの若さ、すなわち、継続的にそしてびっくりするような形で驚くべき経験や洞察で遊び、それを操る傾向が言語のようにエレガントな発明を強く求めたに違いない。一歩離れてみると、言語はピアノのようなものだ。ピアノの八八個の鍵盤だけで演奏者は無限の数の歌、その歌の無限のヴァリエーションを演奏することができる。言語の場合、私たちは無限の種類の考え、気持ち、アイディア、そして洞察を表現できる。現代の言語が誕生する前に、私たちの先祖は身振り、芸術、歌で彼らの心の揺らぎをまとめて共有できたかもしれない。だが想像してみよう。現代言語はそれをもとに組み立てられた人間の創造性と文化にさらに多くのものを詰め込んだに違いない。

言語は私たちを今までになく密接に結び付けたが、もうひとつ素晴らしいことをやってのけたということだ。それは私たちが認識していることを認識させたのだ。それはまた狂気をも可能にしたかもしれない。[*9]

ニワトリは卵が卵を作る手段か

私たちのように自己認識があると、生き残ろうとする意欲が意識的なものだと考える傾向があるため、私たちは自身の死の運命を認識することで自分を生き残らせたがっていると思い込んでいる。だが、全ての生命形——下等な原生動物、深海のチューブワーム、あるいは吹きさらしの南極の岩にしがみつく地衣類まで——が生きるために毎日死にものぐるいで闘っている。トカゲ、クモ、ガゼル、ライオンは翌日までどうにか生き延びることに集中するが、誰も死ぬことなど考えていない。生きようとする意欲は本能的、原始的、無意識で、それは私たちにも当てはまる。そしてこれが重要な疑問なのだが、この本能はどこから生じるのだろうか。

それが個々の生物自身から生じると考えたとしても仕方がないが、多くの生命は死ぬ可能性を理解できるだけの力を脳が持たないのだ。だから何か別のものが働いているに違いないのだが、実際そのようなものがあるのだ。昔、自身のコピーを作り続けることができる分子の集まりが進化した。科学者たちやリチャード・ドーキンスはこれを「生存機械（survival machine）」と呼ぼうとした。そのうちにこれは今日私たちがDNAと呼ぶものに進化した。それはあなたや私、そして地球上の全ての生物の存在を可能にする指示を納めたタンパク質がはしご状に長くつながったものだ。思いもよらないかもしれないが、実に驚異的ではないか。

仕事をうまくやり遂げるために、ごく初期のDNAレプリケーター〔自己複製子〕は当然増殖しやすい方法に出会った。初めて登場した細胞は重要な躍進をもたらした。それはＤＮＡと過酷で多様な世界の間に膜を作っただけでなく、食物を取り込んでそれをパワーに換える方法を発見したのだ。これはさらに多くのコピーを作るうえで有利だった。もうひとつの新機軸はセックスで、さらに多く、さらに多様な生存機械を作る方法だった。そのうちに細胞は一緒になってますます複雑なレプリケーターを形成するようになり、三八億年の試行錯誤の間に何百万ものとんでもなく複雑な形を取ってきた。最近の思いがけない結果のひとつはあなたなのだ。

英国の詩人サミュエル・バトラーは「ニワトリは卵が卵を作るための手段にすぎない」と述べたことがあった。その逆ではない。こうしてみると、あなたや私（そして地球上の全ての生命）は、個人的には死を回避すること、あるいは自身のヴァージョンをもっと作ることさえ望んでいるので、それほど生き残ることを中心に考えていない。その代わりに私たちは無意識のうちに自分の中で泳ぎ回り、自身のコピーを増やそうと懸命になっている（分子の鎖が懸命になるとしたらだが）ＤＮＡに利用される精巧な道具の一種なのだ。考えてみよう。私たちは基本的な行動を支配する何かウイルスのようなものの宿主であり、その「ウイルス」のコピーをより多く作る方向で私たちの基本的な行動が支配される。ウイルスは増殖するものなのだ。そしてその複製を改善するより良い「手口」を多く見つけるほど、その仕事をうまく進められるのだ。念のため言っておくが、私たちはその「手口」の一例なのだ。

若さを好む傾向が私たちの進化を今でも形成し続けている

配偶者になる可能性のあるものに若さを求める傾向があることに証拠が必要ならば、スコットランド、日本、南アフリカの科学者が行った研究はそれを提供してくれるようだ。研究では男性がより女性的な顔つきの、つまり若々しい顔の女性を好むことが明らかになったが、それを聞いてもそれほど驚かないだろう。だが、女性の方もより女性的、つまり少年らしい顔の男性を好んだのだ。

科学者たちはこの研究のために平均的だが魅力的な顔をデジタル的に作り出した。それぞれの性別について白人とアジア人の二通り、合計四通りの「平均的な」顔を作った。次に彼らはそれぞれの顔に修正を加えて二通りのヴァージョンを作った。ひとつはわずかに男性的なもの、もう一方は少し女性的で子供っぽいものだった。変化はごくわずかなものだったが、男性化した顔はわずかに太い眉、かすかなひげそりの跡が見られ、角張った顎、そして瞳孔の間隔が少し広かったが、これは研究に用いた男性の顔の方が女性のものよりも大きく見えるように目をだます働きをした（実際にはそうではなかった）。

最も魅力的に見える顔を評価するように求められると、どちらの性別も、高齢でも若くても、アジア人でも白人でも、全ての人々がより女性的なヴァージョンを好んだ。それに加えて、魅力以上の何か、たとえば信頼性、思いやり、協調性、良い親になる可能性について顔を評価するように指示されると、このときもより女性的な顔が好まれたが、若い顔はその女性が特に知的に優るあるいは劣ると参加者たちに感じさせることはなかった。

もしも女性的で若い外見にそのような普遍的な好みがあるのならば、何百万年もの進化の後になぜ今日の男女は本質的に同じ顔にならないのだろうか。それは他の要因も関係するからだ。男性の大きな体、大きな筋肉、広い肩幅もその男性が優れた保護者であり調達者であることを示すからだ。そのような特徴はより多くのテストステロンを必要とする。そしてより多くのテストステロンは女性の顔には見られないような変化を男性の顔にもたらす。たとえばひげ、太い眉。広い顎、大きな頭部などだ。そのため男女のホモ・サピエンスは他の人類よりも互いによく似ていて、完全に大人になった大型類人猿よりも確実に似ているが、全く同じには見えないのだ。だがそのうちに、そうなるかもしれない。なぜなら私たちはより若く子供っぽい顔を魅力的に感じる遺伝的傾向を今日でも持ち続けているからだ。

第8章　頭の中の声

私は不思議の環だ。

——ダグラス・ホフスタッター

もしも分子サイズまで体を縮めて、自分の脳の中に入り込むことができたら、樹状突起や軸索の高速道路に沿って何十億ものニューロンが張り巡らされ、シナプス間隙を化学物質が飛び散り、辺り一面でアーク放電の嵐が巻き起こる中をあなたは飛び回っていることだろう。分子サイズの乗り物に乗るようなスケールで見るあなたの心は広大で、その広さは惑星規模になる。あなたに、歩いたり、呼吸したり、見たり、嗅いだり、話したり、内省したり、想像したりさせる指令が至るところで働いている。

あなたの考えや気持ちの移り変わりをこのようにして目撃するのはふつうにはないことだが、この見晴らしのきく地点からでも、いや、かえってそうだからこそ、あなたを取り巻く複雑な構造基盤を吹き荒れるこれだけのインパルス（活動電位）や化学物質が本当に自分のことなのかどうか、全く想像がつかないだろう。だがそれはあなたなのだ。あなたが通り抜けているこのノンストップで、混沌（こんとん）としたプロセス、化学と生物学が凝集したものであなたは組み立てられているのだ。仰天するかもしれないが、本当だ。

『ゲーデル、エッシャー、バッハ』を著したときにダグラス・ホフスタッターは、それが起きる方法に関する困惑させられるような謎を解明したいと思った。「自己とは何か？　そして石や水たまりほど自己のないものからどうして自己が生じることができるのか？　〝私〟とは何か？」を解明したかったと彼は書いていた。これは簡単な質問で、私たちは存在するようになってからずっとこの質問を続けてきた。だがそれに答えることは質問することほど容易ではない。

だがどうにかやってみよう。

あなたは時々ものを考える時に自分が独り言を言っているのに気付くことがあるかもしれない。必ずしも声を出さないで、心の中で話しているかもしれない。目を覚ましているほとんどの間、私たちは頭の中で起きていることを自分に説明している。それはスポーツ番組のアナウンサーがゲームの中継をすることに似ていて、目で見るものの感想を述べ、自分の洞察について意見を述べ、自分の人生を計画し、自分が感じることを調査し、何でこうなのか、どうしてそうなのかと疑問に思う。「何だか今朝はイライラするぞ。このコーヒーはうまいな。うーん、どうやら降り出したようだ、傘を持った方がよさそうだ。頭がどうかしてるにしても、その帽子は変わってるね。オイル交換とミルクを買うのを忘れないで。人の名前はもっとちゃんと覚えなくっちゃだめだよ」。私たちが考えることは、ありふれたことからこの世のこととは思えないことまで全般にわたり、時には崇高な内容もあるが、眠りに落ちるまでほとんど止まることがない。

自分で自分のことをどう思うか考えるとき、あなたは心理学者がメタ意識（metaconsciousness）と呼ぶものを経験している。それは自分が意識していることを意識する能力のことだ。私たちはそれを当たり前だと思っているが、この能力には言語が必要だ。そして言語について興味深いのは、それに象徴（symbol）が必要なことだ。象徴は自分に言っていることを理解できるように心の中で音を発する。これができるだけでも十分に驚くべきことなのだが、このように自分に話しかけるときに、話しているのが自分だったら、いったい誰に話しかけているのか不思議に思わないだろうか。あるいは、もしも聞いているのなら、正確に言って誰が話しているのだろうか。私たちは一人なのだろうか、二人なのだろうか。それとも大勢なのだろうか。私たちが「考え」と呼ぶ声はどこから生じているのだろうか。頭の中の声は誰で、どうやってそこにやって来たのだろうか。

一九七〇年代にプリンストン大学の心理学者で哲学者のジュリアン・ジェインズが『二分心の崩壊における意識の起源（*The Origin of Consciousness in the Breakdown of the Bicameral Mind*）』〔邦題『神々の沈黙』〕というかなりわかりにくい題の本を著した。哲学者で心理学者であったジェインズの洞察は尊敬され続けているが（彼は一九九七年に亡くなった）、その著書は議論の的になった。私が今説明したような意識のことを、彼はごく最近の進化的発達だと推測したのだ。紀元前一万年から紀元前一〇〇〇年までの間の現代人は、自分の心の中で聞こえる声を、自分のものではなく首長あるいは悪魔あるいは神の声のように自分の心の外に実在するものの声として考えた、と彼は論じた。換言すると、彼らは私たちのように自分自身には話しかけなかった。その代わりに自分のことやその自分の考えを観察している全てを知る存在に耳を傾けていると信じていた。ジェインズはこの種の心のことを二分心（bicameral mind）と呼んだ。

それはふたつの部屋から成り、片方が聞き、もう片方が話すのだが、どちらの側も同じひとつの脳の一部だと言うことを認識していなかった。「[二分心の人間の場合]意志の働きは神経的指令の性質を持った声としてやって来たが、指令と行動は分離されず、聞くことすなわち従うことだった」と彼は述べた。その証拠として、彼はエジプト、シュメール、メソアメリカの古代文明が二分心の人間に話しかける神や首長という物理的象徴、その声として創った像や偶像を挙げる。これがそのようなものが創られた理由、そして創られてから彼らの文化に非常に大きな影響を与えた理由に対する唯一の可能な説明だと彼は論じた。

ジェインズはまた、古代の社会に生きていた人々は他の人々が本当に死ぬとは絶対に信じなかったと主張した。彼らは別の世界に移動して、そこに着いてから、その世界から残されたものたちに直接話しかけたというのだ。そしてその世界から神々も話しかけて彼らのために偉大な寺や複雑な儀式を作るように命じた。何と言っても主導権を握っているのは彼らだったからだ。ハンムラビ法典や十戒のような最初の法律は、ハンムラビやモーゼが言っているように神から直接下された法律だったとジェインズは説明している。

ジェインズは正しいのだろうか。かつて私たちは自分のために考えることができなかったのだろうか。もっと正確に言うと、進化において自分で考えることを認識していなかった時代があったのだろうか。何千年も前に古代のシュメール、エジプト、あるいはユカタンに住んでいた人々の心の中で起こっていたことは決して知ることができないが、今日でも人間の脳は自分の中で話す者を自分の「自己」と認識するのに苦闘することがある。統合失調症患者は、自分のものとは認識できない声、時には複数の声を聞くことがある。それは外の「他者」の声なのだ。だが、脳をスキャンすると、その声が実は自分の頭の中で生じるものであることがわかるのだ。[*1]

統合失調症患者の経験、そしてジェインズの説は人間の脳が何らかの方法で自身に話しかけて支配するような技を思いついたという問題を提起した。ある時点でそれは外部の声を内部の声に変える方法を見つけたのだ。だが、それが真実ならば、私たちはどうやってそれを成し遂げたのだろうか。

その答えは象徴を作りだして、それを非常に複雑な方法で織り上げるという私たちの脳のユニークな能力から始まる。他の動物は象徴を呼び出すことができないが、ひとつの象徴や出来事を脳の中に持つ経験と関連付けることはできる。たとえば、あなたのイヌ、ファイドは散歩という言葉の音（意味ではない）を認識して、毎晩綱につながれてあなたとする好きなことを関連付けるかもしれないが、その二者間の関係の範囲はそれだけだ。あなたが「散歩」と言うときに出す音はファイドの心にある特定の経験を呼び起こすので、あなたがその音を発すると、彼はドアに走って行って待っている。科学者はこれを経験と外部表現のイコン的（符帳的）関係と呼ぶ。

進化の鎖をもう少し進むと、霊長類はさらに洗練された象徴能力を持つことがわかる。ジョージア州立大学言語研究センターのシャーマンとオースティンという二匹の驚くべきチンパンジーの例を見てみよう。二匹はどちらも特定の象徴あるいは絵文字を特定の出来事と関連付けるように訓練されていた。絵文字は訓練を行った研究室内の一連のボタンに記されていた。絵文字を押すと、バナナやバナナジュースのようなおやつがもらえることがあった。すぐにオースティンとシャーマンにとって絵文字はおやつを表すものになった。それは散歩という音が外で過ごす楽しい時間と関連付けられていたファイドの場合と大差なかった。

二匹のチンパンジーが特定のイメージとご褒美の一対一の関係を理解したところで、研究者たちは彼らに新しい課題を与えることにした。今度はおやつをもらうためにふたつのボタンを動詞と名詞のように組み合わせて用いる必要があった。一種類の絵文字は"give"〔与える〕あるいは"deliver"〔渡す〕を表し、他の絵文字は特定の種類の食べ物を表した。したがってシャーマンとオースティンはバナナを受け取るために"give"の絵文字を叩いてから「バナナ」の絵文字を正確に叩かなければならなかった。これはかなり難しかった。食べ物や指示、つまり名詞と動詞の組み合わせが複数あったからだが、しばらく集中的な訓練を受けた後に、チンパンジーたちは新しいシステムの方法を理解した。

だが研究者たちは勉強熱心なチンパンジーたちにさらなる課題を用意していた。ふたつのアイコンを利用する法則を理解した後に、報酬を受け取るために利用しなければならない種々の初歩的な象徴で表されるご褒美と動詞を与えた。ここではシャーマンとオースティンがすでに学んだ指令‐褒美システムを全く新しい絵文字に移せるかどうかが問題になった。しばらくの試行錯誤の後に、彼らは再びその課題に果敢に取り組んで、新しいシステムを学習した。

ここで得られた大きな洞察、彼らが根底にある組織化原理を理解したため新しい絵文字の語彙の学習が容易になったことは指標的象徴的特性（indexical symbolic property）と呼ばれる能力で、動物がある特定の考え方を異なる状況に移せることを表した。それは象徴的思考からの大きな飛躍だった。イコン的象徴的関係（Iconic symbolic relationship）には一対一の記憶しか必要ではないからだ。

今日のチンパンジーたちがこれを何とか成し遂げることができるのならば、何百万年も昔に私たちの直系の先祖がそれと似たことを習得できた可能性がある。それでは私たちは彼らとどこが異なっているのだろうか。私たちがファイドやオースティンやシャーマンのように意味と経験の間に象徴的そして指示的関係を作れるばかりでなく、象徴の指示をより複雑なシステムに組み込んで全く新しい象徴をほとんど無限にそして多様な方法で作れるのが私たちの特別な能力なのだ。

たとえば、あなたはこのページに記された単語の中のeという文字を見てそれをひとつの音と関連付ける（指標的関係）ばかりでなく、あなたの心はたくさんのeを他の文字と組み合わせて、個々の文字の音以上の意味を持つ単語を造作なく作りだす。それから単語を集めて個々の単語よりも大きな意味を持つ文章を組み立てていく。それと同時に文字の並び方も理解する。ある場所のeはあるひとつの音を表し、別の場所では黙字になることがある（英語の場合は）。

単語も文字と同じように文脈によって意味が変わることがある。"Turn right, right here, right?"〔「右に曲がるって、ここで、そうでしょ?」〕という疑問文にはひとつの文章の中に同じ単語が三回登場するが、毎回文脈が異なるため、意味も異なってくる。あなたの心はその根底にある英語の法則を理解しているため、その内容を理解する。法則を完全に説明できなくても、それを理解しているのだ。

チンパンジーは苦労の末、最終的に「（あなた・）投げる・ボール」といった簡単な言語システム――主語、動詞、目的語――を理解できるようになるかもしれない。だがいかなるチンパンジーでも、たとえ彼がパン・トログロディテス〔チンパンジーの学名〕界のシェイクスピアであっても"Turn right, right here, right?"という明らかに単純に見える疑問文の複雑さを理解するわずかな可能性もないだろう。

それが理解できない理由のひとつは、人間の全ての言語は再帰的、つまり概念の中に概念を埋め込めるからだ。文字が単語の中に埋め込まれているように、一連の単語は文章に埋め込まれてその意味をさらに明確にする。次の文章を見てみよう。「大変ハンサムなジョンはプロムキングのタイトルを拒絶したが、自分ではそれにふさわしいと密かに考えていた」〔プロムは、アメリカの高校などで学年の最後に開かれるダンスパーティーのこと。その年のキングとクィーンが決められる〕。ジョンが大変ハンサムだったこと、そして彼が密かにタイトルにふさわしいと考えていたこと、そしてそのタイトルがプロムキングだったことは「ジョンはタイトルを拒絶した」という基本の文章に特徴を与えて、より深い意味とたくさんの有用な情報を文章にもたらしている。それはジョンについて、彼の真意、彼がそのような気持ちを持つ理由を教えてくれる。そして彼の容姿ばかりでなく彼が自分をどう見ているかという洞察も提供する。こうした数々の情報はそれぞれの中にうまく収まっている。イコン的（iconic）で指標的（indexical）な意味とは異なり、この能力は十分に象徴的で、私たちのような脳に特有なものだ。

意味のモザイクにまとまった象徴を回帰的に編み込むという、私たちの特別な能力を利用する象徴システムは言語だけではない。私たちは数学で数や変数を用いて証明や定理や公式を作り出す。音楽では音符を念入りに並べてメロディーを作り、それを主旋律や歌やシンフォニーにする。そしてさらにまた別のメロディーにハーモニーを織り交ぜ、そしておまけにメロディーに言葉を付けてポップスのヒット曲からオペラやブロードウェイのショーにまで至るあらゆるものを創り出す。

絵画も象徴のコラボレーションだ。異なる色の絵の具が一緒に置かれて実在する物体、気持ち、アイディアを表して、一筆、あるいは一滴の絵の具に比べて広い意味を持つ作品が形作られる。ジョルジュ・スーラの点描がその完璧な実例になるだろう——何十万もの異なる色の点が一緒になってイメージを生き生きと表現している。あらゆる象徴を集めてそれを複雑で入れ子になったパターンにつなげる能力がなければ、『ハムレット』も、『ファウスト』も、『白鯨』も、熱力学の法則も、科学も、音楽も、建築も、歌舞伎も、彫刻も、ルネサンス芸術も、私たちが人類文化と呼ぶ偉大で広大な構造計画を可能にした他のいかなるものも存在しなかっただろう。それを作り出すどんなに小さな部分も、ホモ・サピエンスの脳のユニークで強力な才能の上に作られている。そして不思議なことに、自身のニューロンの分子的策謀を指図して象徴を作らせて、それを、象徴を認識する周囲の他の生物と共有させる。これによって心（mind）は融合して、心情（heart）はつながり、アイディアは他の多くの心と共有され、変えられ形作られることが可能になる。そして脳はそれをどうやって行うのか理解することなく、それをやってのける。バスケットボールの選手がゴールを目指して走り、ほとんど考えることなく巧みにボールを投げ込むのに似ている。

＊

私たちはこうして象徴を象徴の中に埋め込み、込みいった非常に複雑な思考構造を創り出すことができるが、それは私たちの脳が概念、アイディア、目的などを一時的に脇に置いて、その間に注意を別のことに移すことができるからだ。科学者はこの驚くべき能力を説明するためにふたつの象徴〔単語〕を用いる。working memory（ワーキングメモリ、作業記憶）だ。

最も簡単な形のワーキングメモリはかかってきた電話に出て、話し始めたところ、途中で別の電話がかかってきたので、その電話に出るために最初にかけてきた人に待つように頼むのに似ている。あなたは話の途中で待っている人がいることを忘れずに途中でかかってきた電話に出て話を始めることができる。それは最初の電話を象徴、「物」の一種としてファイルしたからだ。脳はそのファイルをフォルダあるいは引き出しから取り出すことができる。あたかもそれが物理的なものであるかのようだ。これは私たちが考えたり想像したりできるほとんどのもの、目的、概念、心配事などにも当てはめることができる。

さらに保留しておいたこの「物」はその中に複数の概念を持つことがある。私たちは取り置いたものの中にある個々の情報をそれぞれ覚えている必要はないが、大きなアイディアだけ思い出せればよいのだ。そしてその時には、他の全てのものが一緒に着いてくる。もしもあなたがタージ・マハルのことを想像していても、昼食の準備をするからといって全ての詳細を記録してファイルにしまう必要はない。とにかく食事の支度をしてから、さかのぼって「タージ・マハル」の概念を引っ張り出すと、それに関係する全ての考え、うまく入れ子になったマトリョーシカのように、心のファイルフォルダが戻って来る。

この才能が脳のどの部分にあるのか正確なことはわからない。脳に関するほとんど全てのことのように、それがひとつの場所にあるのではないことはほぼ確実だ。脳は再帰自体のように、入れ子になりネットワーク化され、織り合わせられている。だがｆＭＲＩの研究によって人間や他の霊長類には前頭弁蓋（べんがい）と呼ばれる領域があり、指標的な情報を処理するときに活性化することが明らかになっているが、人間だけがずっと最近になってから進化したブローカ野（や）を持つ。この領域は言語と構文、再帰的な象徴システムを扱う。

ブローカ野は人間の前頭前皮質、額のすぐ後ろにある部分の一部だ。それは私たちが大きくて子供のような頭を持つ理由のひとつで、親類の霊長類ほど額が後ろに傾斜していない理由でもある。人間の前頭前皮質（prefrontal cortex：ＰＦＣ）は進化的に言うと、脳の他の部分と比べて、現在の状態に向けて全速力で発達した。私たちの脳は過去六〇〇万～七〇〇〇万年の間に三倍の大きさになり、ＰＦＣは六倍増加した。象徴的思考に関して言えば、これが活動拠点なのだ。

これが活動拠点であるのは、ＰＦＣが脳の最高経営責任者として進化したからだ。それは私たちの心の原始的、衝動的な活動の秩序をできる限り保つ働きをする。ＰＦＣは怒り、恐れ、空腹感、性的魅力、その他古くからある衝動を阻害する。これらの能力の多くは私たちの先祖が次第に社会的になり、生き残るために互いに依存するようになるにしたがって出現した。進化は純粋に自己中心的な衝動を抑える脳を持つ個体、状況を長期的に考える個体に有利に働いたことだろう。集団で生活する場合、先々他人の力を借りる必要が生じる可能性を考えると、短期的で自己の利益のためにだけ行動するのは割に合わない。だから今日あなたが食物を分け合うのは別の日に誰かがあなたに食物を分けてくれる可能性があるからかもしれない。

前頭前皮質はこのように責任者として働くほかに、象徴化されたアイディア、概念、記憶をまとめて、脳の中にだけしか存在しない、つまり想像したシナリオを創り出して、先のことを考えられるようにしている。長期的な記憶の中の情報を思い出して、それを新しい情報とともにまとめて、新しく編成された象徴をワーキングメモリにして脇に置いてじっくり寝かせておく。その間、私たちは他の目的やアィディアに取り組み、優先順位を決め、体系化し、想像し、心配し、想像しながら一日を過ごしていく。

シャワーを浴び、電話をかけ、eメールの返信をして、地下鉄に乗るといったことを大体正しい順序で行って、約束の時間に風呂に入らず誤った情報で約束に遅れるようなことにならないようにするといった、ありふれた仕事のこともある。あるいは、特殊相対性理論をもたらすような重大な仕事かもしれない。それは誰にもわからない。

前頭前皮質がいつこのように機能するようになったにせよ、その特別な能力が私たちの種を著しく異なる存在にした。考えていることを象徴的に表すことができて、その象徴を互いに埋め込むことができる私たちは莫大な量の複雑な情報を効率的に創造して、系統立て、思い出してさらに多くの修正を加えることができるようになった。

それはいろいろな意味で私たちの中にデジタル圧縮アルゴリズムのような能力を創り出した。iPadで家族の写真を見せたり、お気に入りの音楽をスマートフォンで聞いたりするのを可能にするJPEG画像ファイルやMP3音声ファイルは圧縮アルゴリズムを利用している。それが便利な理由は、それが画像や音声の完全な再現ではなくて、適量の正しい情報を引き出して複製に近い物を再現する方法をとるためオリジナルに比べてはるかに少ない情報と記憶ですむからだ。そのコピーはほとんどの人には違いがわからないほどよく似ているが、情報量がはるかに少ないためより効率的なのだ。象徴も同じことをする。私たちは全てのことを覚えているわけではない。必要があることだけ覚えるのだ。

あなたが感じたり、考えたりすることを他人に示すときにこうした全ての象徴化は役立っているが、その他にも幾分驚くべきことも可能にしているのだ。それは自分の気持ちや考えを自分に説明することだ。実のところ、それがあなたの「自己」を可能にして、過去五万年間に私たちの脳が成功させたことの中で最も素晴らしい幻想かもしれない。究極の象徴である、「あなた」を創り出す能力だ。そこでこの章の始めの質問に戻ることになる。そもそも「あなた」とはいったい何者なのだろうか。

＊

あなたが考えていて自分自身に話しかけているときには、あなたが話しかけているあなたは象徴なのだ。鏡に映った姿のように、それはあなたの脳が象徴を創り出すことができるから可能なのだ。あなたの心が生活の中で他の人々を象徴的に表現するように、それはあなたを表すためにも同じ技を利用する。それによってあなたの人生に非常に強力な力、第二のあなたの存在が可能になる。そしてそれはあなたの全ての感情、考え、選択に熱心に深い影響を与えている。

だがこの影響を及ぼすために、脳はさらにもうひとつの驚くべきことをやってのける。それは物理的に自身を変えるのだ。象徴的な「あなた」が本物の「あなた」を変えるのだ。私たち自身の考えや記憶が生じることで脳の化学的、物理的構造がリアルタイムで変わることが次々と研究で明らかになっている。これを聞いて困惑するかもしれないが、それほどショックを受ける必要はない。もしも脳が私たちの行動を主に操るとしたら、私たちが考えたり、感じたり、想像したり、何らかの方法で気が変わったりするときには、脳も変わらなければならないのだ。変わらないわけにはいかないのだ。私たちの行動、感情、考えは脳の物理的、化学的、電気的状態を動的に反映しているにすぎない。あなたの脳があなたの現実を支配することを疑うのならば、テキーラを何杯か飲んでみよう。あなたの脳が再度かき混ぜられて現実が変わってくる。また、心配したり、心温まる記憶を思い出したり、今朝、あいつが運転するトラックが割り込んできたことでカッとなったりして自分の脳の化学を刺激しても、控えめではあるが同じことが起こる。

脳はこうして自身を変え、自身を制し、自身に反応して、自身を再形成する。それは何らかの方法によって自力で自己認識と自己決定を行い、同時に意識して指令を下すために象徴的な自己を作り出す（厳しく命令を下す神や悪魔とは対照的だ）。これは箱の中に入ったケーキの材料が目的を持って自ら開いて自分で混ぜ合わさってからオーブンに飛び込むのにちょっぴり似ている。あなたと私（そして現在地球上に生きる七〇億人全て）は、究極の再帰の例、自己が入れ子になったマトリョーシカで、ダグラス・ホフスタッターならば「不思議の環（a strange loop）」と言うかもしれない。

＊

私たちがこのように働くようになったわけを理解するために、社会的相互作用のことを、急速に変化する生態系の一種と考えてみよう。それはさまざまな人格の集まりから成り、変化する課題、関係、同盟、グループ内の権力争いなどに対して絶え間なく適応する必要がある。私たちに先行した高度に社会的で非常に聡明な種の場合には、動機や人間関係を自分の心の中ではっきりさせておくことも個々にとっての闘いであったと思われる。先祖の中でも友人たちや敵の行動をうまく追跡して思い出すことができる者が抜きん出て生き残り、その遺伝子を伝えていったのだ。

これを成し遂げるために、彼らはさまざまな人柄を象徴化することを学んだに違いなかった。グーグという人間は攻撃的な傾向があったかもしれない。ターグという人間は助けになり、友好的。ムープという人間は几帳面で賢い。これは他者を組織的な分類に割り当てるときに役立ったかもしれない。それによってそれぞれ個性に応じて適切な方法で彼らに対処できるからだ。こうした人間関係はあなたに関係するものだけが重要なので、途中で、最終的に同じ指標を自分に適用せざるを得なかったのかもしれない。私たちは自分の社会生態学において自身にとって別の人間になった。

進化は頭が良くて自己認識が増大する傾向のある生物、ホモ・エレクトスからエルガステル、ハイデルベルゲンシスに至る人間に有利に働いた。そのうちにネアンデルタール人、デニソワ人、そしてホモ・サピエンスが出現した。私たちとネアンデルタール人はどちらも大きな脳と複雑な前頭前皮質が発達したが、共通の先祖から分かれてそれぞれ世界の異なる場所で、全く異なる状況で発達した。★どちらも話し言葉を発達させた可能性があるが、それは非常に異なるものだった。私たちはどちらも自己認識をして、象徴化することができたが、その程度ははっきりしない。ネアンデルタール人は高度に複雑で十分に象徴的な心の世界を発達させなかったかもしれず、ホモ・サピエンスも五万年前あるいはそれ以降になるまでこのレベルの脳の手品を成功させていなかったかもしれない。

それから前頭前皮質は安定状態になり、他人を完全に象徴化できるばかりでなく、私たちを他の全ての霊長類、そして私たちの前にやって来た、あるいは私たちとともに発達してきた人類と大いに異なる存在にした最後のひとつのことを成し遂げることができたのかもしれない。それは自分を象徴化するこ

★原註　デニソワ人とレッド・ディア・ケーヴ・ピープルに関しては、まだはっきりしていない。ホモ・フローレシエンシスについても同様だ。デニソワ人もホモ・ハイデルベルゲンシスから生じたようだ。

とだった。それとともに全てが劇的に変わった。私たちが自分を完全に象徴化できるようになることは、私たちが象徴化した自分を私たちの周りの他の象徴の中に埋め込めるようになることも意味したからである。私たちは実際に何かをする前にそれを自分の心の中で完全に想像できるようになったのだ。チェスを指す人がボードの上で駒を動かすように、私たちは自分の行動を導くこと、少なくとも行動を導くことを心に思い描くことができた。自身の象徴を作ることによって、私たちは意識と自己認識を持ち、目的を持って行動を計画できるようになった。

私たちは想像することができるようになった。

それ自体驚異的な躍進だが、それによって別の躍進も可能になった。私たちが自分で想像したシナリオにもとづいて意識的に行動した瞬間に、それは自分で自分の行動を支配したことを意味する。私たちは意識的に選択して、それに影響を与えてきた。象徴的な「あなた」の発明によって、意図と自由意志が生まれた。あるいは少なくとも説得力のあるその幻想が。

＊

それではあなたの頭の中で話しかけてくる声は？　それがあなたなのだ。だがそれを聞いている人は、正確に言うとあなたではないのだ。それはあなたが作り出した象徴なのだ。あなたのイメージ、仮想のあなた、コンピュータゲームの中のアバターのようなものだが、コンピュータゲームはあなたの精神生活、それを現実にする前にあなたが自分の行動を記して選択を行う場所だ。あなたが話しかける「あなた」はシミュレーションなのだ。

このようにして見ると、私たちの「自己」は文字通り想像上の虚構、究極の幻想だが、きわめて有用な物だ。それは私たちがこの幻想によって運命を支配できるようになったからだ。少なくとも今までのどの生物がしてきたことにも優っている。私たちはまだ生きたことのない人生を探検して、私たちの望む未来を夢見ることができる唯一の動物であるばかりでなく、その夢をつかんでそれを実現することができる唯一の動物でもある。予定もなく、全く計画も立てられないような自然界の出来事、カオス的な流れの中から、私たちは予定を立て、夢を現実にする生物に進化した。私たちは生きて呼吸をする想像機械にもなる最初の生存機械なのだ。

私たちを他の動物と比べると、象徴を創り出す私たちの能力は空を飛んだりX線の目で岩を通して見たりするような、一種の並外れた力であることがわかる。その力は私たちを、世界を変えることができる非常に適応性のある超人にしたからだ。単なる「風景の中の人物」ではなくて「風景を形作る者……遍在する動物」とジェイコブ・ブロノフスキーは述べた。これは進化における最大の進歩が私たちの出現だと宣言する人間の傲慢さではない。これは決して他の動物の素晴らしい能力を損なうものではない。それはただシロナガスクジラが巨大であること、チータが敏速であること、満月の夜にグルニオンが砂浜で踊ること〔グルニオンはアメリカ西海岸に生息する魚。春から夏にかけての満潮の夜に、大群で砂浜に産卵のためにやって来る〕と同じくらい確かなこと、否応なしの事実を述べているだけだ。私たちだけに象徴を創り出せるような大きな力が発達して、それによって私たちは、地球が目撃したあらゆる生物の中で、文句なしに最も適応性のある生物になった。

不思議なことに、この仮想のヴァージョン、この私たち「自身」の象徴はそれ自身と〔向かい合った二枚の鏡のように自身の中の自身とも）向き合うが、そもそもそれを可能にした心とも向き合う。それはすでに十分複雑な私たちの精神生活をさらに複雑にすることもある。並外れた力にはしばしば困難な代償が伴うことがある。たとえば精神疾患などだ。

＊

私が子供の頃、最新モデルの車にはパワーウィンドウが大流行していたが、うちのクライスラー・ニューヨーカーの新車には付いていなかった。その理由を母に尋ねたことがあった。「小物はしゃれているほど壊れることが多いのよ。修理も必要になるし」と彼女は答えた。自動車、コンピュータ、宇宙船のように複雑な技術のメーカーは、何でも一定のレベルまで複雑になると、単純なシステムに比べて維持がかなり難しくなることを必然的に知っている。一本の藁が壊れることはまずないだろう。一般的に、文鎮もだ。だがスペースシャトルには何千もの「代理機能システム」が用いられている。それは非常に多くの機能におかしくなる可能性があるからだ。だが、複雑性となると、一機のシャトルは人間の脳の足下にも及ばない。あなたや私が生まれてからずっと持ち続けている脳には一〇〇〇億のニューロンがあり、そのひとつずつが一〇〇〇のニューロンと結合しているのだ。これは理解しがたいほど精巧だ。人間の脳はその配線、遺伝、神経化学において非常に複雑なので、それだけ多くのものがうまく機能するのは驚くべきことだ。もちろん進化したがうまくいかずにすぐに消えてしまったものは、その持ち主に死をもたらして遺伝子プールから速やかに排除されてしまった。それでも現代人の脳はまずい状態になることがあり、これからもあるだろう。それは慢性うつ病の患者数や、さらに双極性障害、統合失調症、自閉症、強迫性障害、衝動脅迫、注意欠陥障害、解離性同一性障害などの悲惨な状態にも見ることができる。これらの例は精神疾患を説明するために用いられているラベルの一部分にすぎない。人間の脳について理解が深まるにしたがって、うまくいかない部分も理解されていくのだ。本当に「正常」な人間の脳など存在しないことはほぼ間違いない。

このような精神疾患は人間独自のものだ。この病気が言語、象徴化、ワーキングメモリのような人間独自の能力に関係するからだ。神経学者や心理学者はふたつの精神疾患——統合失調症と自閉症——について、それぞれが私たちの進化について教えてくれることに特に関心を持った。

統合失調症は現実と想像の世界や経験との間の区別が難しくなる精神疾患だ。患者は極度の偏執、妄想、支離滅裂な考えや会話で苦しめられる。重症の場合にはしばしば声が聞こえて、その声と会話をすることも多い。ほとんどの人が「自己」と識別する声を、彼らは、誰か別の者、ふつうは目に見えない者の声と考えるのだ。この「誰か」はジュリアン・ジェインズの二分心のようなものだ。話す者は別個で、矛盾することもしばしばあり、侮辱的なことさえあり、腹立たしいことも、時に魅惑的なこともある。ある統合失調症患者は、目を覚ましたときにイスラエル軍の二人の将軍が戦略について議論を戦わせているのを聞いたと報告した。それは彼が今までに決して考えたことがない内容だった。「興味深い経験だった」と彼は語った。これは、軍事戦略のように難解で複雑なことについてそれほど詳しい知識を持ちながらもそれを意識させない人間の脳力に関する洞察だ。私たち一人ひとりの心の中にどのような情報の宝が手つかずの状態でしまわれているのだろうかと思わせるような話だ。[*2]

急性期の妄想のある統合失調症患者は自分が追われている、あるいは迫害されていると思い込む。この恐怖は彼らが住む想像の世界の一部になることもあり、それは、病気ではない人にとっての日常生活と同じくらい彼らには複雑で現実的な世界なのだ。その世界とシナリオの豊かさは、人間の創造性の持つ力のさらなる証拠を示している。外側にいる私たちにとってそれは狂気に見え、そのような恐ろしい矛盾や感情に苦しむ者にとっては耐えがたいことだ。だが、私たちの心がそのような場所に行ってしまう方法を考えることはできる。私たちもしばしば矛盾したメッセージを送ってくる声を聞いているのではないだろうか。唯一の違いは、それを予期せぬときに侵入してくるこの世の者とは思えない仲間や、招かれずに前触れもなく突然意識の中に出現してくる者の声ではなくて、自分の声として認識する点だ。

そして私たちはみな、自ら作った想像の世界——私たちが計画を立てる明日のこと、人生の計画、友人や敵と交わす会話を想像すること——にいることがないだろうか。今日まで書かれた全てのフィクションは作家の心の中で創り出された入念な想像物で、統合失調症患者の妄想と変わらないくらい、それなりに入り組んでいる。正気と狂気の間の線は信じたくないほど細いのかもしれない。

＊

ふつう自閉症は、統合失調症ほど劇的でも衰弱を伴うものでもないが、これも創造的な精神の謎を垣間見る機会を提供する。統合失調症のように自閉症も軽度のものから重度のものまであり、その根底にある症状には似たものがいくらか見られる。他者との交流が困難なこと、特定の行動に没頭する傾向、時として自傷行為、あるいは娯楽や衣食などに関する反復行動などだ。自閉症患者は約一〇人中一人の割合で優れた才能を示すことがあるが、その他の点では残りの人々が考えるようなふつうの生活を送ることはできない。研究者は彼らのことを自閉症サヴァン症候群と呼ぶことがある。映画『レインマン』は実在する自閉症の人物ビル・サクターともう一人、サヴァン症候群の人物キム・ピークにもとづいて創られた。キム・ピークは、原因ははっきりしないが、驚異的な記憶力を持ちながらも人生の最も基本的なことに苦労した。サクターは一九八三年に亡くなり、ピークも二〇〇九年に心臓発作で亡くなったが、二人とも素晴らしい人々だった。サクターは小説『アルジャーノンに花束を』とそれにもとづいた映画のモデルにもなった。チャーリー・ゴードンという知的障害の男性が天才になり、後に元の状態に戻る話だ。ピークは事実や雑学的知識を何千ページも読んで、かなり時間がたってからそこに記された情報、たとえば一九六四年一二月一四日の天気、あるいはロベルト・クレメンテの一九六七年の平均打率などを、ほぼ完璧に思い出すことができた。

他の自閉症サヴァン症候群には音楽家、画家、数学者、彫刻家、作家の才能を与えられた者もいる。時にはマット・サヴェッジのように才能が広範囲に及び、高い知能が伴うこともある。彼は六歳の時に独学でピアノを学び、ジャズとクラシックピアノをニューイングランド音楽院で勉強した。その間にも彼は全州に渡って行われる地理クイズに優勝したり、自分で演奏する曲を作曲したり、世界ツアー中に九枚のアルバムを発表したり、ジャズの大御所たちと共演したりした。

それに対してアロンゾ・クレモンズは子供の頃に脳に受けた酷い損傷が原因でＩＱが五〇だった。だが不思議なことにアロンゾは素晴らしく正確な動物の彫像を粘土で作る才能をもっていた。そして動物を一目見ただけで、あるいは写真や二次元の絵を見ただけでもその彫像を作ることができた。彼の作品には数万ドルの値がついた。クレモンズの作品を見ると、アルタミラやラスコーの洞窟に描かれた、流れるようで、息をのむような図柄を思い出さずにはいられない。あれを描いたのは不思議な才能、そして世界を表現する魔法を授けられたサヴァン症候群のクロマニョン人だったのだろうか。

セス・F・ヘンリエットもマット・サヴェッジのように高いIQを授けられたサヴァン症候群患者で、非常に多彩な才能を持っている。ヘンリエットは早い時期から重度の社会的問題と自己免疫障害に苦しめられたが、音楽と芸術の面で才能を発揮した。彼女は七歳の時にフルート、一一歳の時にコントラバスを演奏した。一三歳の時には彼女の抽象的でシュルレアリスム的な絵画が注目を集め始めていた。その直後に彼女は自閉症を持つ自身の経験を二冊の本に著した。彼女の作品、エッセイ、詩はいくつかの国際的な賞を受賞した。

このような驚くべき才能を持ちながら、こうした人々はそれぞれ他者との人間関係を築くのが困難だった。彼らは目を合わせることや触れられることを避けた。一人でいることを好み、ごく基本的な個人的交流にも苦労した。だが、だれでもひとつやふたつ、あるいはみっつくらい変わった癖がないだろうか。恐怖症、好み、習慣、関心、執着などだ。さまざまな専門家が推測しているが、歴史的によく知られた人の中にも程度の差こそあれ、自閉症を患っていた者がいると思われる。その中にはルイス・キャロル、チャールズ・ダーウィン、エミリー・ディキンソン、トマス・ジェファーソン、アイザック・ニュートン、ヴォルフガング・モーツァルトなどが含まれる。このような心の持ち主の才能がなければ、人間の文明はどれほどむなしい物になっていたことだろう。

一方、自閉症者の九〇パーセントはサヴァン症候群にはならないが、かなりの数の者が高度の機能を持っている。この場合にも障害はこれまたはあれ、全てがオンまたはオフのような二者択一ではない。

あなたや私もほんの少し自閉症を持っていて気付かないことがあるかもしれない。特にあなたが男性の場合にはそうだ。科学者は自閉症のことを極端な男性脳と説明することもある。そして実のところ、世界中全ての自閉症者の中で女性は五分の一にすぎない。[*3] これは、軸索や樹状突起を女性の方が多く持つためかもしれない。それらは脳の中の経路であり、脳が一体となって働けるようにしている。男性の脳の方がニューロンの数は多い。そのため男性の脳は女性のものほどネットワークが発達していないが、より多くの処理能力が備わり、それが主に空間的、時間的な能力に向けられているように見える。これはどちらか一方の性が賢さや才能の点で優れているわけではなくて、単に違いがあるということにすぎない。この違いは男性の方が女性よりも社交的な関心が低いこと、そして一般的に女性の方が社交的な手がかりを読むのがうまい理由の説明になると言う科学者もいる。

自閉症はニューロンの数や機能ではなくて、ニューロン間の結合が不足することが問題になる。何がその原因なのだろうか。それはネオテニー、さらに正確に言うと、ネオテニーを可能にするプロセスなのだ。

複雑になるほど何かが間違う機会が増えるということを思い出そう。誕生後の三年間は非常に重要な時期で、このときに脳の大きさは三倍になり、個人の経験が脳のニューロン間を結ぶ何十億もの経路を非常に強力に形作るが、不可解なことに、自閉症になる人々では脳の発達がきちんと運ばなくなることがある。結合が遅れたり、早まったり、停止することもある。脳の異なる部分が、正常な状態に比べて互いにばらばらに、海に浮かぶ島のように、互いに接触を取らずに分離した状態で発達することが研究で示されている。さらに個々の部分の中に過度の配線が形成されてしまうこともあるが、それによって記憶、数学、音楽、あるいは芸術の素晴らしい偉業そして私たちとは大きく異なる世界観を説明することができるかもしれない。

もちろんマイナス面は、各部分が分離されていることで、社会的配慮や、他の人々との非言語的コミュニケーション——笑み、声の調子、仕草——において人間関係の潤滑油になるような、私たちが意識しないで難なく行っている小さなことが難しくなる点だ。これらのことは心の理論に欠陥を生じて、大部分において他人はもちろんのこと自身も象徴化できない脳を作り出す。統合失調症のように象徴化が奔放で激しく行われる代わりに、自閉症の場合には減少して、妨げられ、分断されて、社会化に関する種々の才能が、たったひとつの凝縮された、息をのむような才能とひきかえに放棄されることもある。

＊

もし進化が、生き残って繁殖する生物の能力を損なう形質や行動を容赦なく切り捨てるのならば、なぜこのように精神病が生き残ったのだろうか。何か目的があるのだろうか。あるいは、それはかつてあったのだろうか。二〇〇七年に『ネイチャー』誌に発表されたバーナード・クレスピとスティーヴ・ドラスが行った研究は、世界各地の集団から集めた人間のＤＮＡと、人間とチンパンジーが共有した先祖にさかのぼる霊長類のゲノムを分析して、統合失調症につながる遺伝子と、それが進化した理由や、その病気が今日も存在する理由を知る手がかりを得ようとした。統合失調症と強い関連が知られている七六の遺伝子のうち二八の遺伝子は他の遺伝子に比べて自然選択が有利に働き、最も程度の重い統合失調症のものさえそうだったことを知って研究者たちは驚いた。換言すると、その遺伝子はランダムに繰り返す偶然ではなかったのだ。進化の力は積極的にそれを選択して伝えていったのだ。なぜだろう。その遺伝子は人間が生き残るために非常に重要な他の遺伝的才能、たとえば発話や創造性などと結び付いている可能性があった。最近のある説によると、統合失調症は「言語の障害」であり、私たちに与えられている発話と意識という優れた才能とひきかえにホモ・サピエンスが犠牲にしたものを表しているという。クレスピは次のように述べている。「統合失調症患者は人間が持つ全ての認識と言語のスキルの代償を払っていると考えることができる」。それによって人類の一パーセントが何らかの形で統合失調症を患っている理由が説明できるのかもしれない。

複数の説が統合失調症や自閉症を、他者を象徴化して彼らの行動を私たちの心の中でモデル化する能力の進化と関係付ける。そして言語のようなシステムを用いて自身に話しかけて、他者が考え意図することを想像して、まだ起きていない、そして起きないかもしれない出来事に思いをめぐらせるユニークな才能とも関係付ける。

個別には、どちらの病気も幼少時の脳の発達に生じた失敗が原因になった可能性がある。前頭前皮質は、最終的にはネオテニーの結果であるため、現代人類の脳の発達に必要な正確なタイミングが両方の疾患の源になった可能性がある。統合失調症ではネオテニーが遅れる、あるいはそれが発動するプロセスが完了しないと推測する科学者もいる。大部分の統合失調症患者は、一八歳頃あるいはそれ以上になって脳の計画の大部分が整うまで重い症状が現れないことは興味深い。

自閉症の場合には心の理論、言語、象徴化を可能にする脳の複雑な構造や関係は発達の早い段階で影響を受ける可能性がある。自閉症の子供の脳が生後一か月から一六か月までの間に正常な子供よりもかなり早く、そしてより大きく発達して、三、四歳になるまで正常な子供よりも大きい状態を保つことはすでにわかっている。正常に発達している子供と比べると自閉症の子供の前頭前皮質のニューロンが六七パーセント多く、歳の割に脳が重いことも研究によって明らかになっている。出生前から生後間もなくまでに形成される結合が、正常に作動できるようになる前に出現してしまうかのように思える。

両方の疾患とも、遺伝的なレンチのようなものが、ネオテニーによって可能になった長い幼少時代に築かれる人間の心の基礎を作る複雑な発達のプロセスに投げ込まれたような感じだ。人間の行動に関する脳の錬金術を媒介する遺伝子のタイミングと発現がどういうわけか行き詰まり、一旦そうなってしまうと、脳が変わってしまい少なくとも今日の知識ではそれを修復することは難しい。

それでもこうした全てのことには重要な点がある。精神病、つまり一般的に私たちが「実在」を認めるものを正しく理解できない状態は、そもそも私たちが現実と呼ぶものを作ることができる脳を自然界が作り出すまで存在できなかった。つまり精神的な苦痛を受けるには人間の脳が必要なことを意味する。ネコ、イヌ、他の霊長類は落ち込んだり、悲しんだり、恐怖や強い依存が一生続いたりすることもあるが、声を聞いたり、別の現実を想像したり、話したり、共感したりすることができなくなることはない。それは彼らが最初からそのような能力を持たず、これから持つこともないからだ。

遺伝や脳の画像診断がさらに進歩することによって、このような精神病の正確な仕組みや、その過程において、自己と現実の錯覚を作り出すために脳が用いる巧妙な策略を私たちに経験させる仕組みが解明されるかもしれない。これらの進歩はすでに現実と妄想の境界がほんのわずかなものであることを暗示している。さらに正確に言えば、現実は妄想、ただし非常に有益な妄想なのだ。ある意味で脳はオズの魔法使いに似ていて、カーテンの陰に隠れ、ハンドルを回し、レバーを操作して私たちの「私」と現実を可能にする幻の象徴を創り出す。

こうした全てのことは、あなたが今頭の中に持ち運んでいる約一四〇〇グラムのウェットウェア〔人間の脳〕の洗練された物理的、薬理的、電気的相互作用のせいで起きる。これら脳の中の何兆もの相互作用は、嫉妬、愛、情熱、創造力、あるいは悲しみのことを何も知らない。しかし、それでもその中から、毎日のように出会う他の人々とさまざまな程度で関係し合う生活として理解される一連の経験が、それを可能にする脳が遂に機能しなくなるまで出現する。

私たちが今知るような形の人間の脳、すなわち言語、空想の世界、そしてなによりもホフスタッターが「解剖学的に見ることができず、非常にわかりにくい私と呼ばれるもの」と述べたあの現象を作り出した象徴を創造したり入れ替えたりする才能を持つ脳がひとたび実体化すると、夢を見て、夢にもとづいて行動して、周囲の「私」たちとそれを共有する生物が出現した。

私たちの特別な才能は、ただ象徴を呼び出したり、それを精巧で幻影的なタペストリーに織り上げたりするだけではなくて、それを互いに共有して両者の「自己」と想像を結び付け、無数の心を桁外れの量のネットワークにつなぎ、そこで考えや洞察、気持ちや感情をさらに共有し合うためのアイディアを生み出す。創造性にはこのように伝染性があり、ひとたび光が現れると、それは夜空に打ち上げられた花火のように花開いたに違いない。

これによって全ての人間は人間で構成された巨大な脳のニューロンのようなものになり、創造力に満ち、アイディアを貯め、それを得て結合し、人類の文明と呼ぶあの精巧でとりとめのない構築物を作った。この方法でミーム★〔模倣子〕は私たちの人間関係の輸送経路に沿って移動して、現実につながる道を求めたり、関心の欠如あるいは使われなくなり座礁して、選択からもれ、ドードーや恐竜や飛べないクイナと同様に絶滅したりするものもいた。

車輪はミームの良い例だ。アーチやスフレや"I've Got a Lovely Bunch of Coconuts"のような覚えやすい曲、あるいは水道設備、公衆衛生、神話、ピタゴラスの定理もそうだ。昔、誰かが大きい円形のものを考え出した。それは同じような円形のものと組み合わせると重い荷物を運ぶ時に役立った。そしてその考えは定着して共有されるようになった――車輪のことだ。

ミームが広がるにつれて、それは私たちの社会の中で突然変異を起こして他のミームと混ざり合い、ぴったり合わさる。分子の中の遺伝子と同じだ。それは私たち人間がそれを受け入れて複製する能力を持つから増殖するだけのことで、私たちが熱心に交換する全ての象徴を用いてそれを行っている。

私たちが頭の中で聞き始めた声――おそらく五万年前に――は前兆で触媒だった。それは自分の一生を指図して、ミームを形作り、そしてそれを現実に変えられるようになる前に（良かれ悪しかれ）私たちが取るべき一歩だった。最初のうち、共有はゆっくり進んでいたに違いない。たった数万人しか象徴を創る生物が住んでいない世界でアイディアが伝えられて成り立つには時間がかかる。だがそれに先立つ地理的そして遺伝的な時間の単位と比べると、この変化は素早くやって来て、急激に速度を増した。四万年の間に農耕と動物の家畜化が広く行われるようになり、その後、開拓地、村、町が発達した。メソポタミアや中東の都市が生じたのは九〇〇〇年前のことにすぎない。戦争、飢饉、病気、自然災害があったにもかかわらず、私たちは前進してきた。科学、グローバル経済、大量のメディアの媒体になる広範囲に及ぶコミュニケーション・システム、非常に複雑な政府やビジネス等。こうしたものを発明して、私たちはそれぞれの方法で毎日増殖しながら凝集された世界中の人間の考えを絶え間なく左右に動かしている――それは七〇億の象徴を作る者が忙しく自分の象徴を交換している活発で巨大なネットワークだ。遺伝子が人から人へと伝わって突然変異を起こすのと同様に、私たちのおかげでそれはひとつの心から別の心へと移動するのだ。

脳――幼少時代に形作られてその持ち主を象徴化できるもの――の出現は人間のパズルの最後の一片、今日私たちが真の「人間」と言う構築物を完成させる最後の煉瓦（れんが）なのだろうか。これが文明を可能にした進化的な活動だったのだろうか。私たちには確かなことを知ることができない。現代人類の覚醒の瞬間にいなかったからだ。

最初の象徴的な洞察の白い光が一体になった方法を解き明かそうとするのは、砂漠で見つけたエイリアンのエンジンのように、完全に機能はするがマニュアルがないものをリバースエンジニアリングするようなものだ。私たちが今日の人間になる角を曲がった方法を完全に理解することはないと私は推理する。脳自体が問題なのかもしれない。あと一歩でそれを可能にする心、それが幻想を作り出す方法や理由をあと一歩で理解できるという状況がずっと続くのかもしれない。無意識の中で稼働しているものが多すぎるし、入手できない謎が多すぎる。だがそれは、物理学者たちが絶対零度に近付こうとしているのと同様のことで、いろいろ試しても仕方がないという意味ではない。何もない所に行くのは本質的に

★原註　進化生物学者のリチャード・ドーキンスが著書『利己的な遺伝子』の中で作った言葉。

不可能だが、少しでも近付くために努力し続けることはできる。絶対零度に到達しようとする探求のように、私たちは脳が呼び出す幻想に乗って、それがどこに向っているか見ているしかないのかもしれない。少なくとも新しい種類の人間が進化するまでは。

終章　次の人類

本当に今もっと必要なのは脳ではなくて氷やトラやクマと戦って、勝利した人々よりも穏やかで寛大な人々だ。過去に対するやみくもな忠誠から斧を手に取り愛情を込めてマシンガンを愛撫する人々でもない。こうした過去の習慣は人間が生き残るためには捨てなければならないが、その根は非常に深い。

——ローレン・アイズリー『果てしない旅（*The Immense Journey*）』

ナポリ湾の、ヴェスヴィオ山の影からそれほど遠くない海中を二種類のあまり目立たない生物が泳いでいる。それはどこにでもいるウミウシと、メデューサと呼ばれるクラゲだ。クラゲは湾内の上層をゆらゆら泳ぎ、誕生後、急速に成長して素早く完全な大人に成熟することを科学者たちは知っている。ウミウシの幼生も満足げに海流に乗って、同類の生物たち同様に生きる喜びを謳歌している。この二種類の生物の間に何らかの関係があるとは思わないかもしれないが、彼らが親密な関係にあり、不思議なつながりを持つことが明らかになったのだ。

海洋生物学者が最初にこの関係に気付いたのは完全に成長したウミウシの口元に小さな退化した寄生

生物が付着しているのを見たときだった。それはすぐに気付くようなものではなかった。だが、それに気付いて詳しく調べたところ、素晴らしい発見をしたのだ。ウミウシの幼生は湾内を浮遊しているときにしばしばメデューサの触手に絡まり、傘のような形をした体の中に飲み込まれてしまうことがあるようだ。この時点で、幼生は捕食動物であるクラゲの餌食になって一巻の終わりだと思うかもしれないが、そのようなことにはならない。驚くべきことに、食事を始めるのはウミウシの方なのだ。最初にクラゲの放射管、次に縁の境界部分、そして触手を食べて、遂にクラゲは姿を消して、その代わりにかなり大きなウミウシが登場する。その口元の皮膚には寄生動物の小さな芽が付着している。

優れた医師、研究者、エッセイストであるルイス・トマスは、一九七〇年に著した素晴らしい本『メデューサとウミウシ（*The Medusa and the Snail*）』で地球上の生命がいかに不思議でつながり合っているかということを示すためにこの話を取り上げた。確かにそうなのだが、私がここでそれを取り上げているのは、このふたつの生物の変わった関係の中に未来が人類にもたらすもの、その影響が潜んでいるからだ。

＊

ふつうこのような本ならば、この時点で避けられない——そして含みのある——疑問が生じる。次はどうなるかという疑問だ。人間の進化は長く驚異的な冒険を終えた私たちをこれからどこに連れて行くのだろうか。私たちはまだ進化しているのだろうか。もしもしているなら、次はどのようなことになるのだろうか。限りなく大きくなる脳がエイリアンのような前頭部に詰め込まれることになるのだろうか。

あるいは私たちの脳は情報過多と薬物のせいでクルミ大に縮んでしまうだろうか（人間の脳の大きさはこの三万年で一〇パーセント減少している）。あるいは私たちは弱々しくなったり、太ったり、手足が小さくなり、ジャバ・ザ・ハットにどことなく似て、それと同時に大量のメールを打ちやすいように指が数本増えているだろうか。ある科学者が推測したように、私たちがふたつの亜種に分かれて、一方が健康的な体つきで美しく、もう一方が太りすぎでだらしない感じ、H・G・ウェルズの『タイム・マシン』のエロイとモーロックの実世界ヴァージョンになる可能性もあるだろうか。人食いと奴隷化はご免だが。★

過去の四〇億年が繰り返し示してきたように、進化は昔からあらゆる奥の手を限りなく繰り出してきている。十分な時間さえあれば、何でも可能になる。自然選択の力は必ず現在の私たちをガラパゴス諸島に見られる多種のフィンチのように、たくさんの形に分化させるだろう……私たちの遺伝子に進化を任せるだけの時間があったとしたらの話だが。だが、そうはいかない。そしてこのようなシナリオはどれも実現しないだろう。その代わり、私たちには終わりが来る。そしてそれはかなり早い時期にやって来る。私たちは最後に残っている類人猿かもしれないが、それほど長く続かないだろう。

これは驚くべき考えかもしれないが、私たちが象徴を用いる生物、つまり、放電するシナプスを決断や選択、芸術や発明に変えることができる動物になったときに、私たちは同時に自分自身に照準が定められていることに気付くことを、進化のギアやレバーは全て指し示している。こうした巧みで目的のある力を持ったおかげで、私たちは新しい種類の進化を、すなわち創造性と発明によって引き起こされる

★原註　これはロンドン・スクール・オブ・エコノミクスのオリヴァー・カリーによる仮説である。

文化的なものを考え出した。そしてタンパク質や分子のような古い生物学的装置に邪魔されない社会的、文化的、技術的な飛躍が次から次へと続いた。

一見したところ、これは私たちにとって利益があるように見えるかもしれない。火や車輪、蒸気機関、自動車、ファストフード、人工衛星、コンピュータ、携帯電話、ロボット、そして数学、お金、芸術、文学は言うまでもない。私たちの持つものをより良くするためにこれ以上のものがあるだろうか。それぞれが仕事を減らして生活の質を向上させるためにしっかり計画されている。だが、結果的にはそれほど単純なことではなかった。時として進歩は意図せぬ結果をもたらすことがある。輝かしく新しいアイディアを実行すると即座にさらなる解決法が必要になるようだが、それは世界をさらに混乱させることになる。私たちは非常に多くの変化を生み出して、何とかという物、武器、汚染物質、そして複雑さ全般を非常に急速に作り出しているため、技術的文化的な複雑さが欠けていた惑星にかなり最近遺伝的に育ってきた生物として、ついていくのに非常に困難な思いをしている。自分の首を絞めるその変化の原因を作り出しているのは、ほかならぬ私たちなのだが。絶え間ない革新の結果は必然的、逆説的、決定的に、私たちが完全に不適切な世界を生み出すことにつながる。私たちは自身のウミウシのためのメデューサになり、ほぼ壊滅状態まで自分を食い尽くそうとしている。その皮肉は深さと広さにおいてシェイクスピア的だ。私たちは自分の中で遂にぴったりの相手に出会ったのかもしれない。それは私たちでさえ適応できないような進化の力だ。

私たちは元に戻ろうとしている。それは進化の古い荷物が私たちにそうするように駆り立てるからだ。私たちは全ての動物が環境を支配する力を望み、それを手に入れるために最善をつくすことをすでに知っている。私たちのDNAは生き残ることを求めている。私たちを生物のスイス・アーミー・ナイフ、そして最後の類人猿にしたネオテニーは、かつての私たちの原始的な衝動を置き換えるのではなくて増幅するだけだった。すぐに満足感を得ようとする恐れ、怒り、食欲は今でも変わらずに存在している。私たちの発明の力と古くからのニーズの組み合わせは、もうすぐ私たちを生物の中心的立場から引きずり落とすことになると私は思う。

私たちが忙しく組み立てラインから出してきた素晴らしい新世界のせいで私たちがボロボロになってきたことを示す最も有力な証拠は、ストレスに苦しんでいることを率直に認める人の数が増加していることだ。最近の研究は合衆国が「ストレスと健康に関して大きな曲がり角にある」と報告している。★アメリカ人は悪循環の中に捕らえられている。自分に及ぼしているダメージを修復するための行動修正を阻止しようとする乗り越えられない障壁を組み立てながら、健康に悪い方法でストレスに対処しようとしている。その結果人口の六八パーセントが太りすぎている。三四パーセント近くは病的肥満だ。（これは狩猟採集民の文化では問題になることがあまりない）。アメリカ人の一〇人に三人はうつ状態だと言い、うつ病は四五歳から六五歳までの間に最も多く見られる。四二パーセントは怒りっぽかったり腹を立てたりして、三九パーセントが神経質あるいは不安であると報告している。X世代の人々やいわゆるミレニアム世代はベビーブーム世代だった彼らの両親よりもさらに人間関係でストレスを感じていることを認めている。そしてその不安が歯科医院の診療内容にまで及ぶほど酷くなっている。三〇年前に比べると

★原註　アメリカ心理学会によって二〇一〇年に行われた。

顎の痛み、歯肉の退化、歯の摩耗の治療がかなりの部分を占めるようになったのだ。なぜだろう。それは私たちが緊張して不安な状態にあり、寝ている間に歯ぎしりをして自分の歯をとことん削ってしまうからだ。

研究室のラットで繰り返し証明されているように、ストレスはその生物が住んでいる世界に次第に適合しなくなっていることを示すサインであり、ダーウィンやアルフレッド・ラッセル・ウォレスも一五〇年以上前に鋭く観察したように、生物とその環境がもはやうまく適合しなくなると、どちらかがあきらめるしかない。そしてそれはいつも生物の方なのだ。

私たちはストレスにどのように対処しているだろうか。あまりうまく対処していないようだ。プレッシャーが蓄積したときにリラックスしたり、体を動かしてみたりする代わりに、食事を抜かしたりインターネットをしたりテレビを見たり、それから食べすぎて、寝られなくなり、かすみ目、短気、疲れ果てた状態で朝を迎えることになる。何がこの行動を引き起こすのだろう。それは私たちが躍起になって無視しようとする昔の原始的な衝動や食欲だ。

ここで私たちは、次はどうなるかという疑問に戻ることになる。

私たちの終焉は『ターミネーター』型の全滅、世界から全ての人類が姿を消して、滅亡後の都市が残骸になって荒涼とした姿をさらすようなものである必要はない。それはチョウの変態のようなものになるかもしれない。私たちは古い自己のルビコンを渡り、少なくとも早い段階ではもはや自分が考えていたような種ではなくなったことに気付かぬうちに、自身が元になった新しい生物として出現するかもしれないのだ。最初のネアンデルタール人は自分がもはやホモ・ハイデルベルゲンシスではないことがわかっていただろうか。その道はゆっくりと作られていく。

もしかしたら私たちは単に「サイバー・サピエンス」★に姿を変えるだけかもしれない。それは新しい人間で、あなたや私と比べものにならないほど知的能力があり、ことによるともっと社交上手、あるいは少なくとも大勢の友達、知り合い、仕事仲間との関係をサーカスの芸人のように上手にやりくりするかもしれない。自分で作り出す変化についていく能力を持つ生物だ。時間不足と長距離という課題に取り組むために、サイバー・サピエンスは同時に二か所に存在したり、複数のデジタルヴァージョンに分裂して、それぞれが別々に生活して、周期的にデジタルな自身を再結合して一人のスーパーヴァージョンになることさえ可能になるかもしれない。ロバート・フロストの詩「選ばれなかった道（The Road Not Taken）」の旅人とは違って両方の道を、それぞれ違う自分に選ばせることができる。そのような可能性が現実になると、私たちの中の何か重要なものがなくなってしまうのではないかと思ってしまう。とはいうものの、種を新しくするのはそのようなことなのかもしれない。

たくさんのホモ・サピエンス集団が、すでに私たちの次のヴァージョンについて熟考している。彼らは自分たちのことをトランスヒューマニストと呼び、未来の人類学者が私たちのことを、よくやったが未来の今まで到達することはできなかった種として振り返るときが来ることを予測する。トランスヒューマニストは一部分が生物で一部分が機械であるような存在が出現するときが来ることを予見する。

★原註　私の前著 *Thumbs, Toes, and Tears: And Other Traits That Make Us Human*〔邦訳『この6つのおかげでヒトは進化した――つま先、親指、のど、笑い、涙、キス』〕で用いた造語。

この点で私は彼らが正しく、それが長期的な傾向における次の論理的な段階だと思う。結局のところ、私たちはすでにテクノロジーの重要な構成要素になっているのだ。最後に携帯をチェックしたのは、あるいは狩猟採取者のように仕事に歩いて行ったのはいつだろう。私たちはずっと道具とともに進化してきた。今、人間と機械、現実と仮想現実、生物学とテクノロジーの間の線が特にぼやけてきている。そしてその線は間もなく点滅して完全に消えてしまうだろう。

分子サイズのナノマシンと昔ながらの炭素製のDNAを混合することによって、次の人間は自分たちの心をスピードアップさせて「自己」を増殖させるばかりでなく、スピード、力、創造性を促進させて超知的に思いつき、発明しながら世界、太陽系、そのうちに銀河宇宙も歩き回るようになるとトランスヒューマニストは予言する。それほど遠くない未来に、私たちは生物学的進化が何億年もかけて巧妙に作ってきた血液を下取りに出して人工ヘモグロビンと交換するかもしれない。現在のニューロンをナノ技術で製造したデジタルニューロンと交換したり、体を作り直す方法を見つけて永遠に健康で美しくいられるようにしたり、病気を排除して遂に死に暇を出すようになるかもしれない。「男性」や「女性」という言葉も過去の物になってしまうかもしれない。つまり生物学的制約の欠如が次の人間を特徴付ける形質になるかもしれないのだ。

だが超人的になるパワーを与えられても原始的なお荷物を背負っていると、このような変化には不都合な点が伴う可能性があると私は考える。新たに見つけた能力は私たちの手に負えないかもしれない。私たちは進化して漫画本のヒーローや悪役のようになり、空想的な戦いを繰り広げて酷い結果を迎えることになるのだろうか。このような力はカッティング・エッジ〔刃先。最先端という意味で用いられる〕という言葉に新しい破滅的な意味を与える。そしてこのような新しい増強技術を得られなかった者はどうなるのだろうか。私たちは超人的な力を持つ人と持たない人の世界を警戒すべきだろうか。私が最も知りたいと思うのはこの両者のことだ。

進化の経路を考えると、小惑星の衝突や地球の大変動を再度被ることがなければ、私たちはほぼ確実に現在の私たちの拡張ヴァージョンになるだろう。それが七〇〇万年続いてきた傾向なのだ。より多くの知能、道具を与えられるようになった類人猿はより賢く、同時に破滅的になった。現在問題になるのは、私たち自身が生き残れるかどうかということだ。私たちは何とか次の人間になることができるのだろうか。それはきわどい問題だ。

私は自分の中の子供の部分、つまり、当てもなく歩き回って遊び、壁にぶち当たり、不可能なことを想像して、物事に疑問を持つことを好むその部分が私たちを救ってくれると期待している。変化するにあたって私たちが失うわけに行かないのは、非実用的で柔軟な部分なのだ。それは他のいかなる動物にもない方法――誤りに陥りがちで、柔軟で独創的であること――によって私たちを自由にしてくれるからだ。それが私たちをここまで連れてきてくれた部分なのだ。もしかしたら次の人間の時にもうまくいくかもしれない。

謝辞

二〇一二年、暖かな朝、机の前に座っていると、本の執筆が自分ひとりでする仕事だと考えがちな自分がいる。一人で黙々とキーを打ち、なかなか意味をなさない文章や頑固なフレーズと格闘する。不明瞭な事実を解明するためにたくさんの文献を読み、図書館を訪れ、ウェブを巡回する。頭に浮かんだことを手早く書き留めては窓の外をボーッと眺めることも多かった。時折一人で頭を打ち付けたりすることもあったようだ。

だが、執筆作業の時に感じる孤独の大部分は錯覚だ。『人類進化700万年の物語（*Last Ape Standing*）』のような本は大勢の人々の力を借りなければ世の中に出ることはなかった。まず、私は長年にわたって大勢の科学者や最高の頭脳の持ち主たち――そのごく一部だが、マイケル・ガザニガ、ジェラルド・エデルマン、ハンス・モラヴェック、レイ・カーツワイル、マイケル・マッケロイ、そしてこのうえなく優れた人物であった、故リン・マーギュリス――とゆっくり言葉を交わす機会に恵まれた。この会話を通して私はこの本の全体像を得ることができたのだ。彼らの親切なもてなし、豊かな知性、経験の恩恵を受けなければそれはかなわなかったことだろう。限られた視点に立つ私にしばしば「でも、こういう見方をしたらどうだろう……」という言葉をかけて狭い視点から私が抜け出せるように優しく手を貸してくれた。

そしてこのプロジェクトのために参照した何百もの書籍、記事、科学論文がある。その各々は作者たちが長年かけた仕事や研究の成果を表したもので、私が一生の一〇〇〇倍かけても踏破できない量の人類の進化と行動のあれこれの探求がそこに凝縮されている。それが地球の気候、人類遺伝学、進化心理学、解剖学、あるいは歴史学であっても、研究者あるいは著者たちの仕事は、続くページに欠くことができないビタミンやミネラルになった。私は全ての方々を個人的に知るわけではないが、それぞれに対して深く感謝する。

ジェン・シマンスキとフランク・ハリスにも特別に感謝の言葉を述べたい。フランクは、素晴らしい目と挿絵に対して。ジェンは気立ての良さ、詳細にわたる確かな注意力、そして揺るぎない信頼性に対して。

本は、その本を信じて、アイディアを人々が買って読みたいと思うようなものに変えようとする出版社や編集者がいなければ実現しない。Walker/Bloomsbury のジョージ・ギブソンの洞察と寛大な心に一生感謝する。野球には「選手兼」監督がいる。ジョージは「作家の」発行者で、いつも勇気を与え、否定的なことは一切ない、人類の進化が作り出した最高の人間のみごとな実例だ。この本の編集者であるジャクリン・ジョンソンは、今までに私が会った中で最も冷静な人の一人かもしれない。私の手元でどのような文章が打ち出されようと、どのような懸垂分詞が用いられようと、どのような質問をぶつけても、私が期日を守らなくても、彼女はキリマンジャロのように落ち着いていた。そして全てにおいて素晴らしい助言や洞察を与えてくれた私のエージェント、ピーター・ソーヤーにも心から感謝する。彼の賢い耳にばかばかしいことを聞かせても私の元で我慢してくれた。

だが、本書は私の家族に負うところが一番大きい。私の娘たち、モリーとハンナは、生まれてこの方、私がすることにずっと付き合わされてきた。モリーは二歳の頃に私の仕事が「ボタンを叩くこと」だと誰かに説明したことがあった。娘たちの笑顔と笑い声、そして存在によって、机に向かうのが辛かったときも正しい判断を下すことができた。スティーヴとアンは、家に物書きがいるという不思議な生活にどうにか馴染み、それに関して私を罰することも狂人扱いしてあきらめることもないようだ。何をおいても、絶えざる忍耐、励まし、そして愛を与えてくれた、何ものにも代えがたい地球上で最高の人間、妻のシンディーに感謝する。私の気の済むまで話を聞いてもらうこともあるが、それでも私たちはまだ結婚生活を続けている。

訳者あとがき

化石人類の研究史を記述するとき、二つの年代基準が交錯することがある。一つは、その対象発見物がいつの年代に由来するものかということ。ところがもう一つ、研究者がいつの時期にそれを掘り当てたか（場合によっては、すでに発掘されていたものの意味づけを、いつ再発見したか）という日付がある。この後者、日付の方は、研究者当人にとっては発見の優先権、そして時には研究費の確保にもからむ大問題でもあるだろうが、人類進化の流れを捉える本来の総括からすれば付帯的な、偶然の日付ラベルにすぎない。

長大な時間の流れを捉えやすくするときに、よくある手法だが、その時間幅全体を一年とか一か月にモデル化して、いろんな目ぼしい事件の地位を日付で示すことができる。本書では七〇〇万年を一年に換算した人類進化のカレンダー（ＨＥＣ）として、その概略の位置と、それぞれが続いたと思われる期間を示している（本書二七頁）。あくまで大筋の流れを示したいので、示されている「それぞれ」が種であるのか、もっと幅のあるものを含んでいるのかも特に問題としていない。それぞれのまとまりを指すときも、すべて“ape”と呼んでいる。系統分類の命名などからやかましいことを言えばいろいろ指摘されるだろうか、これもむしろ本書の趣旨に合わせて、いちばん抵抗感の少ない「類人猿」で訳語を統一した。

さて、こうした道具立てを使って著者は何を本書で主張したかったのか。これまで証拠が得られてきた二〇種類あまりのうちで、現在の私たちを除いてその他すべては系統が続くことなしに絶滅した。その理由を探ること、あえて言えば直立歩行に移った「類人猿」のうちで、ホモ・サピエンスのみが「最後に持ちこたえて残ったこと（last ape standing）」の原因を探りあてて論証しようということにある。HECの間に消息を絶った「類人猿」の大多数は、けっこう長いこの一年間に一瞬姿を見せただけなので、退場の原因を突き止めるのは難しい。例外はネアンデルタール人の場合で、このいちばんの親戚が突如姿を消したことについてだけは、不確実な推定も交えて、多量の議論がこれまでに消費されてきた。本書でもことに第6章で、彼らと、我らがサピエンスが対比されている。そこで導かれる考察では、本書で最初から主要テーマとされてきた「幼少時代の延長」、ネオテニー特性というものが、気候変動のタイミングが合ったことも幸いして、我々の種に味方したということだ。そしてこの経緯ともからんで、我々の「道徳性」の起源についても議論が展開される一方で（本書第4章）、直立歩行と関連しては、足先の指の向きの突然変異という、ダーウィン的思考には違いないが、不意を衝くような奇襲も繰りだしている（本書第1章。足指の向きに関しては、前の著書でわざわざタイトルにも列記してあるので、けっこう妙案として自信を持っているのかもしれない）。

ネオテニーと、出生後の脳の物質的、また情報的な目覚ましい増強がサピエンスでは一貫して強調されているが、それ以外の他の「いとこたち」については、ネアンデルタール人に関しても、諸説紛紛たるなかで、どれか一つの見方に肩入れするより、絶滅からサピエンスとの混血まで、いろんな可能性を取り上げているので、最近の見方の平易なレビューにもなっていると思う。
ところで、最後まで持ちこたえてきたサピエンスは、今後どうなるのか。短い終章でも、著者自身の断定は避けた口調で「それはきわどい問題だ」と言うに止めている。ただここでも、「物事に疑問を持つことを好むその部分」に、きわどいながら望みを託していて、この点で著者の立場は一貫している。

訳者

二〇一四年三月

"Why Humans Walk on Two Legs." *Science Daily*, July 7, 2007. http://www.sciencedaly.com/releases/2007/07/070720111226.htm.

"Why Music?" *Economist*, December 18, 2008, 1-1. http://www.economist.com/node/12795510.

"Why We Are, as We Are." *Economist*, December 18, 2008. http://www.economist.com/node/12795581.

Wills, Christopher. *The Runaway Brain: The Evolution of Human Uniqueness*. New York: HarperCollins Publishers, 1993.（クリストファー・ウィルズ『暴走する脳――脳の進化が止まらない！』、近藤修訳、講談社、1997年）。

Wilson, David Sloan. *Evolution for Everyone: How Darwin's Theory Can Change the Way We Think About Our Lives*. New York: Bantam Dell, 2007.（デイヴィッド・スローン・ウィルソン『みんなの進化論』、中尾ゆかり訳、日本放送出版協会、2009年）。

Wilson, Edward O. *On Human Nature*. Trade paperback. Cambridge, MA: Harvard University Press, 1978.（E・O・ウィルソン『人間の本性について』、岸由二訳、ちくま学芸文庫、1997年）。

Wong, K. "Who Were the Neanderthals?" *Scientific American* 289 (2003): 28-37.

Zak, Paul J. "The Neurobiology of Trust." *Scientific American* 298.6 (2008): 88-92, 95.

Zilhão, et al. "Symbolic Use of Marine Shells and Mineral Pigments by Iberian Neanderthals." *Proceedings of the National Academy of Sciences of the United States of America* 107.3 (2010): 1023-28.

Zimmer, Carl. "Siberian Fossils Were Neanderthals' Eastern Cousins, DNA Reveals." *New York Times*, December 23, 2010. http://www.nytimes.com/2010/12/23/science/23ancestor.html.

Zipursky, Lawrence S. "Driving Self-Recognition." *American Scientist* 24.11: 40-48.

Thomas, Lewis. *The Medusa and the Snail*. New York: Viking Press, 1979.（ルイス・トマス『歴史から学ぶ医学――医学と生物学に関する29章』、大橋洋一訳、思索社、1986年）。

"Three Neanderthal Sub-Groups Confirmed." *Science Daily*, April 15, 2009. http://www.sciencedaily.com/releases/2009/04/090415075150.htm.

"Toba Catastrophe Theory." *Science Daily*, n.d. http://www.sciencedaily.com/articles/t/toba_catastrophe_theory.htm.（2011年3月9日アクセス）

Tooby, J., and L. Cosmides. "Groups in Mind: The Coalitional Roots of War and Morality." *Human Morality & Sociality: Evolutionary & Comparative Perspectives*. New York: Palgrave Macmillan, 2010.

Tooby, J., and I. DeVore. "The Reconstruction of Hominid Behavioral Evolution Through Strategic Modeling." In *The Evolution of Human Behavior: Primate Models*, edited by Warren G. Kinsey, 183-237. Albany: State University of New York Press, 1987.

Tzedakis, P. C., K. A. Hughen, I. Cacho, and K. Harvati. "Placing Late Neanderthals in a Climatic Context." *Nature* 449 (7159) (September 13, 2007): 206-8. doi:10.1038/nature06117.

Van Wyhe, John. *The Darwin Experience: The Story of the Man and His Theory of Evolution*. Washington, DC: National Geographic, 2008.

Volk, T., and J. Atkinson. "Is Child Death the Crucible of Human Evolution?" *Journal of Social, Evolutionary and Cultural Psychology* 2 (2008): 247-60.

Vrba, E. S. "Climate, Heterochrony, and Human Evolution." *Journal of Anthropological Research* (1996): 1-28.

Wade, Nicholas. "Scientist Finds the Beginnings of Morality in Primate Behavior." *New York Times*, March 20, 2007. http://www.nytimes.com/2007/03/20/science/20moral.html?_r=1&pagewanted=all.

——. "Signs of Neanderthals Mating with Humans." *New York Times*, May 5, 2007. http://www.nytimes.com/2010/05/07/science/07neanderthal.html.

——. "Tools Suggest Earlier Human Exit from Africa." *New York Times*, January 28, 2011. http://www.nytimes.com/2011/01/28/science/28africa.html?pagewanted=all.

Walter, Chip. *Thumbs, Toes, and Tears: And Other Traits That Make Us Human*. New York: Walker, 2006.（チップ・ウォルター『この6つのおかげでヒトは進化した――つま先、親指、のど、笑い、涙、キス』、梶山あゆみ訳、早川書房、2007年）。

Weaver, Timothy D., and Jean-Jacques Hublin. "Neanderthal Birth Canal Shape and the Evolution of Human Childbirth." *Transactions of the IRE Professional Group on Audio* 106 (20) (May 19, 2009): 8151-56. doi:10.1073/pnas.0812554106.

Wesson, Kenneth. "Neuroplasticity." *Brain World*, August 26, 2010. http://brainworldmagazine.com/neuroplasticity.

"What Does It Mean to Be Human?" Smithsonian Institution, 2010. http://humanorigins.si.edu.

(2009): 575-84.
"Sign In to Read: Neanderthal Body Art Hints at Ancient Language." *New Scientist*, March 29, 2011. http://www.newscientist.com/article/mg19726494.600-neanderthal-body-art-hints-at-ancient-language.html.
Silberman, S. "Don't Even Think About Lying: How Brain Scans Are Reinventing the Science of Lie Detection." *Wired San Francisco* 14.1 (2006): 142.
Sinclair, David A., and Lenny Guarente. "Unlocking the Secrets of Longevity Genes." *Scientific American* 294.3 (2006): 48-51, 54-57.
Singer, Emily. "An Innate Ability to Smell Scams." *Los Angeles Times*, August 19, 2002. http://articles.latimes.com/2002/aug/19/science/sci-cheat19.
Slimak, L., et al. "Late Mousterian Persistence near the Arctic Circle." *Science* 332.6031 (2011): 841-45.
Smith, Tanya M., et al. "Earliest Evidence of Modern Human Life History in North African Early *Homo sapiens*." *Proceedings of the National Academy of Sciences of the United States of America* 104.15 (2007): 6128-33.
Smith, Tanya M., et al. "Dental Evidence for Ontogenetic Differences Between Modern Humans and Neanderthals." *Proceedings of the National Academy of Sciences of the United States of America* 107.49 (2010): 20923-28.
Sockol, Michael D., David A. Raichlen, and Herman H. Pontzer. "Chimpanzee Locomotor Energetics and the Origin of Human Bipedalism." *Proceedings of the National Academy of Sciences of the United States of America* 104.30 (2007): 12265-69.
Sparks, B. F., et al. "Brain Structural Abnormalities in Young Children with Autism Spectrum Disorder." *Neurology* 59.2 (2002): 184-92.
Stone, Valerie E., et al. "Selective Impairment of Reasoning About Social Exchange in a Patient with Bilateral Limbic System Damage." *Proceedings of the National Academy of Sciences of the United States of America* 99.17 (2002): 11531-36.
"Study Identifies Energy Efficiency as Reason for Evolution of Upright Walking." *Science Daily*, July 17, 2007. http://www.sciencedaily.com/releases/2007/07/070716191140.htm.
"Supervolcano Eruption——in Sumatra——Deforested India 73,000 Years Ago." *Science Daily*, November 24, 2009. http://www.sciencedaily.com/releases/2009/11/091123142739.htm.
Swaminathan, Nikhil. "It's No Delusion: Evolution May Favor Schizophrenia Genes." *Scientific American*, September 6, 2007.
——. "White Matter Matters in Schizophrenia." *Scientific American*, April 24, 2011.
Tattersall, I. "Once We Were Not Alone." *Scientific American* 282.1 (2000): 56-62.
Texier, Pierre-Jean, et al. "A Howiesons Poort Tradition of Engraving Ostrich Eggshell Containers Dated to 60,000 Years Ago at Diepkloof Rock Shelter, South Africa." *Proceedings of the National Academy of Sciences of the United States of America* 107.14 (2010): 6180-85.

118.1 (2002): 50-62.
Perrett, D. I., K. J. Lee, I. Penton-Voak, D. Rowland, S. Yoshikawa, D. M. Burt, S. P. Henzi, D. L. Castles, and S. Akamatsu. "Effects of Sexual Dimorphism on Facial Attractiveness." *Nature* 394.6696 (1998): 884-87.
Pontzer, Herman H. "Predicting the Energy Cost of Terrestrial Locomotion: A Test of the LiMb Model in Humans and Quadrupeds." *Journal of Experimental Biology* 210, pt. 3 (2007): 484-94.
Potts, Richard, and Christopher Solan. *What Does It Mean to Be Human?* Washington, DC: National Geographic, 2010.
Reed, David L., et al. "Genetic Analysis of Lice Supports Direct Contact Between Modern and Archaic Humans." *Transactions of the IRE Professional Group on Audio* 2.11 (2004): e340.
Reich, David D., et al. "Genetic History of an Archaic Hominin Group from Denisova Cave in Siberia." *Nature* 468.7327 (2010): 1053-60.
Riel-Salvatore, Julien. "A Niche Construction Perspective on the Middle-Upper Paleolithic Transition in Italy." *Journal of Archaeological Method and Theory* 17.4 (2010): 323-55.
——. "What Is a 'Transitional' Industry? The Uluzzian of Southern Italy as a Case Study." *Sourcebook of Paleolithic Transitions* (2009): 377-96.
Rightmire, G. Philip. "Human Evolution in the Middle Pleistocene: The Role of *Homo heidelbergensis*." *Evolutionary Anthropology* (2011): 1-10.
Rincon, Paul. " 'Neanderthals' 'Last Rock Refuge. '" www.bbc.com, September 13, 2006. http://news.bbc.co.uk/2/hi/science/nature/5343266.stm.
——. "Neanderthals 'Not Close Family. '" www.bbc.com, January 27, 2004. http://news.bbc.co.uk/2/hi/science/nature/3431609.stm.
Rosen, Jeffrey. "The Brain on the Stand." *New York Times Magazine*, March 11, 2007, 46-84.
Rosenberg, K. R., and W. R. Trevathan. "The Evolution of Human Birth." *Scientific American* 285.5 (2001): 72-77.
Rozzi, Fernando V. Ramirez, and José Maria Bermudez De Castro. "Surprisingly Rapid Growth in Neanderthals." *Nature* 428.6986 (2004): 936-39.
Sawyer, G. J., and Viktor Deak. *The Last Human*. New Haven, CT: Yale University Press, 2007.
"Schizophrenia: Costly By-Product of Human Brain Evolution?" *Science Daily*, August 5, 2008. http://www.sciencedaily.com/releases/2008/08/080804222910.htm.
Sell, A., J. Tooby, and L. Cosmides. "Formidability and the Logic of Human Anger." *Proceedings of the National Academy of Sciences of the United States of America* 106.35 (2009): 15073-78.
Sell, Aaron A., et al. "Human Adaptations for the Visual Assessment of Strength and Fighting Ability from the Body and Face." *Proceedings of the Royal Society B* 276.1656

——. "Children's Emotional Development Is Built into the Architecture of Their Brains: Working Paper No. 2." 2006, 1-16.

——. "Early Exposure to Toxic Substances Damages Brain Architecture: Working Paper No. 4." 2006, 1-20.

——. "The Timing and Quality of Early Experiences Combine to Shape Brain Architecture: Working Paper No. 5." 2008, 1-12.

——. "Early Experiences Can Alter Gene Expression and Affect Long-Term Development: Working Paper No. 10." 2010, 1-12.

"Neanderthal Children Grew Up Fast." www.sciencedaily.com, December 5, 2007. http://www.sciencedaily.com/releases/2007/12/071204100409.htm.

"Neanderthals Speak Again After 30,000 Years." www.sciencedaily.com, April 21, 2008. http://www.sciencedaily.com/releases/2008/04/080421154426.htm.

Neill, David. "Cortical Evolution and Human Behavior." *Brain Research Bulletin* 74 (2007): 191-205.

Nettle, Daniel, and Helen Clegg. "Schizotypy, Creativity and Mating Success in Humans." *Proceedings of the Royal Society* B 273.1586 (2006): 611-15.

"New Kenyan Fossils Challenge Established Views on Early Evolution of Our Genus Homo." www.sciencedaily.com, August 13, 2007. http://www.sciencedaily.com/releases/2007/08/070813093132.htm.

Newschaffer, C. J., L. A. Croen, J. Daniels, et al. "The Epidemiology of Autism Spectrum Disorders." *Annual Review of Public Health* 28 (2007): 235-58. doi:10.1146/annurev.publhealth.28.021406.144007.PMID_17367287.

Nieder, Andreas. "Prefrontal Cortex and the Evolution of Symbolic Reference." *Current Opinion in Neurobiology* 19.1 (2009): 99-108.

NIMH. "Teenage Brain: A Work in Progress" (fact sheet). wwwapps.nimh.nih.gov/index.shtml, July 18, 2011. http://wwwapps.nimh.nih.gov/health/publications/teenage-brain-a-work-in-progress.shtml.

Oakley, Barbara. "What a Tangled Web We Weave." the-scientist.com, April 10, 2009, 3. http://classic.the-scientist.com/news/display/55610/.

Olivieri, Anna, et al. "The mtDNA Legacy of the Levantine Early Upper Paleolithic in Africa." Science 314.5806 (2006): 1767-70.

Pacchioli, David. "Moral Brain." *Research, University of Pennsylvania* (2006): 5.

Patel, Aniruddh D. *Music, Language, and the Brain*. New York: Oxford University Press, 2008.

Paus, T., et al. "Structural Maturation of Neural Pathways in Children and Adolescents: In Vivo Study." *Science* 283 (March 19, 1999): 1908.

Penin, Xavier, Christine Berge, and Michel Baylac. "Ontogenetic Study of the Skull in Modern Humans and the Common Chimpanzees: Neotenic Hypothesis Reconsidered with a Tridimensional Procrustes Analysis." *American Journal of Physical Anthropology*

March 20, 2001.

Lieberman, Philip P. "On the Nature and Evolution of the Neural Bases of Human Language." *American Journal of Physical Anthropology*, supplement 35 (2002): 36-62.

"Long Legs Are More Efficient, According to New Math Model." www.sciencedaily.com, March 19, 2007, 1-2. http://www.sciencedaily.com/releases/2007/03/070312091455.htm.

Lozano, M., et al. "Right-Handedness of *Homo heidelbergensis* from Sima De Los Huesos (Atapureca, Spain) 500,000 Years Ago." *Evolution and Human Behavior* 30.5 (2009): 369-76.

Maestripieri, Dario. *Machiavellian Intelligence: How Rhesus Macaques and Humans Have Conquered the World*. Chicago: University of Chicago Press, 2007.

Manica, Andrea, et al. "The Effect of Ancient Population Bottlenecks on Human Phenotypic Variation." *Nature* 448.7151 (2007): 346-48.

"Man's Earliest Direct Ancestors Looked More Apelike Than Previously Believed." www.sciencedaily.com, March 27, 2007, 1-2, http://www.sciencedaily.com/releases/2007/03/070324133018.htm.（2010年8月20日アクセス）

Marean, Curtis W. "When the Sea Saved Humanity." *Scientific American* 303.2 (2010): 54-61.

Miller, Earl, and Jonathan Cohen. "An Integrative Theory of Prefrontal Cortex Function." *Annual Review of Neuroscience* 24 (2001).

Miller, Geoffrey. *The Mating Mind: How Sexual Choice Shaped the Evolution of Human Nature*. New York: Anchor Books, 2001.

Mithen, Steven. *The Singing Neanderthals: The Origins of Music, Language, Mind and Body*. Cambridge, MA: Harvard University Press, 2006.（スティーヴン・ミズン『歌うネアンデルタール――音楽と言語から見るヒトの進化』、熊谷淳子訳、早川書房、2006年）。

"Modern Humans, Arrival in South Asia May Have Led to Demise of Indigenous Populations." www.sciencedaily.com, November 7, 2005. http://www.sciencedaily.com/releases/2005/11/051107080321.htm.

"Modern Man Found to Be Generally Monogamous, Moderately Polygamous." www.sciencedaily.com, March 3, 2010. http://www.sciencedaily.com/releases/2010/03/100302112018.htm.

Morris, Desmond. *The Naked Ape*. First American ed. 3rd printing. New York: McGraw-Hill, 1967.（デズモンド・モリス『裸のサル――動物学的人間像』改版、日高敏隆訳、角川文庫、1999年）。

Murray, Elisabeth A. "The Amygdala, Reward and Emotion." *Trends in Cognitive Sciences* 11.11 (2007): 489-97.

National Scientific Council on the Developing Child. "Young Children Develop in an Environment of Relationships: Working Paper No. 1." 2004, 1-12.

African and Asian Apes." *Proceedings of the National Academy of Sciences of the United States of America* 107.3 (2010): 1035-40.

"Key Brain Regulatory Gene Shows Evolution in Humans." www.sciencedaily.com, December 12, 2005. http://www.sciencedaily.com/releases/2005/12/051212120211.htm.

Kiorpes L., and J. A. Movshon. "Amblyopia: A Developmental Disorder of the Central Visual Pathways." *Cold Spring Harbor Symposia on Quantitative Biology* 61:39-48.

——. "Behavioral Analysis of Visual Development." In *Development of Sensory Systems in Mammals*, edited by J. R. Coleman, 125-54. New York: Wiley, 1990.

Kiorpes, Lynne, Daniel C. Kiper, Lawrence P. O'Keefe, James R. Cavanaugh, and J. Anthony Movshon. "Neuronal Correlates of Amblyopia in the Visual Cortex of Macaque Monkeys with Experimental Strabismus and Anisometropia." *Journal of Neuroscience* 18 (16) (August 15, 1998): 6411-24.

Konner, Melvin. *The Evolution of Childhood*. Cambridge, MA: Belknap Press of the Harvard University Press, 2010.

Krasnow, Max M., et al. "Cognitive Adaptations for Gathering-Related Navigation in Humans." *Evolution and Human Behavior* 32.1 (2011): 1-12.

Krause, Johannes J., et al. "The Derived FOXP2 Variant of Modern Humans Was Shared with Neanderthals." *Current Biology* 17.21 (2007): 1908-12.

Kubicek, Stefan. "Infographic: Epigenetics——a Primer." *Scientist* 25.3 (2001): 32.

Kurtén, Björn, *Dance of the Tiger: A Novel of the Ice Age*. 3rd ed. New York: Berkeley Books, 1982.

Lambert, David, and the Diagram Group. *The Field Guide to Early Man*. New York: Facts on File, 1987.

Langlois, J. H., L. Kalakanis, A. J. Rubenstein, A. Larson, M. Hallam, and M. Smoot. "Maxims or Myths of Beauty? A Meta-analytic and Theoretical Review." *Psychological Bulletin* 126 (2000): 390-423.

Langlois, Judith. "The Question of Beauty." beautymatters.blogspot.com, February 4, 2000.（2011年4月1日アクセス）

"Last Humans on Earth Survived in Ice Age Sheltering Garden of Eden, Claim Scientists." *Daily Mail*. July 27, 2010. http://www.dailymail.co.uk/sciencetech/article-1297765/.html.

Lennox, Belinda R., S. Bert, G. Park, Peter B. Jones, and Peter G. Morris. "Spatial and Temporal Mapping of Neural Activity Associated with Auditory Hallucinations." *Lancet* 353 (February 2, 1999).

Leonard, W. R., and M. L. Robertson. "Evolutionary Perspectives on Human Nutrition: The Influence of Brain and Body Size on Diet and Metabolism." *American Journal of Human Biology* 4 (1992): 179-95.

Leslie, Mitchell. "Suddenly Smarter." *Stanford Magazine*, July 1, 2002, 1-11.

Leutwyler, Kristin. "First Gene for Schizophrenia Discovered." *Scientific American*,

Harcourt, Alexander H., and Kelly J. Stewart. *Gorilla Society: Conflict, Compromise and Cooperation Between the Sexes*. Chicago: University of Chicago Press, 2007.

Hattori, Kanetoshi. "Two Origins of Language Evolution: Unilateral Gestural Language and Bilateral Vocal Language, Hypotheses from IQ Test Data." *Mankind Quarterly* 39. 4 (1999) 399-436.

Hauser, M., et al. "A Dissociation Between Moral Judgments and Justifications." *Mind & Language* 22.1 (2007): 1-21.

Hazlett, Heather Cody, et al. "Magnetic Resonance Imaging and Head Circumference Study of Brain Size in Autism: Birth Through Age 2 Years." *Archives of General Psychiatry* 62.12 (2005): 1366-76.

Henshilwood, Christopher S., et al. "A 100,000-Year-Old Ochre-Processing Workshop at Blombos Cave, South Africa." *Science* 334.6053 (2011): 219-22.

Hill, Jason, et al. "Similar Patterns of Cortical Expansion During Human Development and Evolution." *Proceedings of the National Academy of Sciences of the United States of America* 107.29 (2010): 13135-40.

Hofstadter, Douglas R. *Gödel, Escher, Bach: An Eternal Golden Braid*. 20th anniversary ed. New York: Basic Books, 1999.（ダグラス・R・ホフスタッター『ゲーデル、エッシャー、バッハ――あるいは不思議の環』20周年記念版、野崎昭弘、はやしはじめ、柳瀬尚紀訳、白揚社、2005年）。

"How Long Is a Child a Child? Human Developmental Patterns Emerged More Than 160,000 Years Ago." www.sciencedaily.com, March 14, 2007. http://www.sciencedaily.com/releases/2007/03/070313110614.htm.

Hubel, D. H., T. N. Wiesel. "Binocular Interaction in Striate Cortex of Kittens Reared with Artificial Squint." *Journal of Neurophysiology* (London) 28 (1965): 1041-59.

——. "Receptive Fields and Functional Architecture of Monkey Striate Cortex." *Journal of Physiology* (London) 195 (1968): 215-43.

——. "Receptive Fields, Binocular Interaction, and Functional Architecture in the Cat's Visual Cortex." *Journal of Physiology* (London) 160 (1962): 106-54.

Irvine, William B. *On Desire: Why We Want What We Want*. New York: Oxford University Press, 2006.（ウィリアム・B・アーヴァイン『欲望について』、竹内和世訳、白揚社、2007年）。

Jaynes, Julian. *The Origin of Consciousness in the Breakdown of the Bicameral Mind*. Boston: Houghton Mifflin, 1976.（ジュリアン・ジェインズ『神々の沈黙――意識の誕生と文明の興亡』、柴田裕之訳、紀伊國屋書店、2005年）。

Joseph, R. *The Naked Neuron*. New York: Plenum Press, 1993.

Jung, Carl G., ed. *Man and His Symbols*. New York: Anchor Books, 1964.（C・G・ユングほか『人間と象徴――無意識の世界』上・下、河合隼雄監訳、河出書房新社、1975年）。

Kelley, Jay, and Gary T. Schwartz. "Dental Development and Life History in Living

Heterochrony and Human Evolution." *American Journal of Physical Anthropology* 99.1 (1996): 17-42.

Golovanova, Liubov Vitaliena, et al. "Significance of Ecological Factors in the Middle to Upper Paleolithic Transition." *Current Anthropology* 51.5 (2010): 655-91.

Gopnik, A. "How Babies Think." *Scientific American* 303.1 (2010): 76-81.

Gopnik, A., et al. "Causal Learning Mechanisms in Very Young Children: Two-, Three-, and Four-Year-Olds Infer Causal Relations from Patterns of Variation and Covariation." *Developmental Psychology* 37.5 (2001): 620-29.

Gould, Stephen Jay. *Ontogeny and Phylogeny*. Cambridge, MA: Harvard University Press, 1977.（スティーヴン・J・グールド『個体発生と系統発生――進化の観念史と発生学の最前線』、仁木帝都、渡辺政隆訳、工作舎、1987年）。

――. *The Panda's Thumb: More Reflections in Natural History*. Trade paperback. New York: W. W. Norton, 1992.（スティーヴン・ジェイ・グールド『パンダの親指――進化論再考』上・下、櫻町翠軒訳、ハヤカワ文庫NF、1996年）。

Grafton, Scott, et al. "Brain Scans Go Legal." *Scientific American*, November 29, 2006, 84.

Grant, Richard P. "Creative Madness." *Scientist* 24.8 (2010): 23-25.

Green, Richard E., et al. "A Draft Sequence of the Neanderthal Genome." *Science* 328.5979 (2010): 710-22.

Greenwood, Veronique. "Truth or Lies: A New Study Raises the Question of Whether Being Honest Is a Conscious Decision at All." seed magazine.com, August 17, 2009. http://seedmagazine.com/content/article/truth_or_lies/.

Griskevicius, Vladas, et al. "Blatant Benevolence and Conspicuous Consumption: When Romantic Motives Elicit Strategic Costly Signals." *Journal of Personality and Social Psychology* 93.1 (2007): 85-102.

Gugliotta, Guy. "The Great Human Migration." www.smithsonianmag.com, July 2008, 1-5. http://www.smithsonianmag.com/history-archaeology/human-migration.html.

Gunz, P., F. L. Bookstein, et al. "Early Modern Human Diversity Suggests Subdivided Population Structure and a Complex Out-of-Africa Scenario." *Proceedings of the National Academy of Sciences* 106.15 (2009): 6094.

Gunz, Philipp, Simon Neubauer, Bruno Maureille, and Jean-Jacques Hublin. "Brain Development After Birth Differs Between Neanderthals and Modern Humans." *Current Biology* 20.21 (2010): R921-22.

――. "Enlarged Image: Brain Development After Birth Differs Between Neanderthals and Modern Humans" (supplement to the reference above). *Current Biology* 20.21 (November 9, 2010): R921-22. doi:10.1016/j.cub.2010.10.018.

Hadhazy, A. "Think Twice: How the Gut's 'Second Brain' Influences Mood and Well-Being." *Scientific American,* 2010. http://www.scientificamerican.com/article.cfm.

Haidt, Jonathan. "The New Synthesis in Moral Psychology." *Science* 316.5827 (2007) 998-1002.

com/2007/04/03/science/03conv.html.
Dyson, Freeman. *Disturbing the Universe*. New York: Basic Books, 1979.（F. ダイソン『宇宙をかき乱すべきか――ダイソン自伝』上・下、鎮目恭夫訳、ちくま学芸文庫、2006 年）。
Eiseley, Loren. *The Immense Journey*. Paperback. New York: Vintage Books, 1977.
——. *The Unexpected Universe*. Trade paperback. New York: Harcourt Brace Jovanovich, 1985.
Enard, Wolfgang, et al. "Molecular Evolution of FOXP2, a Gene Involved in Speech and Language." *Nature* 418.6900 (2002): 869-72.
Ermer, E., et al. "Cheater Detection Mechanism." *Encyclopedia of Social Psychology* (2007): 138-40.
Fabre, Virginie V., Silvana S. Condemi, and Anna A. Degioanni. "Genetic Evidence of Geographical Groups Among Neanderthals." *Transactions of the IRE Professional Group on Audio* 4 (4) (January 1, 2009): e5151. doi:10.1371/journal.pone.0005151.
Fagan, Brian. *Cro-Magnon: How the Ice Age Gave Birth to the First Modern Humans.* New York: Bloomsbury Press, 2010.
Fagan, J. F., III. "New Evidence for the Prediction of Intelligence from Infancy." *Infant Mental Health Journal* 3.4 (1982): 219-28.
Falk, Dean. "New Information About Albert Einstein's Brain." www.frontiersin.org/evolutionary_neuroscience 1 (2009): 3. http://www.frontiersin.org/evolutionary_neuroscience/10.3389/neuro.18.003.2009/abstract.
——. "Prelinguistic Evolution in Early Hominins: Whence Motherese?" *Behavioral and Brain Sciences* 27.4 (2004): 491-503.
"Fossil from Last Common Ancestor of Neanderthals and Humans Found in Europe, 1.2 Million Years Old." *Science Daily*, April 4, 2008.（2011 年 3 月 17 日アクセス）
Frankfurt, Harry G. *On Bullshit*. Princeton, NJ: Princeton University Press, 2005.
Friedman, Danielle. "Parent Like a Caveman." www.thedailybeast.com, October 10, 2010. http://www.thedailybeast.com/articles/2010/10/11/hunter-gatherer-parents-better-than-todays-moms-and-dads.html.
Fu, X., et al. "Rapid Metabolic Evolution in Human Prefrontal Cortex." *Proceedings of the National Academy of Sciences of the United States of America* 108.15 (2011): 6181-86.
Furnham, Adrian, and Emma Reeves. "The Relative Influence of Facial Neoteny and Waist-to-Hip Ratio on judgements of Female Attractiveness and Fecundity." *Psychology, Health & Medicine* 11.2 (2006): 129-41.
Genographic Project. National Geographic Society. https://genographic.nationalgeographic.com/genographic/lan/en/atlas.html.
Ghose, Tia. "Bugs Hold Clues to Human Origins." the-scientist.com, January 22, 2009. http://classic.the-scientist.com/blog/display/55350/.（2011 年 3 月 3 日アクセス）
Godfrey, L. R., and M. R. Sutherland. "Paradox of Peramorphic Paedomorphosis:

http://www.consciousentities.com.（2011 年 4 月 6 日アクセス）

Darwin, Charles. *The Descent of Man and Selection in Relation to Sex*. Norwalk, CT: Heritage Press, 1972.（チャールズ・R・ダーウィン『人間の進化と性淘汰』（ダーウィン著作集 1-2）、長谷川眞理子訳、文一総合出版、1999-2000 年）。

——. *The Origin of the Species*. Hardback ed. New York: Barnes and Noble, 2008.（ダーウィン『種の起源』上・下、渡辺政隆訳、光文社古典新訳文庫、2009 年）。

Dawkins, Richard. *The Blind Watchmaker: Why the Evidence of Evolution Reveals a Universe Without Design*. Trade paperback ed. New York: W. W. Norton, 2006.（リチャード・ドーキンス『盲目の時計職人——自然淘汰は偶然か？』、日高敏隆監修、中嶋康裕ほか訳、早川書房、2004 年）。

——. *The Selfish Gene*. 30th anniversary ed. New York: Oxford University Press, 2009.（リチャード・ドーキンス『利己的な遺伝子』増補新装版、日高敏隆ほか訳、紀伊國屋書店、2006 年）。

Dawson, Geraldine G., et al. "Defining the Broader Phenotype of Autism: Genetic, Brain, and Behavioral Perspectives." *Development and Psychopathology* 14.3 (2002): 581-611.

Deacon, Terrence. *The Symbolic Species: The Co-Evolution of Language and the Brain*. Trade paperback. New York: W. W. Norton, 1998.（テレンス・W・ディーコン『ヒトはいかにして人となったか——言語と脳の共進化』、金子隆芳訳、新曜社、1999 年）。

Dean, Brian. "Is Schizophrenia the Price of Human Central Nervous System Complexity?" *Australian and New Zealand Journal of Psychiatry* 43.1 (2009): 13-24.

Dean, C. C., et al. "Growth Processes in Teeth Distinguish Modern Humans from *Homo erectus* and Earlier Hominins." *Nature* 414.6864 (2001): 628-31.

Dean, Christopher. "Growing Up Slowly 160,000 Years Ago." *Proceedings of the National Academy of Sciences of the United States of America* 104.15 (2007): 6093-94.

De Waal, Frans B. M., *Chimpanzee Politics: Power and Sex Among Apes*. 25th anniversary ed. Baltimore: Johns Hopkins University Press, 2007.（フランス・ドゥ・ヴァール『チンパンジーの政治学——猿の権力と性』、西田利貞訳、産経新聞出版、2006 年）。

——. "Do Humans Alone Feel Your Pain?" chronicle.com, October 26, 2011. http://chronicle.com/article/Do-Humans-Alone-Feel-Your/26238/.

——. "Morality and the Social Instincts: Continuity with the Other Primates." *Tanner Lectures on Human Values*, 2003.

DiCicco-Bloom, Emanuel, et al. "The Developmental Neurobiology of Autism Spectrum Disorder." *Journal of Neuroscience* 26.26 (2006): 6897-6906.

"DNA Evidence Tells of Human Migration." www.sciencedaily.com, February 24, 2010. http://www.sciencedaily.com/releases/2010/02/100222121618.htm.

Doyle-Burr, Nora. "New Human Species Discovered? How China Fossils Could Redefine 'Human,'" *Christian Science Monitor*, 2012.

Dreifus, Claudia. "A Conversation with Philip G. Zimbardo; Finding Hope in Knowing the Universal Capacity for Evil." *New York Times*, April 3, 2007. http://www.nytimes.

Bond, Charles F., and Bella M. DePaulo. "Accuracy of Deception Judgments." *Personality and Social Psychology Review* 10.3 (2006): 214-34.

"Brain Network Related to Intelligence Identified." www.sciencedaily.com, September 9, 2007. http://www.sciencedaily.com/releases/2007/09/070911092117.htm.

Briggs, Adrian W., et al. "Targeted Retrieval and Analysis of Five Neandertal mtDNA Genomes." *Transactions of the IRE Professional Group on Audio* 325.5938 (2009): 318-21.

Brockman, John. "Science of Happiness: A Talk with Daniel Gilbert." www.edge.org, May 22, 2006. http://www.edge.org/3rd_culture/gilbert06/gilbert06_index.html.

Brotherson, S. "Understanding Brain Development in Young Children." *Bright Beginnings* 4 (2005).

Brown, Kyle S., et al. "Fire as an Engineering Tool of Early Modern Humans." *Transactions of the IRE Professional Group on Audio* 325.5942 (2009): 859-62.

Brüne, Martin. "Neoteny, Psychiatric Disorders and the Social Brain: Hypotheses on Heterochrony and the Modularity of the Mind." *Anthropology & Medicine* 7.3 (2000): 301-18.

——. "Schizophrenia: An Evolutionary Enigma?" *Neuroscience and Biobehavioral Reviews* 28.1 (2004): 41-53.

Callaway, Ewen. "Neanderthals Speak Out After 30,000 Years." www.newscientist.com, April 15, 2008. http://www.newscientist.com/article/dn13672-neanderthals-speak-out-after-30000-years.html.

Carroll, Sean B. "Genetics and the Making of *Homo sapiens*." *Nature* 422.6934 (2003): 849-57.

Chick, Garry. "What Is Play For?" Keynote address, Association for the Study of Play, St.Petersburg, FL, February 1998.

Cohen, A. S., et al. "Paleoclimate and Human Evolution Workshop." *Eos, Transactions, American Geophysical Union* 87.16 (2006): 161.

"A Comparison of Atropine and Patching Treatments for Moderate Amblyopia by Patient Age, Cause of Amblyopia, Depth of Amblyopia, and Other Factors." *Ophthalmology* 110 (8) (August 2003): 1632-37; discussion, 1637-38.

Cosmides, L., H. C. Barrett, and J. Tooby. "Colloquium Paper: Adaptive Specializations, Social Exchange, and the Evolution of Human Intelligence." *Proceedings of the National Academy of Sciences of the United States of America* 107, supplement 2 (2010): 9007-14.

Courchesne, Eric E. "Brain Development in Autism: Early Overgrowth Followed by Premature Arrest of Growth." *Developmental Disabilities Research Reviews* 10.2 (2004): 106-11.

Cowley, Geoffrey. "Biology of Beauty." www.thedailybeast.com/newsweek.html, June 2, 1996, 3. http://www.thedailybeast.com/newsweek/1996/06/02/the-biology-of-beauty.html.

"Daniel Dennett's Theory of Consciousness: The Intentional Stance and Multiple Drafts."

文献表

Ackerman, Jennifer. "The Downside of Upright." ngm.nationalgeographic.com, July 1, 2006, 1-2. http://ngm.nationalgeographic.com/2006/07/bipedal-body/ackerman-text.

Akst, Jef. "Ancient Humans More Diverse?" the-scientist.com, 2010, 1-3. http://classic.the-scientist.com/blog/display/56279/.

Amen-Ra, Nūn. "How Dietary Restriction Catalyzed the Evolution of the Human Brain: An Exposition of the Nutritional Neurotrophic Neoteny Theory." *Medical Hypotheses* 69.5 (2007): 1147-53.

"Anthropologist's Studies of Childbirth Bring New Focus on Women in Evolution." www.sciencedaily.com, February 25, 2009. http://www.sciencedaily.com/releases/2009/02/090217173043.htm?utm_source=feedburner&utm_medium=feed&utm_campaign=Feed%3A+sciencedaily+%28ScienceDaily%3A+Latest+Science+News%29.

Bahn, Paul, consulting ed. *Written in Bones: How Human Remains Unlock the Secrets of the Dead*. Toronto, Ontario: Quintet Publishing, 2003.

Baker, T. J., and J. Bichsel. "Personality Predictors of Intelligence: Differences Between Young and Cognitively Healthy Older Adults." *Personality and Individual Differences* 41.5 (2006): 861-71.

Banks, William E., Francesco d'Errico, A. Townsend Peterson, Masa Kageyama, Adriana Sima, and Maria-Fernanda Sánchez-Goñi. "Neanderthal Extinction by Competitive Exclusion." *PLoS ONE* 3 (12) (2008): e3972. doi:10.1371/journal.pone.0003972.

Bates, E. "Competition, Variation, and Language Learning. Mechanisms of Language Acquisition." *Mechanisms of Language Acquisition*. Edited by Brian MacWhinney, 157-93. Hillsdale, NJ: Lawrence Erlbaum Associates, 1987.

Belmonte, Matthew K., et al. "Autism and Abnormal Development of Brain Connectivity." *Journal of Neuroscience* 24.42 (2004): 9228-31.

Biederman, I., and E. Vessel. "Perceptual Pleasure and the Brain: A Novel Theory Explains Why the Brain Craves Information and Seeks It Through the Senses." *American Scientist* 94.3 (2006): 247-53.

Bloom, Paul. "The Moral Life of Babies." www.nytimes.com, 2010. http://www.nytimes.com/2010/05/09/magazine/09babies-t.html?pagewanted=all.

Boehm, Christopher. "Political Primates | Greater Good." greatergood.berkeley.edu, December 1, 2008. http://greatergood.berkeley.edu/article/item/political_primates/.

Bogin, B. A. "Evolutionary Hypotheses for Human Childhood." *Yearbook of Physical Anthropology* 40 (1997): 63-89.

のかもしれない。スタンフォード大学の古人類学者リチャード・クラインは、この頃起きたと考えられる遺伝子突然変異が知力の急速な増加の火付け役になり、発話の発現とも関係した可能性があると長い間主張してきた。

＊7　E. Bates, with L. Benigni, I. Bretherton, L. Camaioni, and V. Volterra, *The Emergence of Symbols: Cognition and Communication in Infancy*. New York: Academic Press, 1979. ベイツが用いた異時性（heterochrony）という言葉に注目しよう。これは生き物のサイズや形に変化をもたらす出来事のタイミングにおける発育変化と定義されるが、しばしばネオテニーと同じ意味で用いられている。

＊8　宇宙から人間の文化にまで至るあらゆる種類の進化における指数関数的な変化に関するさらなる情報はレイ・カーツワイルの収穫加速の法則の概念を探求するとよい。その内容は彼の著書で明確になる。*The Age of Spiritual Machines: When Computers Exceed Human Intelligence.*

＊9　これらの突然変異は最終的な象徴能力を、そして人間の脳が持ち主が自己認識を持つようになる点まで進化した最も極端な証拠を作動させたのかもしれない――現代的な人間の言語と発話だ。

第8章　頭の中の声

＊1　Belinda R. Lennox, S. Bert, G. Park, Peter B. Jones, and Peter G. Morris, "Spatial and Temporal Mapping of Neural Activity Associated with Auditory Hallucinations," *Lancet* 353 (February 2, 1999), http://www.bmu.psychiatry.cam.ac.uk/PUBLICATION_STORE/lennox99spa.pdf を参照のこと。

＊2　この話は下記のオンライン記事のコメントとして記されている。*Scientific American*, "It's No Delusion: Evolution May Favor Schizophrenia Genes", http://www.scientificamerican.com/article.cfm?id=evolution-may-favor-schizophrenia-genes

＊3　次の研究によると自閉症患者の80パーセントは男性だという。C. J. Newschaffer, L. A. Croen, J. Daniels, et al., "The Epidemiology of Autism Spectrum Disorders," *Annual Review of Public Health* 28 (2007): 235-58. doi:10.1146/annurev.publhealth.28.021406.144007.PMID_17367287

第6章　いとこたち

＊1　ネアンデルタール人の頭蓋骨は最初ベルギーのエンギス（1829年）でフィリップ＝シャルル・シュメルリングによって、そしてジブラルタルのフォーブス採石場（1848年）で発見された。どちらも1856年8月にデュッセルドルフに近いエルクラートのネアンデルタール谷で標本が発見される前のことだった。当時はそれが何であるか、誰も確かなことはわからなかったが、後にそれがネアンデルタール人であることが確認された。もしも初めにそれが確認されて詳しく調べられていれば、ネアンデルタール人ではなくてジブラルタリアンあるいはエンギシアンと名付けられていたかもしれない。

＊2　色が薄い直毛は、明色で白い肌の副産物である場合が多い。

＊3　科学者たちの推測によると、同じ時代のホモ・サピエンスの化石を見つけるのが非常に難しい理由のひとつは、ネアンデルタール人が死者を埋葬していた頃に彼らはまだそれを行っていなかったからかもしれない。

＊4　白人がやって来る前にアメリカ先住民が何人住んでいたか知るのは難しいが、数万を大きく上回ることはなかったと思われる。1823年にジェームズ・モンロー大統領はChayenes〔シャイアン族〕が「3250人の部族で同じ名前を持つ川の近くに住んで狩りを行っている。この川はミズーリ川の支流で、グレート・ベンドの少し上に位置している」と報告した。その10年後にアメリカ先住民の絵画で有名なカトリンという画家は「Shiennes〔シャイアン族〕は3000人ほどの小さな部族でブラック・ヒルズとロッキー山脈の間の土地にスー族の西側に隣り合って住んでいる」と報告している。1822年にはスー族の2集団の人口は1万3000と推測された。

＊5　ネアンデルタール人のeの音は次のサイトで聞くことができる。非常に興味深いものだ。http://www.fau.edu/explore/media/FAU-neanderthal.wav

第7章　野獣の中の美女たち

＊1　ダーウィンの *Descent of Man*, chap. 19に詳しく記されている。

＊2　女性に大きな胸が発達した理由、男女を互いに引きつける魅力に関する他の洞察をさらに詳しく探求するには *Thumbs, Toes, and Tears: And Other Traits That Make Us Human* を参照のこと。

＊3　J. H. Langlois, L. Kalakanis, A. J. Rubenstein, A. Larson, M. Hallam, and M. Smoot, “Maxims or Myths of Beauty? A Meta-analytic and Theoretical Review.” *Psychological Bulletin* 126 (2000): 390-423. http://homepage.psy.utexas.edu/homepage/group/langloislab/facialattract.html も参照のこと。

＊4　*Descent of Man*, chap. 19.

＊5　Ibid.

＊6　これらの遺跡の全てにおいて研究者たちは貝殻の山を見つけた。ピナクル・ポイントの洞窟で得られたはるかに古い証拠と合わせると、貝殻は人間の歴史における重要な時期に魚介類が栄養的な誘因になった可能性を示唆する。そしてすでに大きく複雑になっていた脳をより速くより賢くするために現代人が必要とした脂肪酸を与えた

症の程度によっては共感、同情、ごまかし、冗談でさえ問題外になることもある。それはこうしたことがどれも、どれほどわずかなことでも自分以外の視点で世間を見る必要があるからだ。ほとんどの人にとっては簡単なシナリオ作成が彼らにとって難しいということだ。科学者たちはまだその理由がわからないが、脳のこれらのより新しい部分と、より古い部分が停止してしまったり互いに連絡し合おうと必死になったりしているようだ。

第5章　そこかしこにいる類人猿

＊1　Curtis W. Marean, "When the Sea Saved Humanity," *Scientific American* 303.2 (2010): 54-61

＊2　私たちの過去の移住に関する詳細はナショナル・ジオグラフィックのジェノグラフィック・プロジェクトを参照のこと。https://genographic.nationalgeographic.com/genographic/lan/en/atlas.html　これらの結論に関する全員の同意は得られていないが、この情報は私たちが進化して地球全体に広がるようになった方法に関する興味深い洞察を提供する。もうひとつ素晴らしいサイトがある。http://www.bradshawfoundation.com/journey/

＊3　ミトコンドリアのイヴと呼ばれる、生きている全ての人間が共有する最も近い母系の先祖は約12万–15万年前にアフリカ東部付近に住んでいた。これはホモ・サピエンス・イダルツと同じ頃だ。サラ・ティシュコフ博士を中心に行われたアフリカの遺伝的多様性に関する研究によって、アフリカのサン人は研究対象になった異なる113集団中最大の遺伝的多様性を持ち、14ある「先祖集団」のひとつであることがわかった。

＊4　スミソニアン研究所の研究者たちによると、太陽を回る地球の軌道が細長くなったため、劇的な気候変動が35万6000年前に始まり、約5万年前まで続いた。この時期に，アフリカはしばしば乾燥して、地球も寒くなった。さらに詳しい情報はhttp://humanorigins.si.edu/evidence/human-evolution-timeline-interactiveを参照のこと。

＊5　M. Lozano et al., "Right-Handedness of *Homo heidelbergensis* from Sima De Los Huesos (Atapureca, Spain) 500,000 Years Ago," *Evolution and Human Behavior* 30.5 (2009):369-76 と http://www.newscientist.com/article/dn17184-ancient-teeth-hint-that-righthandedness-is-nothing-new.htm を読むように。人間の進化のこの時点における利き手と脳の側性化に関してさらに詳しい内容を知ることができる。

＊6　ネアンデルタール人の領域に関するさらなる洞察を得ることができる。http://humanorigins.si.edu/evidence/genetics/ancient-dna-and-neanderthals

＊7　http://news.bbc.co.uk/2/hi/science/nature/3948165.stm を参照のこと。

＊8　この驚くべき説に関する詳細は"Genetic Analysis of Lice Supports Direct Contact Between Modern and Archaic Humans"を http://www.plosbiology.org/article/info:doi/10.1371/journal.pbio.0020340 で読むとよい。

＊6　私たちとチンパンジーのDNAにどれだけの共通点があるかという議論と最新の情報はhttp://news.nationalgeographic.com/news/2002/09/0924_020924_dnachimp_2.htmlを参照のこと。

＊7　ニューロンが人生最初の36時間と同様に、思春期の直前に再び過剰に増殖することを発見した。だがこの活動は脳全体ではなくて前頭前皮質で起きる。前頭前皮質の進化に一種の「2回目の幼少時代」が必要であるかのようにも思える。このときに形成される結合のうち長期にわたって用いられないものは最終的に切り戻されてしまう。

＊8　盲目、視覚野、弱視に関するさらなる情報は"A Comparison of Atropine and Patching Treatments for Moderate Amblyopia by Patient Age, Cause of Amblyopia, Depth of Amblyopia, and Other Factors," *Ophthalmology* 110 (8) (August 2003): 1632-37; discussion, 1637-38, and L. Kiorpes and J. A. Movshon "Amblyopia: A Developmental Disorder of the Central Visual Pathways," *Cold Spring Harbor Symposia on Quantitative Biology* 61:39-48を参照のこと。

第4章　絡み合った網——道徳的な類人猿

＊1　数年前に南カリフォルニア大学の人類学者クリストファー・ベームも同じ疑問を持ち、世界各地に住む小規模で原始的な部族や集団を対象にして以前に行われた50例の研究を調査した。これらの原始的な社会が倫理、フェアプレー、道徳性の複雑さに対処する方法が私たちのそれらの行動の基本に関する洞察を提供するのではないかと思ったのだ。原始的な社会では暴力や戦争を起こす傾向が見られるというのが一般的な見方だったが、ベームの研究では彼らがほとんどの場合、互いに独立して平等主義的なやり方をとったことが明らかになった。彼らは自己の利益と共同の利益を誠実に比較検討しようと努力したのだ。たとえば、威張り散らす奴がシルバーバックゴリラのボスのようにふるまってグループを支配しようとすると、グループはその人物を侮辱したり、追放したり、極端な場合には殺害したりして個人の権利が守られるようにしたのだ。

＊2　ダンバーの理論に関しては*Thumbs, Toes, and Tears: And Other Traits That Make Us Human*, pp.122-23を参照のこと。

＊3　これに関するさらなる詳細はValerie E. Stone et al., "Selective Impairment of Reasoning About Social Exchange in a Patient with Bilateral Limbic System Damage," *Proceedings of the National Academy of Sciences of the United States of America* 99.17 (2002): 11531-36を参照のこと。

＊4　異なる型の自閉症を患う人々の神経画像検査によって眼窩前頭皮質、上側頭溝、扁桃体の活性が自閉症ではない人々よりも低い、あるいは存在しないことがわかるのもおそらく偶然ではない。R.M.の実験が示すように、脳のこれらの部分は、私たちが当たり前に思っている社会的交流に重要な部分だ。自閉症者は心を「読む」ことを可能にする脳の構造の多くがうまく機能しない。彼らは他の人々の意図を把握すること、あるいは他の人々が自分と違う気持ちを持つことを理解するのさえ難しい。自閉

と子供のカロリー不足は少量でも大きな影響をもたらす」と推測した。
＊10 Bogin, "Evolutionary Hypotheses for Human Childhood," 81.
＊11 Gould, *Ontogeny and Phylogeny*, 290-94 参照。
＊12 従来の狩猟採集社会そして植物栽培社会では現代医学や公衆衛生の利点がなくても、子供の50パーセントは大人まで成長することができたことが研究によって明らかになっている。サルや類人猿の成功率は14－36パーセントだ。それはつまり生まれ出る100人の幼児のうち、人間は少なくとも14人多く育てられることを意味する。進化の長い時間の間には大きな差が生じる。守られた保護地でもチンパンジーやゴリラの増加率は本質的にゼロで、世界中の頭数が減少している。だが人間は20万年前には数千にすぎなかった小さな集団から、あらゆる地球環境に住む70億まで増加して、まだ絶え間なく増えている。人間の長い幼少時代は危険を伴う進化の「戦略」だが、明らかに成功した。少なくとも私たちにとっては、そして今のところは。

第3章 学習機械

＊1 さらなる詳細はスティーヴン・ピンカーによる人間の言語とその進化に関する探求 http://users.ecs.soton.ac.uk/harnad/Papers/Py104/pinker.langacq.html を参照のこと。
＊2 プラナリアは非常に奇妙な方法で他のプラナリアに個人的な経験を伝えることができる。訓練されていないプラナリアに、特殊な仕事をするように訓練されたプラナリアの脳をすりつぶして食べさせると、即座にその死んだ虫が生きていた時に獲得した知識を表すようになる。R. Joseph, *The Naked Neuron*, 15.
＊3 妊娠後わずか4週で最初の脳細胞が毎分25万個という驚異的な速度で形成される。数十億のニューロンが他の数十億のニューロンとつながりを築き、最終的には細胞間で何兆もの結合が形成される。
＊4 過去10年間に行われた研究で私たちの一生を通して影響を及ぼす可能性を持つ行動に認知的、感情的、社会的能力が身体的に結び付く様子が明らかにされてきた。有害なストレスは発達する脳の構造を損傷して学習、行動、身体的精神的健康に一生続く問題をもたらすこともある。たとえば極度の貧困、繰り返される虐待、あるいは母親の重度のうつ状態が原因になった幼少時の慢性的で執拗なストレスが発達する脳にとって有害であることが今ではわかっている。一方、いわゆる有益なストレス（不快な経験に対する適度で短期間の生理的反応）は重要で健康な発達のために必要だ。大人が支援してストレスを緩和しないと、有害なストレスは主に後成的なプロセスを通して体の中に組み込まれる。さらなる情報は the National Scientific Council on the Developing Child の "The Science of Early Childhood Development" と the Working Paper series を参照のこと。
＊5 www.developingchild.harvard.edu/content/publications.html さらなる情報は National Scientific Council on the Developing Child, "Children's Emotional Development is Built into the Architecture of Their Brains," 2006 の参考文献を参照のこと。

＊2　30年以上前に書いた風変わりなエッセーの中のひとつで、進化理論家のスティーヴン・ジェイ・グールドは活動中のネオテニーの完璧な例としてミッキー・マウスを挙げた。ミッキー・マウスが歳を取るに従ってアニメーターは彼を若く（そしてかわいらしく）見せるようになったとグールドは指摘した。歳を取るに従ってミッキーは若さを手に入れたのだ。大まかに言うと、最終的にあなたや私につながった人類の系統にもまさにそのようなことが起こったのだ。

＊3　L. Bolk, "On the Problem of Anthropogenesis," *Proc.Section Sciences Kon. Akad. Wetens*. (Amsterdam) 29 (1926): 465-75 を参照のこと。

＊4　「ネオテニーでは発達速度が遅くなり、先祖の幼若期が子孫では大人の特徴になる。私たちの形態の主要な特徴は私たちを（人間でない）霊長類の胎児や幼若期と関連づける」。Gould, *Ontogeny and Phylogeny*, 1977, 333.

＊5　Barry Bogin, "Evolutionary Hypotheses for Human Childhood," *Yearbook of Physical Anthropology* (1997), 70 より。「シェイの見解によると、さまざまな異時性のプロセスが人間の進化を引き起こした。他には過形成、加速（成長あるいは発達速度の増加と定義される）、そして低次形成（成熟する年齢の遅延を伴わない成長の遅延と定義される）が考えられるかもしれない……。これらも単独のプロセスとして働く場合にはどれも人間の幼児の大きさと形から人間の成人サイズと形を作り出すことはできない。加速と低次形成についても同じことが言える。シュルツと意見が一致したシェイは「私たち（人間）は胚あるいは幼若期ばかりでなく生活史の全期間を延長した」と述べている（pp.84-5）。人類は他の霊長類や先祖の可能性がある者たちとは異なった成長速度を持つ。このようなことを全て達成するためには、人間の進化の過程でいくつかの遺伝的変化や調整が必要だったとシェイは考える。成長と発達を調節するホルモンは、事実上、DNA の活動の直接的な産物であるため、個体発生の進化の証拠を探す最善の場所は内分泌系だとシェイは主張する。シェイらによると（e.g., Bogin, 1988）、人間と他の霊長類における内分泌作用の違いは単一プロセスとしてのネオテニーや過形成を否定して人類進化の多重プロセスを支持する」。

＊6　この頃に私たちの先祖は毛を失い始めたかもしれない。これもネオテニー的特徴だが、毛を失うことがアフリカの灼熱のサバンナで過熱状態になるのを防ぐために役立ったことはほぼ確実だ。

＊7　Martin, "Human Brain Evolution in an Ecological Context" (fifty-second James Arthur Lecture, American Museum of Natural History, New York, 1983).

＊8　更新世は約250万年前から1万1700年前まで続いて、地球で最近繰り返された氷河期も含まれている。更新世は第四紀の最初の時代、あるいは新生代の6番目の時代になる。更新世の終わりは記録に残る人類の歴史が開花する直前、最後の氷河期の終わりと一致する。それは考古学で用いる旧石器時代の終わりとも一致する。

＊9　子供が高カロリーを摂取する必要があるもうひとつの理由は、脳の急速な成長だ。レオナードとロバートソンの1992年の研究で彼らはこの加速化した成長のおかげで、「5歳以下の人間の子供は安静時代謝の40－85パーセントを脳の維持に用いる（大人は16－25パーセント）。したがって脳と体でエネルギーが分配される比率を考える

註

はじめに

＊1　最近まで古人類学者は人間とその先祖を含むヒト上科の亜科のことをヒト科としてきたが、科学の複雑な業界用語も変わることがあるのだ。今日、ヒト科はゴリラやチンパンジーを含む全ての大型類人猿を指すが、ヒト族は特に700万年前、あるいはその近辺で共通のチンパンジーの先祖から分枝した古代人と現代人を表す。この中には全てのホモ属（たとえばホモ・サピエンス、ホモ・エルガステル、ホモ・ルドルフェンシス）、アウストラロピテクス属（アウストラロピテクス・アフリカヌス、アウストラロピテクス・ボイセイ等）、パラントロプスやアルディピテクスのような古い人類が含まれている。重要なのは私たちが最後に生き残っているヒト科だということだ。

＊2　この本を執筆中に、2種類の現代人の新種と2種類の古代人が発見された。これに関する詳細は本書156頁の補足記事「人類の最も新しいメンバー」を参照のこと。

第1章　存続を賭けた戦い

＊1　有史前のこの時期に出現したチャデンシスや彼に似た人類が、初期の人類やチンパンジーの子孫、つまり雌のウマと雄のロバが交雑してラバが生まれるように、彼らが交雑して生じた雑種の“humanzee”である可能性を考える科学者もいた。そのような雑種は子供を作ることができないため、その希少な化石が今日まで存続する可能性はごくわずかにすぎないが、古人類学の世界では、ほとんどのことが可能になるようだ。さらに詳しいことは“Human, Chimp Ancestors May Have Mated, DNA Suggests,” *National Geographic* News, May 17, 2006, http://news.nationalgeographic.com/news/2006/05/humans-chimps.html を参照のこと。

＊2　*Thumbs, Toes, and Tears: And Other Traits That Make Us Human* の第1章を参照のこと。

＊3　これについてはさらに“Unlocking the Secrets of Longevity Genes,” *Scientific American*, December 2006 を参照のこと。

＊4　この興味深い説に関するさらなる情報は“How Dietary Restriction Catalyzed the Evolution of the Human Brain,” *Medical Hypotheses*, February 19, 2007 を参照のこと。

第2章　幼少期という発明（または、なぜ出産で痛い思いをするのか）

＊1　これは今日私たちが直面する状況に似ている……。私たち自身の知性は、生き残りを難しくするような危険な状況に私たちをおいている。終章「次の人類」を参照のこと。

ま行

ミズン、スティーヴン（Mithen, Steven） 170-173, 175, 231
ミトコンドリア（mitochondria） 125, 128, 143, 151-152, 158
ミーム（meme） 264

や・ら・わ行

幼少期・時代（childhood） 053-054, 056, 062, 073, 084-086, 087-088, 091, 092, 117-118, 191-195, 205-206, 226-227, 231
ラスコー洞窟（Lascaux Caves） 154, 197, 220, 222, 257
ルーシー（Lucy） 025, 028, 033, 035, 037, 144-145
レッキング（lekking） 209-210
レッド・ディア・ケーヴ・ピープル（Red Deer Cave people） 146, 157-158, 231, 251
ローレンツ、コンラート（Lorenz, Konrad） 205
ワーキングメモリ（working memory） 245, 247, 255

ネアンデルタール人（Neanderthal） 025, 134-137, 138, 140-141, 152, 155, 157-159, 161-195, 196, 222, 230-232, 251
ネオテニー（neoteny） 048-052, 205, 226-227, 230, 261-262
脳のルビコン説（Rubicon theory） 056, 062, 091

は行

歯（teeth） 061, 191-193
ハクスリー、トマス・ヘンリー（Huxley, Thomas Henry） 162-163
パラントロプス・エチオピクス（*Paranthropus aethiopicus*） 028, 033, 040-041, 043, 059
パラントロプス・ボイセイ（*Paranthropus boisei*） 041-043, 059
パラントロプス・ロブストス／クラシデンス（*Paranthropus robustus / crassidens*） 026, 041-042
ハンディキャップ原理（handicap principle） 212-213
氷河期（ice age） 126, 132, 146, 154, 178, 181-183, 189-190
プラナリア（planaria） 074
フロイト、ジークムント（Freud, Sigmund） 096, 111
ブローカ野（Broca's area） 246-247
ブロノフスキー、ジェイコブ（Bronowski, Jacob） 093, 227, 253
扁桃体（amygdala） 110, 117
ホビット（hobbit）→ホモ・フローレシエンシス
ホフスタッター、ダグラス（Hofstadter, Douglas） 238, 250, 263
ホモ・アンテセッサー（*Homo antecessor*） 133, 134-135, 138
ホモ・エルガステル（*Homo ergaster*） 043-044, 054, 056, 058-059, 062-064, 070, 091, 131, 133, 138, 143, 159, 251
ホモ・エレクトス（*Homo erectus*） 056-057, 059, 131-132, 134, 138, 142-147, 149-150, 155, 158, 165, 170, 192, 222, 251
ホモ・ゲオルギクス（*Homo georgicus*） 044
ホモ・サピエンス・サピエンス（*Homo sapiens sapiens*） 025, 042, 049, 122, 124-127, 129, 131-132, 134, 137, 138-141, 143, 154-155, 156-159, 165-166, 177-179, 193-194, 196, 218-219, 222, 223-224, 230-231, 236, 251
ホモ・ネアンデルターレンシス（*Homo neanderthalensis*）→ネアンデルタール人
ホモ・ハイデルベルゲンシス（*Homo heidelbergensis*） 133-134, 135, 137, 138, 152, 158, 165, 171, 184, 222, 251
ホモ・ハビリス（*Homo habilis*） 041, 043-045, 054, 056, 058-059, 061, 067, 132, 138, 145, 152, 192
ホモ・フローレシエンシス（*Homo floresiensis*） 144-146, 155, 159, 231
ホモ・ルドルフェンシス（*Homo rudolfensis*） 043-044, 054, 056, 058-059, 061, 067, 152
ホモ・ローデシエンシス（*Homo rhodesiensis*） 134
ボルク、ルイス（Bolk, Louis） 050-051

索引

さ行

サイバー・サピエンス（*Cyber sapiens*） 273
ザハヴィ、アモツ（Zahavi, Amotz） 212
サヘラントロプス・チャデンシス（*Sahelanthropus tchadensis*） 024-026, 152
サンティレール、エティエンヌ・ジョフロワ（Saint-Hilaire, Étienne Geoffroy） 049
ジェインズ、ジュリアン（Jaynes, Julian） 239-241, 255
軸索（axon） 076-077, 081, 259
ジブラルタル（Gibraltar） 134, 164, 189-190
自閉症（autism） 256-260, 261-262
シャニダール洞窟（Shanidar Cave） 166, 179
囚人のジレンマ（Prisoner's Dilemma） 98, 104
樹状突起（dendrite） 076-077, 081, 259
象徴的思考（symbolic thinking） 169, 218-220, 223, 231, 247
シラミ（lice, DNA evidence from） 141-143, 146-147
人類進化カレンダー（Human Evolutionary Calendar, HEC） 025-027, 029, 039, 040-041, 067, 218
スンダ大陸（Sundaland） 129, 146
性選択（sexual selection） 201
前頭前皮質（prefrontal cortex, PFC） 247-248, 251, 261

た行

ダーウィン、チャールズ（Darwin, Charles） 019, 049, 161, 163, 200-201, 208, 272
直立歩行（walking upright） 024-026, 029, 033, 035, 037, 045-046, 057
チンパンジー（chimpanzee） 022-023, 026, 028, 033, 035, 050-051, 053, 055, 063, 070, 086, 103, 147-149, 157, 192, 202, 223, 225, 230, 241-243, 260
DNA 084, 086, 124-125, 142, 148, 151-152, 157-159, 171, 186-187, 233-234, 260
デニソワ人（Denisovan） 146, 152, 158-159, 231, 251
道具（tool） 044-045, 123, 128, 132, 135, 140-141, 144-145, 156, 175, 185, 231, 274-275
統合失調症（schizophrenia） 240-241, 255-256, 260-261
島嶼矮化（island dwarfing） 144-145
道徳性（morality） 096, 098
トゥルカナ・ボーイ（Turkana Boy） 060-062, 064, 192-193
ドーキンス、リチャード（Dawkins, Richard） 233, 265
トムソン、ジュディス・ジャービス（Thomson, Judith Jarvis） 097

な行

ナリオコトメ・ボーイ（Nariokotome Boy）→トゥルカナ・ボーイ
二分心（bicameral mind） 239-240, 255
ニューロン（neuron） 037, 053, 054, 064, 075-078, 080-082, 089, 091, 116-117, 259

索引

あ行

アウストラロピテクス・アナメンシス（*Australopithecus anamensis*） 026
アウストラロピテクス・アファレンシス（*Australopithecus afarensis*） 025, 028, 039, 145, 192
アウストラロピテクス・アフリカヌス（*Australopithecus africanus*） 029, 033, 039
アウストラロピテクス・ガルヒ（*Australopithecus garhi*） 028, 043, 067
アウストラロピテクス・セディバ（*Australopithecus sediba*） 028, 156-157
足の親指（big toe） 033-035, 050, 053-054
アフリカの角（Horn of Africa） 043, 122, 126, 134
アルディピテクス・カダッバ（*Ardipithecus kadabba*） 026, 156-157
アルディピテクス・ラミドゥス（*Ardipithecus ramidus*） 026, 152
イヴ（Eve） 125
ウォレス、アルフレッド・ラッセル（Wallace, Alfred Russel） 019, 272
エピゲノム（epigenome） 084-086, 087-088
オランウータン（orangutan） 050, 053, 070, 155, 230
オロリン・トゥゲネンシス（*Orrorin tugenensis*） 025-026
音楽（music） 170-172, 209, 211, 222

か行

解剖学的現代人（anatomically modern humans, AMH） 056, 122, 124, 139
火山の冬（volcanic winter） 125, 143, 154
ガリラヤ（Galilee） 139-140
頑丈型（robust ape） 040, 042, 045-046, 059, 067-068, 069-070, 117
華奢型（gracile ape） 040, 043-047, 054, 065, 067, 070, 117-118
グールド、スティーヴン・ジェイ（Gould, Stephen Jay） 051, 066
クロマニョン人（Cro-magnon） 176, 177-180, 183, 185, 196, 220
ケニアントロプス・プラティオプス（*Kenyanthropus platyops*） 026-028, 039, 059
ゲノム（genome） 159, 186, 260
ゲーム理論（game theory） 98
言語（language） 073, 090-091, 169, 170-171, 174, 226, 239, 243, 246, 261
心の理論（Theory of Mind, ToM） 115-116, 260, 261
ゴリラ（gorilla） 024, 032-033, 042, 047-048, 050, 053, 063, 070, 103, 147, 149, 192, 202, 223, 230

著者について

チップ・ウォルター（Chip Walter）は人気ウェブサイト AllThingHuman.net の創設者、元 CNN の支局長、そして長編映画の脚本家でもある。彼は PBS〔Public Broadcasting Service：全米ネットの公共放送〕のために米国科学アカデミーとのコラボレーションで、数々の賞に輝いた科学ドキュメンタリーの脚本と監督をいくつか担当した。その中にはエミー賞受賞作の「プラネット・アース（*Planet Earth*）」と *Infinite Voyage* シリーズも含まれている。チップの科学作品は幅広い分野とトピックに渡っている。彼の著書には PBS のシリーズ *Space Age* と同じ題の手引き書、ウィリアム・シャトナーとの共著 *I'm Working on That*、そして、*Thumbs, Toes, and Tears–And Other Traits That Make Us Human*〔『この6つのおかげでヒトは進化した――つま先、親指、のど、笑い、涙、キス』、梶山あゆみ訳、早川書房、2007年〕などがある。彼の著書は6か国語で出版されている。

チップの記事は「エコノミスト」紙、「サイエンティフィック・アメリカン」誌、「サイエンティフィック・アメリカン・マインド」誌、「スレート」誌、「ワシントン・ポスト」紙、「ボストン・グローブ」紙、「ディスカバー」誌、その他多くの出版物やウェブサイトに掲載された。現在彼はカーネギー・メロン大学のコンピューターサイエンス学部とエンターテインメント・テクノロジー・センターの非常勤教授を務めている。彼は妻のシンディー、そしてモリー、スティーヴン、ハンナ、アニーの4人の子供たちとともにピッツバーグに住んでいる。

人類進化700万年の物語　私たちだけがなぜ生き残れたのか

2014年4月10日　第1刷発行
2014年8月26日　第3刷発行

著者　チップ・ウォルター
訳者　長野 敬＋赤松眞紀

発行者　清水一人
発行所　青土社
東京都千代田区神田神保町1-29　市瀬ビル　〒101-0051
電話　03-3291-9831（編集）　03-3294-7829（営業）
振替　00190-7-192955

印刷所　ディグ（本文）
方英社（カバー・表紙・扉）
製本所　小泉製本

装丁　桂川 潤

ISBN978-4-7917-6773-1　Printed in Japan